E-Book inside

Mit dem Kauf dieses Buchs erhalten Sie das zugehörige E-Book gratis. Sie können dabei aus zwei Dateiformaten wählen: EPUB (gängiges Format für E-Reader und Tablets) und PDF (für PC und Laptop). So kommen Sie an Ihr kostenloses E-Book:

Rufen Sie im Internet diese Website auf:
↗ http://www.junfermann.de/ebook-inside

Geben Sie den unten stehenden Code in das dafür vorgesehene Feld ein und klicken Sie → Code einlösen. Nach Eingabe Ihrer E-Mail-Adresse und Auswahl des E-Book-Formats erhalten Sie sofort einen Download-Link für das gewünschte E-Book an Ihre E-Mail-Adresse.

Bitte beachten Sie, dass der Code für Sie personalisiert wird und nur einmal gültig ist. Die Datei müssen Sie zunächst auf Ihrem Computer speichern, bevor Sie sie auf ein mobiles Endgerät überspielen können.

7K78RTD4

Doris Klappenbach-Lentz

Facilitation-Tools

Mit Mediativer Kommunikation und Mediation Prozesse in Gruppen ermöglichen

www.junfermann.de
planetpsy.de
blogweise.junfermann.de
www.facebook.com/junfermann
x.com/junfermann
www.youtube.com/user/junfermann
www.instagram.com/junfermannverlag

DORIS KLAPPENBACH-LENTZ

FACILITATION-TOOLS

MIT MEDIATIVER KOMMUNIKATION UND MEDIATION PROZESSE IN GRUPPEN ERMÖGLICHEN

Junfermann Verlag
Paderborn
2024

Copyright © Junfermann Verlag, Paderborn 2024
Coverbild © studiocasper (iStock)
Covergestaltung / Reihenentwurf JUNFERMANN Druck & Service GmbH & Co. KG, Paderborn

Satz & Layout JUNFERMANN Druck & Service GmbH & Co. KG, Paderborn

Bibliografische Information der Deutschen Nationalbibliothek
Die Deutsche Nationalbibliothek verzeichnet diese Publikation in der Deutschen Nationalbibliografie; detaillierte bibliografische Daten sind im Internet über http://dnb.d-nb.de abrufbar.

ISBN 978-3-7495-0566-1
Dieses Buch erscheint parallel als E-Book.
ISBN 978-3-7495-0567-8 (EPUB), 978-3-7495-0568-5 (PDF).

FSC www.fsc.org MIX Papier | Fördert gute Waldnutzung FSC® C013205

Inhalt

Abbildungsverzeichnis

Vorwort

Doris Klappenbach-Lentz leistet mit diesem Buch einen wesentlichen Beitrag zur theoretischen Ausdifferenzierung und Weiterentwicklung sowie zur Verknüpfung von verschiedenen Konzepten als auch zur vielfältigen Praxis von Mediativer Kommunikation und Mediation. Das gelingt ihr auf der Basis und in Weiterentwicklung ihrer früheren Arbeiten, Publikationen und Praxiserfahrungen. Darüber hinaus besticht das Buch durch Klarheit, Differenzierung, innovative Inhalte, reiche Vielfalt und Fülle des angebotenen Materials sowie durch verständliche Sprache.

Aus Sicht des *Institute for Youth and Community Empowerment (IYCE)* an der Internationalen Akademie Berlin (INAgGmbH) und auf Basis meiner langjährigen Erfahrungen in diesem Arbeitsfeld bietet Doris Klappenbach-Lentz mit diesem Buch und den zahlreichen praxisorientierten Tools sowohl eine nachhaltige Unterstützung bei der Reflexion und Gestaltung von persönlichen Entwicklungs- und Professionalisierungsprozessen als auch von erfolgreichen Bildungsprozessen in Aus-, Fort- und Weiterbildung, von Konfliktlösungsprozessen, Gestaltungs- und Veränderungsprozessen. Aus meiner Sicht bieten ihre Ausführungen somit auch vielfältige Anregungen für die Begleitung von nachhaltigen Empowermentprozessen benachteiligter Kinder und Jugendlicher und den Communities, in denen sie leben, zum Beispiel in Hinblick auf aktive Teilhabe / Partizipation an individuellen, gruppenspezifischen und gesellschaftlichen Prozessen, an deren Gestaltung und Veränderungen.

Doris Klappenbach-Lentz Beitrag unterstützt auf vielfältige Art und Weise Praktiker:innen – zum Beispiel und prioritär Fachkräfte professioneller Kommunikation (wie Coach:innen, Mediator:innen, Supervisor:innen oder Trainer:innen), aber auch pädagogisches Personal in der Frühpädagogik, Jugend- und Sozialarbeiter:innen und Lehrkräfte – in ihren jeweiligen Arbeitsfeldern, ihren Teams und Einrichtungen –, eigenes Verhalten und unterstützende Intervention („Hidden Curriculum" und Curriculum) als ganzheitliche, interdependente Prozesse zu reflektieren und erfolgreich zu gestalten.

Nach 20 Jahren Forschungs- und Lehrtätigkeit ist es Doris Klappenbach-Lentz darüber hinaus mit diesem Buch ein zentrales Anliegen, Mediative Kommunikation und Mediationsprozesse auf gesellschaftliche Themen zu beziehen und Facilitation als Rahmen für Dialoge in gesellschaftlichen Prozessen zu entwickeln bzw. zu fördern. Mit Blick auf den Rahmen, wie Dialog zu gestalten ist, geht es ihr, unter Einbeziehung diverser Perspektiven und unter Beteiligung verschiedener Bevölkerungsgruppen, darum, wie man diesen Dialog nachhaltig erweitern kann.

Die Autorin hat hierfür ein umfassendes Kompetenzmodell (systemische Kompetenz, dialogische Kompetenz, Strukturierungskompetenz und Methodenkompetenz) entwickelt, das eine ganzheitliche Betrachtung eröffnet und Möglichkeiten zur Gestaltung von Dialog im gesellschaftlichen Kontext entfaltet.

Ich danke Doris Klappenbach-Lentz für ihre Arbeit und hoffe, dass ihr Buch eine breite Leserschaft erreicht und in der Umsetzung in aktive Praxis einen Beitrag zu gesellschaftlich so notwendigen dialogischen wie auch verändernden Prozessen zur Sicherung von Demokratie und Frieden leisten wird.

Angelika Krüger

Direktorin

Institute for Youth and Community Empowerment (IYCE)
Internationale Akademie Berlin für innovative Pädagogik, Psychologie und Ökonomie (INA) gGmbH

Einleitung

Facilitation bedeutet, in der Arbeit mit Gruppen Prozesse zu ermöglichen und zu gestalten. Dies kann eine Konfliktklärung oder Konfliktlösung sein. Manchmal geht es um Veränderungen, wenn beispielsweise in einer Organisation mit den Mitarbeitenden ein Change-Prozess zu gestalten ist. Facilitation-Workshops eignen sich auch, um einen gemeinsamen Arbeitsprozess für ein erzieltes Ergebnis umzusetzen, etwa wenn die Mitglieder der Gremien eines Verbandes ein Diversity-Statement für die Verbandwebsite erstellen möchten und es einen geeigneten, begleiteten Rahmen dafür braucht. Ein weiterer möglicher Anlass für Facilitation ist ein Teambildungsprozess, zum Beispiel in einer international zusammengestellten Gruppe, die zu Beginn einer Projektarbeit vor der Herausforderung steht, schnell zu einem arbeitsfähigen Team zusammenzufinden. Im fiktiven Beispiel der Firma „MARKETHING" (Kapitel 7) geht es darum, nach dem Generationenwechsel als Agentur neu durchzustarten[1], wie die Chefin Frau D, die Tochter des Firmengründers, gern betont:

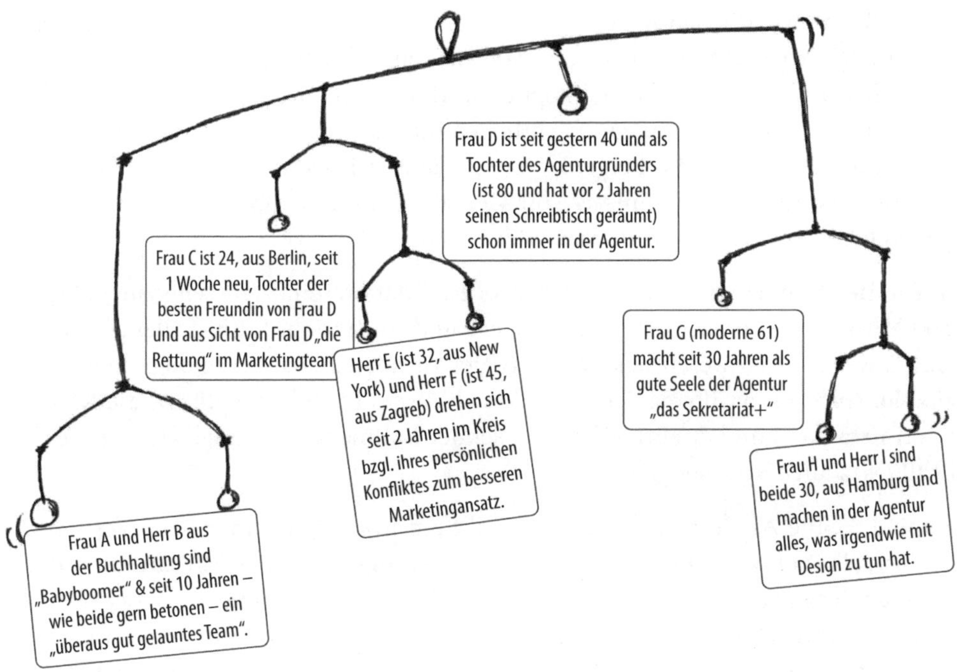

Abbildung 1: Die MARKETHING-Agentur

Was in einem Facilitation-Prozess mit der MARKETHING-Belegschaft zu „ermöglichen“ ist, lässt sich durch ein klares Arbeitsbündnis mit Frau D als Auftraggeberin und beim Einstieg in den Prozess mit allen Beteiligten klären. Das vorliegende Grundlagenbuch gibt einen Überblick und eine Arbeitshilfe für Facilitation als professionelles Prozessbegleitungsformat. Es behandelt aufeinander aufbauend die Fragen: Warum sind Facilitation und Mediative Kompetenz in einem Zusammenhang zu betrachten? Was ist Facilitation? Was macht es als Format professioneller Kommunikation aus? Welche Fähigkeiten und Fertigkeiten brauchen Facilitator:innen? Wie können Prozesse ermöglichend gestaltet werden? Was braucht es, um Veränderung und Teambildung facilitativ zu begleiten? Und wie kann dies in der Praxis exemplarisch aussehen?

Kapitel 1, „Facilitation als Anwendungsfeld für Mediative Kompetenz“, bietet eine Zusammenfassung. Mediative Kommunikation ist ein Ansatz, der Mediationskompetenz als zentral im Umgang mit Diversität[2] und Komplexität fokussiert, wie sie für die Arbeit mit Gruppen charakteristisch ist.[3] Er erweitert sie um wesentliche, im Verlauf dieses Buchs weiter ausgeführte systemische, dialogische, strukturierende und methodische Kompetenzen. Lesende, die sich bereits mit Mediativer Kommunikation und Facilitation beschäftigt haben, finden hier eine Auffrischung der für dieses Buch wesentlichen Aspekte. Diejenigen, die sich neu mit den Inhalten befassen, erhalten einen grundlegenden Einstieg in den fachlichen Rahmen: eine grundlegende Begriffsklärung und eine knappe Zusammenfassung von Kernkompetenzen, Schlüsselfaktoren sowie von geschichtlichen und fachlichen Anknüpfungspunkten. Im Vordergrund steht die Frage: Inwieweit lässt sich Facilitation durch Mediative Kommunikation und den Einsatz von Mediation in der Gruppe initiieren, fördern, fokussieren, moderieren, mediieren oder evaluieren?

In **Kapitel 2** findet sich mit „The A.R.T. of Facilitation“ ein Werkzeug zur Reflexion und Verortung von Facilitation als Format und Profession. Mithilfe des Akronyms A.R.T. werden drei wesentliche Aspekte des Ermöglichens von dialogischen Partizipationsprozessen differenziert, auf die sich dieses Buch konzentriert: die Klärung des Auftrags (A) und das Einrichten passender Rahmenbedingungen (R) für Teilhabe (T) von allen im Dialog.

Kapitel 3 „The Art to be a Facilitator“ stellt ein Kompetenzmodell zur Verfügung, das sich als Tool zur Beauftragung oder Vorbereitung der hier beschriebenen Prozesse heranziehen lässt. Auf Basis des jeweiligen fachlichen Hintergrunds, der Haltung und der Herangehensweise von Facilitator:innen differenziert es in systemische und dialogische Kompetenzen. Zur Umsetzung eines gewünschten dialogischen Prozesses betrachtet es zudem Strukturierungs- und Methodenkompetenz zur situationsgerechten Ermöglichung und Begleitung von Prozessen.

Kapitel 4 ergänzt die bisherigen Ausführungen mit Blick auf das „Arbeitsbündnis als Schlüssel zum Erfolg". Es resümiert, was Facilitation in Abgrenzung zu anderen Formaten der Prozessbegleitung[4] ausmacht und was für Ermöglichende (Beauftragende oder Beauftragte) zur Gestaltung des in Kapitel 2 beschriebenen A.R.T.ifiziellen Rahmens zu berücksichtigen ist.

Kapitel 5 fokussiert „Facilitation-Tools: Werkzeuge des Ermöglichens" auf den im Kompetenzmodell aufgenommenen vier Ebenen: systemische Tools mit Blick auf das große Ganze und mit Blick auf die Gruppe der Teilnehmenden, dialogische Tools des Moderierens, Mediierens und Multiplizierens zugunsten aktiver Teilhabe aller Beteiligten. Es legt einen Schwerpunkt auf Möglichkeiten sogenannter Liberating Structures („Befreiender Strukturen") und enthält eine Auswahl bewährter Strukturierungstools. Einige Lesende haben ein solches Vorgehen vielleicht schon erlebt bzw. haben davon gehört oder sie finden sich selbst in einer solchen Tätigkeit wieder. Dies soll es erleichtern, Facilitation als Format im reichhaltigen Angebot professioneller Kommunikation zu verorten. Daran anknüpfend werden einige Methoden und Interventionen insbesondere aus dem Bereich Mediativer Kommunikation ergänzt.

Kapitel 6 und 7 wenden sich mit „Facilitation for Change: Veränderung mediativ ermöglichen und begleiten" und „Von der Gruppe zum Team – Teambildung und Teamentwicklung als Auftrag für Facilitation" zwei relevanten Anlässen für Facilitation zu. Merksätze, die nach dem Best-Practice-Prinzip ausgewählt wurden, helfen zu beleuchten, welche Aspekte die Möglichkeiten zum Dialog im System beeinflussen. Mithilfe von Beispielen aus der Praxis wird anhand ausgewählter Strukturmodelle und Interventionen dargestellt, wie sich die in den Kapiteln 1 bis 5 vorgestellten Tools in der Anwendung kombinieren lassen. Die Lesenden sollen angeregt werden, für sich selbst und ihren eigenen Blick auf die Facilitationpraxis zu resümieren: Was? Wozu? Wie? Und was, wenn …?

In **Kapitel 8** findet sich ein „Abschluss und Ausblick", ergänzt durch ein Stichwortverzeichnis zur Vertiefung der Inhalte sowie Ausbildungsinformationen zum Zertifikatsstudium Mediation und Mediative Kommunikation für den Anwendungsbereich Facilitation; außerdem ein Quellenverzeichnis, das Literaturhinweise enthält.

Abschließend einige grundsätzliche Bemerkungen:

Die Fallbeispiele in diesem Buch dienen der exemplarischen Veranschaulichung. Sie sind eine Kombination von bekannten, möglichen, erdachten Situationen und Konstellationen. In anonymisierter Form spiegeln sie Erfahrungen aus der Praxis. Im begrenzten Rahmen dieses Buchs werden Werkzeuge der Reflexion, der Haltung und der Umsetzung unter dem Begriff „Facilitation-Tools" zusammengefasst. Die Fallbeispiele können ihren Einsatz, ihre Wirkungsweise und Möglichkeiten der Kombination veranschaulichen. In den ausführlicheren Beschreibungen wird vor allem Bezug auf kleinere Gruppen genommen. Für Facilitation mit Großgruppen verweise ich zum einen auf die Literatur zu den in Kapitel 5.3.2 beschriebenen „Klassikern des Sammelns und Versammelns". Zum anderen enthalten die Endnoten bevorzugt Verweise auf Beispielprozesse mit größeren Gruppen.

Nicht immer gelingt es, englische Wörter so ins Deutsche zu übersetzen, dass das Gemeinte ohne Bedeutungsverlust erhalten bleibt. Dies gilt z. B. für Facilitation oder „Liberating Structures". Wenn Redewendungen im Englischen passender ausdrücken, was gemeint ist, nutze ich „Denglish", eine Kombination von Deutsch und English. In Klammern oder in einer Anmerkung findet sich eine annähernde deutsche Übersetzung.

1. Facilitation als Anwendungsfeld für mediative Kompetenz

Das englische Wort „Facilitation" bedeutet, wortwörtlich übersetzt, im Deutschen „Ermöglichen". Bei diesem Format professioneller Kommunikation geht es um das ressourcenorientierte Initiieren, Gestalten und Begleiten von Prozessen in Gruppen. Zur Einführung in dieses komplexe Thema wird es im Folgenden zunächst um grundlegende Fragen nach dem „Was?" und „Wie?", aber auch nach dem „Mit wem?", „Wozu?" und „Wodurch?" gehen.

Facilitation hat sich in den letzten 15 Jahren als ein Anwendungsrahmen für Kompetenzen[5] und Methoden entwickelt, die im Rahmen der Ausbildung und Anwendungspraxis professioneller Kommunikation und Prozessbegleitung wie Mediation, Coaching, Training, Moderation oder Supervision eine Rolle spielen. Obwohl „Facilitation" schon lange als Begriff in der Prozessbegleitung verwendet wird, findet er erst in den letzten Jahren zunehmend Aufmerksamkeit.[6] Es entstehen Bücher, Materialien, Angebote und Fachinitiativen mit dieser Überschrift – vor allem aus dem thematischen Kontext des Design Thinking, agiler Arbeitsweisen und dem von Organisationen[7]. Das ist passend und nicht verwunderlich, es bildet allerdings nicht die ganze Bandbreite für Facilitation ab. Möglicherweise können sich thematisch Interessierte in den nächsten Jahren über eine bunte Vielfalt an Praxisberichten und Materialien freuen.[8] In diesem Buch werden Mediation und Mediative Kommunikation fokussiert, um Gruppenprozesse „ermöglichend" zu gestalten und zu begleiten.[9]

Kernkompetenzen zum Ermöglichen und Begleiten von Prozessen

Im Weiteren werden wir noch ausführlich Systemische und Dialogische Kompetenz sowie Strukturierungs- und Methodenkompetenz als Kompetenzbereiche für Facilitation einzeln und in ihrer Zusammengehörigkeit betrachten. An dieser Stelle lässt sich als grundlegend festhalten: Wer Prozesse derart offen und flexibel begleitet, braucht Klarheit in Bezug auf seine Intention, eine Gruppe tatsächlich auf ihrem Weg zu begleiten. Zudem braucht er die entsprechenden Fähigkeiten und Fertigkeiten, dieses Vorhaben in der Praxis umzusetzen. Bei beidem unterstützt eine professionelle Selbstreflektiertheit in Bezug auf die eigene Rolle: ein ethisches Selbst-Verständnis personenzentrierten Herangehens mit Wertschätzung, Empathie, Authentizität und Transparenz im Sinne des Prozesses, wie es in Kapitel 5.2.2 beschrieben wird.

Zudem ist es ebenso hilfreich wie naheliegend, in anderen Zusammenhängen erworbene Kompetenzen einzubringen. Dazu zählen Mediationskompetenzen, etwa wenn es gleichstellungsorientiert um den Umgang mit Konflikten und Konfliktpotenzialen geht. Schon die sogenannte Mediationsformel „Konflikt = Sache + Gefühl" bietet für die Arbeit mit einer Gruppe an, den Fokus auf Aspekte der Sach- und Gefühlsebene auszurichten. Dies ermöglicht es allen Beteiligten, einmal losgelöst von der eigenen Positionierung zu einem Thema oder Konflikt auf das zu schauen, was im Gesamten noch eine Rolle spielt. Verhandlungskompetenz und Diversity-Kompetenz helfen, den Ich-Perspektiven in der Gruppe in ihren Unterschieden und Gemeinsamkeiten dialogermöglichend zu begegnen (Kapitel 2.1 und 5.2).

Mediative Kommunikation fördert dabei den allparteilichen Blick auf die Ichs und das Wir, zum Beispiel im Umgang mit subjektiver Wahrnehmung von Realität oder Unconscious Biases, also mit den im Miteinander beteiligten unbewussten Wahrnehmungsverzerrungen und Voreinstellungen.[10] Moderationskompetenzen unterstützten bei der Gestaltung und Strukturierung der Kommunikation in der Gruppe, Visualisierungskompetenzen bei der Gestaltung und Dokumentation des Prozesses und seiner Ergebnisse. Wenn es gelingt, schwierige Situationen „einzufangen" und sie klar und einfach zu präsentieren, ist es auch möglich, in der Gruppendynamik die Konzentration auf ein Thema beizubehalten. Coachingkompetenzen unterstützen bei der Klärung und Aktualisierung von Zielstellungen, Anliegen und Visionen der Einzelnen und der Gruppe. Und sie unterstützen im ressourcenorientierten Umgang mit umsetzungsförderlichen Motoren wie intrinsischer und extrinsischer Motivation (Kapitel 6.2).

Gruppendynamische Prozesse sind komplex: Vieles passiert auf unterschiedlichen Ebenen in kurzer Zeit. Supervisionskompetenzen ermöglichen hier, die Metaperspektive als eine „dritte Wahrnehmungsposition"[11] einzunehmen. Und auch der Einsatz von Metakommunikation[12] erweist sich als ein Kompetenzelement, um der Gruppe – in all der Fülle und manchmal auch Unübersichtlichkeit mit der beschriebenen Intention und im Vertrauen auf den Prozess – begleitend begegnen zu können.

Trainingskompetenzen helfen, entwicklungs- und prozessorientierter Arbeit in Gruppen zu gestalten, etwa in Form von Think Tanks[13] oder Bootcamps[14] zum Ermöglichen von „Befruchtungsmomenten"[15] oder von Workshops im Sinne von „Trainings from the back of the room"[16].

Ein zentrales Anliegen dieses Buchs ist es, an Vorhandenes anzuknüpfen – sowohl zu diesen Facetten mediativer Kompetenz als auch an das, was zu facilitativer Kompetenz bisher beschrieben ist. Diesem Anliegen entspringt das nachfolgend (Abbildung 13) skizzierte Kompetenzmodell für Facilitation. Es dient als ein zentrales Strukturierungselement in diesem Buch. Im beschriebenen Sinne von Metakommunikation soll es ein Angebot sein, einen Diskurs über das zu führen, was für Facilitation als ein Format professioneller Kommunikation kennzeichnend sein kann und soll.[17]

Mediative Kompetenz

Mediative Herangehensweisen fokussieren die Vermittlung zwischen[18] dem, was da ist: den Menschen, Themen, Wünschen oder Strategien und den dahinterliegenden Bedürfnissen. In der Mediation selbst helfen das ethische Selbstverständnis[19], die Grundprinzipien zur Durchführung eines Mediationsverfahrens[20] und das Phasenverlaufsmodell (Abbildungen 2 und 51). Mediativ Kommunizierende nutzen eine bewusst eingenommene gleichstellungsorientierte, wertschätzende, allparteiliche, win-win-orientierte Haltung. Zur Gestaltung der Kommunikation ziehen sie eine Kombination aus Methoden heran, die alle Beteiligten darin unterstützt, in einen Dialog zu gehen[21]. Zum Ermöglichen und Begleiten von Prozessen ist dies immer dann besonders hilfreich, wenn es darum geht, Kooperationsmöglichkeiten oder Lösungen für Konflikt- und Problemstellungen zu finden.

In diesem Buch wähle ich den dialogorientierten Ansatz der Mediativen Kommunikation, um den in Kapitel 2 („The A.R.T. of Facilitation“) ausgeführten professionellen Ansprüchen an die Aufgabe des „Ermöglichens“ zu begegnen: für einen Dialog, der in dem Auftrag (A) stattfindet, die Rahmenbedingungen (R) für Teilhabe (T) von allen im Prozess zu ermöglichen und zu begleiten. Ein Beispiel: Um ihre Zukunftsfähigkeit zu sichern, müssen Organisationen auf aktuelle gesellschaftliche Entwicklungen reagieren, und deshalb stehen Veränderungen an. Für Facilitation besteht in dieser Situation ein Auftrag darin, alle zu Beteiligenden in einem Rahmen zu versammeln, in dem man im Dialog von allen mit allen herausfinden kann, was zu berücksichtigen ist, um eine entsprechende Veränderung mit Blick auf Zukunftsfähigkeit, Umsetzbarkeit und Nachhaltigkeit im System und unter aktiver Teilhabe aller Entscheidungs- und Umsetzungstragenden zu ermöglichen.

Es erscheint naheliegend, das Konzept Mediativer Kommunikation[22] zur Ermöglichung von Dialog im System heranzuziehen, denn es wurde auf Grundlage der Ergebnisse einer Studie[23] entwickelt, in der untersucht wurde, was in Mediation und weiteren Beratungsformaten Ausgebildete in ihrem beruflichen Alltag als hilfreich erachten und anwenden. Zu den genannten Faktoren zählen innere Sicherheit und Handlungsmöglichkeiten, um im jeweiligen Kontext mit Blick auf alle Beteiligten vorgehen zu können. Zielstellung Mediativer Kommunikation war und ist, worauf „facilis“ als lateinische Sprachwurzel von „Facilitation“ in seinen Übersetzungen „leicht“, „einfach“, „mühelos (zu tun, zu erlangen, machbar)“, „geeignet“, „gewandt“,

„geschickt", „geläufig" oder auch „bereit"[24] verweist: Es fasst als Unterstützung für den beruflichen und privaten Alltag zusammen, was hilft und was nötig ist, die als erleichternd und ermöglichend erlebten Elemente aus dem Ausbildungs- und Verfahrenskontext – insbesondere der Mediation – auch losgelöst von spezifischen Rahmenbedingungen nachhaltig und sicher anzuwenden. Zum Umgang mit Diversität, Konflikten und Konfliktpotenzial, mit Widerständen und Herausforderungen im weiten Sinne interkultureller Kommunikation wird eine Offenheit ermöglichende Grundeinstellung fokussiert: die Mediative Haltung als Basis zur Anwendung des vielfältigen Angebots an Leitfäden und Modellen zur Gesprächsgestaltung – wie der Vier-Schritte-Bitte aus der Gewaltfreien Kommunikation oder dem M.O.O.N.-Guide aus dem Harvard-Konzept[25]. Mediative Kommunikation unterstützt eine flexible, situationsgerechte, personzentrierte Herangehensweise mithilfe eines breit aufgestellten Methodenkoffers zum Ermöglichen, Gestalten und Begleiten eines Prozesses.

Wenn hier im Weiteren von Mediation die Rede ist, dann geht es um Mediation als Methode und nicht als rechtlich geregeltes Verfahren der außergerichtlichen Konfliktlösung. Gemeint ist das in Abbildung 2 skizzierte schrittweise methodische Herangehen in der Konfliktbearbeitung.

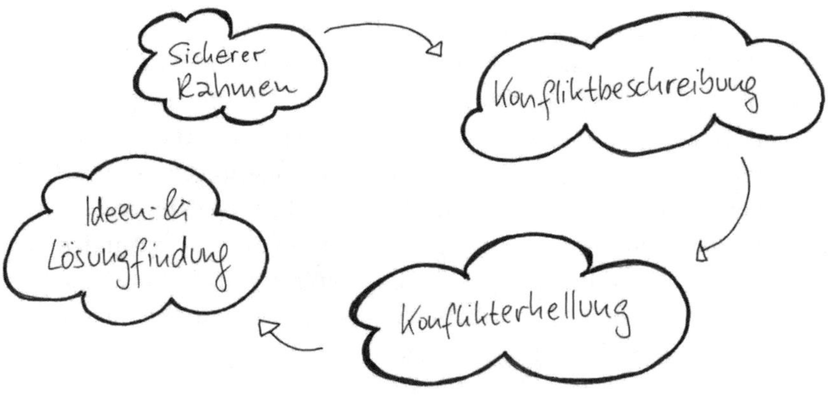

Abbildung 2: Mediationsphasenmodell

Dieses Mediationsphasenmodell ist eine für den Kontext dieses Buchs geeignete Variante: Es spiegelt das bewährte Vorgehen in einer Mediation. Dabei lässt es offen, inwieweit Rahmenbedingungen und Qualifikationen der Mediierenden so erfüllt sind, wie es dies zur Durchführung eines Mediationsverfahrens bräuchte. Das abgebildete Phasenmodell wird in Kapitel 5.3.2 als eine Strukturierungshilfe zur Konfliktbearbeitung im Facilitationprozess ausgeführt.[26]

Schlüsselfaktoren und Anknüpfungspunkte

Schaut man sich die Geschichte professioneller Beratung und Begleitung an, dann lassen sich zwei alltäglich in der Praxis erfahrbare Schlüsselfaktoren des ressourcenorientierten Initiierens, Gestaltens und Begleitens von wirklichen, nachhaltigen, intensiven, erfolg- oder ertragreichen Gruppenprozessen als solche vielfach bestätigen: Als ein Schlüsselfaktor der Ermöglichung zeigt sich der Sichere Rahmen, der in einer Gruppe alle Beteiligten in die Lage versetzt, sich mit Offenheit und Engagement einzubringen. Der zweite Schlüsselfaktor ist die aktive Teil-Nahme: Wenn die Einzelnen zur Mitgestaltung ausdrücklich eingeladen werden und sie den Prozess an sich als sinnvoll betrachten. Aus Gruppenmitgliedern können so Beteiligte, aus Teilnehmenden Teilhabende (Kapitel 2.3) werden.

Mediation, Coaching und weitere Formate professioneller Kommunikation eint, dass insbesondere Fachverbände in ihrer Funktion als „Qualitätssicherungsorgane" auf ein grundsätzlich non-direktives Herangehen verweisen, wie es der amerikanische Psychologe Carl Rogers[27] (1902–1987) einführte. Als Begründer des Personzentrierten Ansatzes setzte Rogers einen neuen Impuls, indem er in seiner therapeutischen Arbeit und der Erziehungsberatung klient:innenzentriert vorging. Er betonte die Entwicklungsförderung auf Augenhöhe und wandte sich damit vom bisherigen eher hierarchischen Verständnis von Therapie ab. Carl Rogers nutzte 1974 bereits den Begriff „Facilitator" für gute Gesprächsleitende.[28] In den 1980er-Jahren entwickelte der amerikanische Personalentwickler und Qualitätsberater Jim Rough seinen Ansatz des „Dynamic Facilitation". Es ging dabei um das Ermöglichen von „Choice-Creating", das Entwickeln von ganz neuen Wahlmöglichkeiten in der Gruppenarbeit. Rough sprach dabei von „möglichkeitserzeugenden" Gesprächen. Die Non-Profit-Organisation „Institute of Cultural Affairs" (ICA) prägte den Begriff „Facilitator" 1985 dann als Bezeichnung für eine Profession. 1993 gründeten Marvin Weisbord (Organisationsberater) und Sandra Janoff (Psychologin und Unternehmensberaterin) das „Future Search Network" (FSN). Es war gedacht als eine Facilitator:innen, Change Initiator:innen und Communities unterstützende Non-Profit Organisation. Seit 1994 gibt es die „International Association of Facilitators" (IAF), die mit Standards (IAF Core Competencies) und einem ethischen Selbstverständnis (IAF Statement of Values and Code of Ethics) ein weltweites Netzwerk bietet.[29]

Für den Rahmen dieses Buchs lässt sich zu Facilitation-Tools resümieren[30]:
Wo es professionell um ressourcenorientiertes Initiieren, Gestalten und Begleiten ermöglichender Gruppenprozesse geht, wurde und wird ein Sicherer Rahmen als Basis für Teilnahme und Teilhabe im Prozess betrachtet. In den sich seit den 1980er-Jahren herausbildenden mediativen Herangehensweisen legt man ebenfalls besonderen Wert auf Folgendes: In der Mediation, die in ihren amerikanischen Wurzeln eine

Alternative zu gerichtlichen Konfliktlösungsverfahren ist, besteht der erste Schritt hin zu einem konstruktiven Gespräch darin, dass tragfähige Rahmenbedingungen geschaffen werden. Einen solchen Sicheren Rahmen vereinbaren die an der Gesprächsgestaltung Beteiligten, begleitet von den Mediierenden.[31] Ein solches Vorgehen begünstigt den Erfolg eines Mediationsverfahrens entscheidend. In der Mediativen Kommunikation lautet die grundsätzliche Frage: Was braucht es, um offen und engagiert in einen Dialog zu gehen? Wenn mediative Kompetenz z. B. im Rahmen eines Facilitation-Prozesses eingesetzt wird, wird im Prinzip genauso verfahren: Die Beteiligten einigen sich auf einen Sicheren Rahmen für den Gesprächsprozess.[32]

Mediative Kompetenz hilft bei der Umsetzung von Facilitation als Format professioneller Kommunikation und in der Gestaltung von Meetings und Veranstaltungen gleichermaßen. Vor allem wenn es darum geht, den Einzelnen und ihren Anliegen umfassend gerecht zu werden und zudem die Gruppe als Ganzes zu begleiten, hält sie in ihrem Repertoire eine Fülle an Haltungs- und Handlungskompetenzen bereit. Flexibilität ist dabei genauso wichtig wie ein sorgfältig gestaltetes Arbeitsbündnis. Erfahrungen mit Mediativer Kommunikation und Mediation helfen Facilitator:innen, wenn es darum geht, der Gruppe einen angemessen Raum zu lassen und sie Schritt für Schritt in ihrem Prozess zu begleiten. Das Zentrale für Facilitation ist eine Haltung, die ermöglicht, zu ermöglichen: allparteilich, wertschätzend und – „vom inneren Balkon aus“[33] – professionell.

In ihrer Tätigkeit mit Gruppen nutzen bislang viele professionell und mediativ Kommunizierende die Überschrift „Facilitation“ eher selten, tun aber genau das, was Facilitation ausmacht: Besprechungen initiieren sowie moderieren und mediieren, wobei sie gezielt diejenigen einbeziehen, die für nachhaltige Entscheidungen und Ergebnisse einbezogen sein müssen. Sie begleiten Workshops, Entwicklungs- oder Veränderungsprozesse und Seminare – und zwar so, wie es jemand tun würde, der sich als „Facilitator:in“ bezeichnet.

Für den Rahmen professioneller Kommunikation gilt: Es gibt einen hohen Anspruch an Klarheit, und gleichzeitig weiß man, dass es – eine notwendige – Unklarheit gibt. Wenn wir künftig Facilitation-Prozesse auch als solche benennen, werden in Mediativer Kommunikation ausgebildete Menschen besser in der Lage sein, ihr Angebot der Prozessbegleitung noch klarer zu kommunizieren. Das folgende Kapitel „The A.R.T. of Facilitation“ beschäftigt sich dazu mit einigen zentralen Fragen: Was macht Facilitation als Format aus? Was unterscheidet es von anderen Formaten professioneller Kommunikation?

2. | The A.R.T. of Facilitation

Was kennzeichnet Facilitator:innen? Sie haben die Aufgabe, im Auftrag eines Systems artifizielle Rahmenbedingungen zu schaffen, die allen Beteiligten bzw. allen zu Beteiligenden die aktive Teilhabe ermöglicht.

Circa 150 Mitarbeitende eines Beratungsunternehmens treffen sich in der Aula der benachbarten Universität. Auf einer Leinwand steht, für alle gut lesbar: „Open Space: Zukunft gestalten". Grundsätzlich wissen alle, wie die Veranstaltung ablaufen wird und um welches Anliegen es geht: Ideen zu sammeln, die der Unternehmensleitung ermöglichen, bei der „Weichenstellung" für die Zukunft all das zu berücksichtigen, was aus Sicht der Teilnehmenden das Wesentliche, von Interesse und zukunftsrelevant ist.

Aus dem Plenum heraus werden zunächst zentrale Themen gesammelt. Toni Young stellt die Frage: „Wie können wir unser Netzwerk mehr zum Lernen nutzen?" Arabella Meyer hat den Eindruck, dass sich bei den vielen Lernaufgaben, die durch technische Neuerungen entstehen, eine Lernmüdigkeit breitmacht. Sie formuliert: „Wie wird aus Lernmüdigkeit Lernfreude?"

Diese und weitere Fragen werden für alle gut sichtbar gesammelt und aufgenommen. Man könnte dafür Karten an eine Pinnwand heften oder man kann sie – wie hier – digital auf die Konferenzleinwand projizieren. Je nach Diversität, Fülle und Möglichkeit werden die Fragen im Einverständnis mit den Beteiligten thematisch zu Clustern zusammengefasst und mit Überschriften versehen.

Für den nächsten Schritt werden den einzelnen Fragestellungen oder Überschriften Räume zugeordnet. Der zeitliche Rahmen für die Diskussionsphase wird festgelegt. In der Konferenz „Zukunft gestalten" gibt es sechs Diskussionsräume. Insgesamt stehen zwei Stunden zur Verfügung, aufgeteilt in vier Zeitfenster: Vereinbart werden vier zwanzigminütige Diskussionsrunden mit anschließender Pause von je zehn Minuten.

Toni Young und Arabella Meyer entscheiden sich, zuerst in den Raum „Wir wollen lernen" zu gehen. Dort steht ein digitales Whiteboard mit einer Protokollvorlage zur Verfügung. In den folgenden 15 Minuten kommt es zu einem angeregten Austausch über Lernbedarfe und -formen, Problem- und Zielstellungen, empfundene Potenziale, Herausforderungen und Erfahrungen im Umgang damit. Ideen, wesentliche Gedanken und Ergebnisse werden im Protokoll festgehalten. Toni Young erklärt sich bereit, im Raum zu bleiben, um die nächste Diskussionsrunde zu diesem Thema begleiten. Die übrigen Teilnehmenden verlassen den Raum und suchen sich andere Themen aus. Arabella Meyer entscheidet sich für einen Raum, in dem das Thema „Happy About Konfliktpotenzial" lautet. Dieser Titel entstand vorhin im Plenum. „Mal sehen, was die anderen damit verbinden", denkt sie sich und nimmt Platz. Neugierig liest sie die Notizen, die aus der letzten Runde auf dem Whiteboard stehen.

Zwei Stunden später kommen alle wieder im Plenum zusammen. Es gibt Kaffee oder Tee, und alle Teilnehmenden bringen viele besprochene Inhalte aus den Räumen mit, aber auch Eindrücke und interessante Begegnungen aus den Pausen. Die Ergebnisse aus den Räumen werden nun mit allen geteilt:

Die einzelnen Gruppen präsentieren sie dem Plenum auf den sechs Whiteboards, die von den Beteiligten der letzten Runden zwischenzeitig aus den Arbeitsräumen in den Konferenzraum gerollt wurden. Sie sind nun galerieartig für alle zum Betrachten angeordnet. Die Konferenzteilnehmenden in unserem Beispiel sind es gewöhnt, selbstverantwortlich Ergebnisse zu betrachten und sich dabei fokussiert das herauszunehmen, was sie brauchen können. Sie nennen das eine „Ressourcengalerie". In der Konferenz stehen ihnen nun 20 Minuten Zeit zur Verfügung, sich in dieser Galerie zu bewegen. Die Personen, die das letzte Protokoll in den Räumen zusammengefasst haben, stehen neben dem jeweiligen Whiteboard, um Fragen beantworten und Ergänzendes ins Protokoll aufzunehmen.

Nach 20 Minuten gibt es Applaus und Dank für alle bisherigen Beiträge. Die Mittagspause beginnt.

Wie geht es nach der Mittagspause weiter? Das bleibt hier zunächst der Fantasie überlassen, und im weiteren Verlauf des Buchs finden sich Anregungen und Quellen für eine situationsgerechte Prozessgestaltung.

„The A.R.T. of Facilitation" kann sehr unterschiedlich aussehen. In der Umsetzung braucht es Kreativität und Flexibilität, aber auch die Bereitschaft, bedarfs- und ressourcenorientiert vorzugehen. A.R.T. steht hier als Abkürzung für drei zentrale Aspekte, die für Facilitation situationsgerecht zu konkretisieren sind.

A. steht für die Aufgabe:

- Was ist der Auftrag? Was tue ich im Rahmen meines Auftrags und was nicht?

R. bezeichnet die Rahmenbedingungen:

- Was trägt dazu bei, dass das zu Ermöglichende möglich wird?

T. meint Teilhabe:

- Charakteristisch für Facilitation ist das grundsätzliche Anliegen, aktive Teilhabe von allen zu ermöglichen.

Abbildung 3: The A.R.T. of Facilitation

„Art“ ist zudem das englische Wort für „Kunst“. Auf die viel zitierte Frage: „Kommt Kunst von künstlich oder von können?“ kann man hier, wie in vielen Zusammenhängen, die auf Kreativität, Mediatives und anderes Ermöglichen ausgerichtet sind, mit „beides“ antworten. Das Professionelle, das Können, bezieht sich darauf, einen artifiziellen (im Sinne von geeignet „künstlichen“) Rahmen zu gestalten – in dem Anliegen, Gruppenprozesse zu ermöglichen und zu begleiten. Für ein professionelles Herangehen ist situationsgerecht zu klären: Was ist der Auftrag? Welche Rahmenbedingungen gibt es und braucht es? Wie kann aktive Teilhabe von allen ermöglicht werden?

Den A.R.T.ifiziellen Rahmen passgerecht (Kapitel 5.2.1) einzurichten, ist der erste Schritt zur Ermöglichung eines Gruppenprozesses. Je nach Auftrag ist dies so umzusetzen, dass dieser Rahmen den jeweiligen Bedarfen an Entwicklung und Entfaltung oder Fokussierung und Orientierung angemessen Raum geben kann. *Im Fallbeispiel des „Open Space: Zukunft gestalten“ ist dies so umgesetzt: Nach der Begrüßung werden die Rahmenbedingungen der Veranstaltung zunächst auf den Punkt gebracht. Für das dann Folgende gilt das pädagogische Grundprinzip: Die Beteiligten sind dort abzuholen, wo sie stehen. Die Teilnehmenden werden gefragt, was ihre Themen sind. Der erste Schritt ist also eine Exploration. Alles, was kommt, wird dann gebündelt. Wie in Abbildung 4 dargestellt, wird der ‚Trichter‘ also erst ‚auf-‘ und dann wieder ‚zugemacht‘. Sind die Überschriften gefunden und Räumen zusortiert, vollzieht der Prozess diese Bewegung erneut: Die Teilnehmenden ‚schwärmen‘ aus und explorieren unterschiedliche Themen. Dann wird gebündelt und letztlich im Plenum ergebnissichernd auf den Punkt gebracht.*

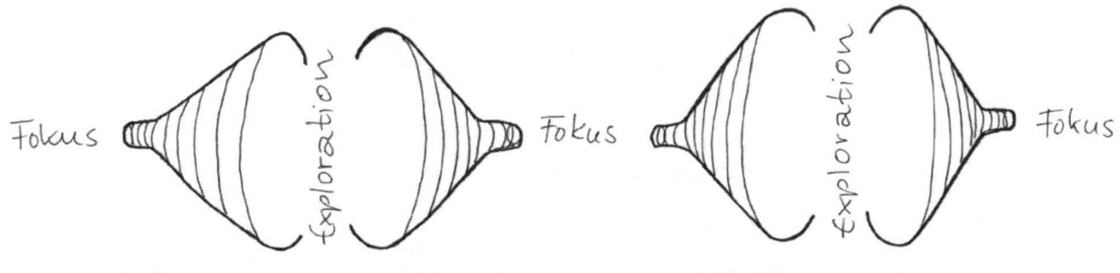

Abbildung 4: Das Trichtermodell[34]

2.1 Auftrag (A): Aufgabe und Arbeitsbündnis

Ein ermöglichendes und begleitendes Fokussieren eines Prozesses in seiner Entwicklung vollzieht sich auf unterschiedlichen Ebenen: organisatorisch systemisch, inhaltlich, gruppendynamisch und personzentriert. Mit den Begrifflichkeiten der Themenzentrierten Interaktion (TZI) als grundlegendem Ansatz in der Arbeit mit Gruppen ausgedrückt, lässt sich zusammenfassen: Der Auftrag von Facilitator:innen konzentriert sich auf das Ich-Wir-Es im Globe. Der Globe beschreibt das Umfeld, in dem der Prozess zu ermöglichen und zu begleiten ist. *Im Beispiel ist dies die Organisation in ihrem gesellschaftlichen und politischen Umfeld. Das Es steht für das Thema: Zukunft gestalten in und mit der Organisation. Das Wir umfasst die Gruppe der am Facilitationprozess Beteiligten. Das Ich meint die Ebene der einzelnen Personen, die miteinander versammelt sind.*[35]

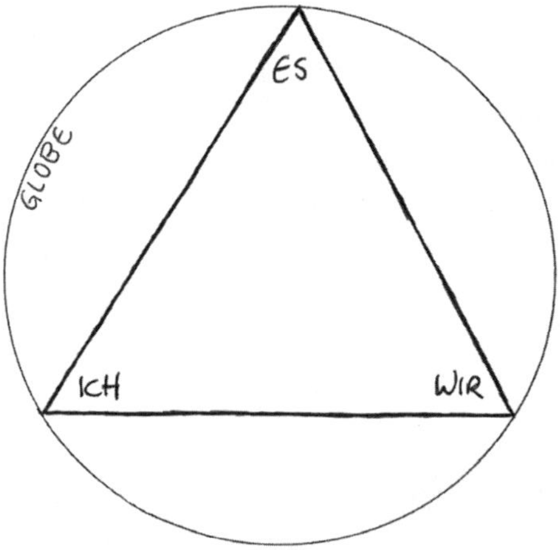

AbbildungB 5: Das TZI-Dreieck im Globe

Wer Prozesse initiiert und begleitet, dem hilft in der Regel ein klarer Auftrag, den er vorbereitend, im Verlauf und letztlich in der Evaluation mit allen Beteiligten berücksichtigen, kommunizieren und aktualisieren kann. Das Arbeitsbündnis (Kapitel 4) umfasst sowohl die Klarheit über den konkreten Auftrag, die zwischen Auftraggebenden und Auftragnehmenden herzustellen ist, als auch Vereinbarungen über Arbeitsweisen mit und in der Gruppe. *In Vorbereitung der exemplarischen Konferenz des fiktiven Beratungsunternehmens wurde seitens des Vorstands ein Team bestehend aus zwei Facilitator:innen ausgewählt. Der Auftrag lautete, eine Konferenz mit dem*

Titel „Zukunft gestalten“ umzusetzen. Alle Mitglieder der Organisation sollten sich eingeladen fühlen. Möglichst alle sollten sich während der Konferenz aktiv und kreativ beteiligen bei der Suche nach wichtigen Zukunftsfaktoren und gangbaren Wegen, diese in der Organisation zu realisieren.

Wie Mediation, Coaching, Training oder Supervision ist auch Facilitation ein professionelles Format der Prozessbegleitung: Mit professioneller Kommunikation, situationsgerecht und in einem sicheren Rahmen begleitet eine Person oder ein Team eine Gruppe dabei, ihren individuellen Prozess umzusetzen. Facilitation kann auch ein Herangehen in der Gestaltung von Meetings und Veranstaltungen bezeichnen, was man beispielsweise in Praxisberichten beschrieben findet, wenn es darum geht, „Zusammenkünfte so zu strukturieren, dass die Teilnehmenden allein auf der Grundlage ihrer eigenen Erfahrungen zusammenarbeiten“[36]. Als Zielstellung wird benannt, „Choice-Creating“[37] zu ermöglichen: den Raum für „möglichkeitserzeugende Gespräche“ zu schaffen, für „Gespräche, bei denen jeder sehr gut in Kontakt mit sich selbst wie auch mit anderen ist.“[38] Überdies geht es um „den Anspruch, operative Geschäftigkeit und Arbeitsdruck zeitweilig zu suspendieren, um sinnvolle Entscheidungen zu treffen und neue Spielregeln auszuhandeln – und das im Idealfall zeitgleich mit vielen Menschen“.[39]

Facilitation hat diverse Anlässe und Aufgabenstellungen. Dazu zählen Konfliktlösung, Veränderungs- und Change-Prozesse, Teambildung und Teamentwicklung, auch Projektarbeit oder Selbsterfahrung. Facilitation-Workshops eignen sich dafür, einen gemeinsamen Arbeitsprozess für ein von Auftraggebenden oder in einer Gruppe erzieltes Ergebnis umzusetzen. Beispiel: Die Mitglieder von Verbandsgremien möchten – wie in den letzten Jahren häufiger nachgefragt – ein Diversity Statement für die Verbandswebsite erstellen, und dafür braucht es einen geeigneten, begleiteten Rahmen. Aber z. B. auch Zielfindung, Problemlösung, Visionsentwicklung oder strategische Planung können mithilfe von Facilitationprozessen gefördert werden.

Um professionell nach dem Prinzip „Hilfe zur Selbsthilfe“ die Ressourcen und Potenziale aller Gruppenmitglieder in einen Prozess einzubinden, kann man eine Person von außen[40] einsetzen oder intern[41] jemanden dafür bestimmen. Es soll möglich sein, dass persönliche Ziele und Anliegen der einzelnen Beteiligten eines Systems bzw. der Mitglieder einer Organisation aktiv in das Gesamtsystem eingebracht werden. Hierfür muss die beauftragte Person nicht unbedingt das Arbeitssystem der Gruppe teilen. Ob intern oder extern: Zentral ist bei beiden die Rollenklarheit, insbesondere hinsichtlich der Intention und Aufgabe, zu begleiten statt inhaltlich oder fachlich zu leiten. Zur Klarheit im Umgang mit den Begriffen lässt sich hier festhalten:

Wer führt, leitet. Ein:e Facilitator:in begleitet

Eine Führungskraft, die zugleich Entscheidungen trifft, ist für ein derart begleitendes, allparteiliches Herangehen auf Sach- und Beziehungsebene nicht unbedingt geeignet. Doch da Leitung zumindest anteilig daran geknüpft ist, dass es ein oder mehrere Gegenüber gibt, die sich auch leiten lassen, ist facilitative Kompetenz bei der Umsetzung von Leitung unterstützend. Zudem ist die Aufgabe der Beteiligung der Mitarbeitenden aktuell ein Anspruch an Unternehmen. In den letzten Jahren wurde dieser Anspruch im Zuge der Agilisierung der Arbeitswelt zunehmend wichtiger und stärker diskutiert. Wesentliche damit verknüpfte Fragen sind: Wie funktioniert Zusammenarbeit im Unternehmen auf Augenhöhe? Wie lassen sich partizipative Arbeitsumgebungen gestalten? Wie können Gespräche und Besprechungen angemessen gestaltet werden: in gutem Kontakt miteinander und themen- beziehungsweise arbeitsrelevant?[42] Wie kann Netzwerklernen im Unternehmen gelingen und unterstützt werden? Wie kann die Verantwortung für gelingende Arbeitsprozesse von allen geteilt und wahrgenommen werden? Facilitative Leadership / facilitative Führung, umfasst Kompetenzen von Facilitation, Training, Coaching, Moderation und Mediativer Kommunikation. Aber: Wer Führungskraft ist, ist in dieser Rolle ausdrücklich kein:e Facilitator:in.

In den Fallbeispielen in den Kapiteln 6 und 7 geht es um Veränderung und Teamentwicklung und damit um zwei wesentliche Anlässe zum Initiieren und Begleiten von Gruppenprozessen. Veranschaulicht wird, was dabei konkret Auftrag von Facilitation sein kann: mit Blick auf die vier zentralen Kompetenzaspekte System und Dialog, Struktur und Methoden (Kapitel 3). Mit Blick auf das Davor, Dabei und Danach in ihrer Arbeit mit Gruppen fragen sich Facilitator:innen: „Wie lässt sich ermöglichen, dass alle, die für den Prozess relevant sind, auch einbezogen sind?“ Dabei richten sie ihren Fokus auf das System. Wenn sie fragen: „Wodurch wird es möglich, in der Gruppe eine Atmosphäre entstehen zu lassen, die es allen erleichtert, sich aktiv zu beteiligen und sich gesehen zu fühlen?“, fokussieren sie den Dialog. Beides ist grundlegend für das Initiieren eines Prozesses. Facilitation kann den Dialog im System anregen und das System in einen Dialog bringen. Wie in der Abbildung dargestellt, kann sich ein Wirkungskreis entfalten.

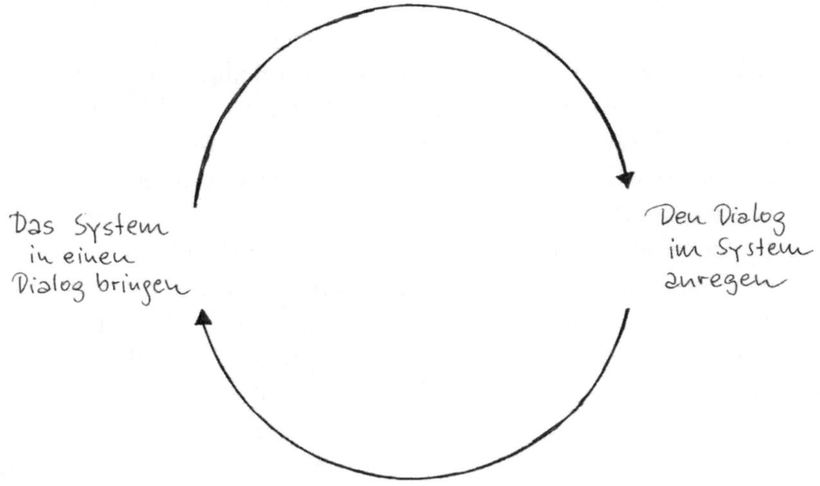

Abbildung 6: Wirkungskreis Dialog & System

In der Belegschaft des Beratungsunternehmens beginnt der Dialog über Fragen, Gedanken und Ideen rund um das Thema „Was bedeutet es für uns, die Zukunft zu gestalten?" bereits mit der Rundmail „Save the Date für eine Konferenz zum Thema Zukunft". Es kommen folgende Fragen auf: Wieso wurde dieser Titel gewählt? Wer ist alles eingeladen? Was machen wir unter dieser Überschrift auf der Konferenz: Gibt es Vorträge, inhaltliche Beiträge oder Informationen über das, was von uns in Zukunft erwartet wird? Sind wir gefragt oder erhalten wir Antworten? Einige engagierte Mitarbeitende überlegen bereits, welche Ideen sie im Open Space einbringen könnten. Und ein anderer nimmt sich lieber schon einmal Urlaub für diesen Tag. Auch die Initiator:innen der Konferenz haben vorher intensiv diskutiert. Die Einladung an alle ist das Ergebnis ihres Dialogs über die Organisation und das, was es an Dialog in ihr braucht.

Unabhängig davon, um was es im Facilitation inhaltlich geht: Das Thema beeinflusst, wer in der Gruppe sitzt und wie miteinander gesprochen wird. Man kann nicht losgelöst von der Gruppendynamik betrachten, wie die Einzelnen agieren. Und alles, was im Facilitation stattfindet, spiegelt auch immer das größere Ganze, den Zusammenhang, in dem es steht.

Hinsichtlich der Ebenen System und Dialog lässt sich die Frage nach dem Auftrag aus drei Perspektiven betrachten: Geht es darum, einen Dialog im System zu ermöglichen? Oder geht es darum, in einer Gruppe, die ein System im System ist, den Dialog zu fördern und zu begleiten? Oder sieht sich die Gruppe selbst in einer

Kommunikationskultur, die dialogorientiert gestaltet werden soll, bzw. sehen Auftraggebende sie so? Jede dieser Auftragsstellungen gibt es in separater Form. Häufiger ist es jedoch so, dass sich die einzelnen Aspekte anteilig in der konkreten Auftragssituation wiederfinden. Es gibt Gruppen, in denen ein Konflikt schwelt, der alle beschäftigt und den Dialog über alles andere blockiert. Dann kann es die Aufgabe von Facilitator:innen sein, einen Konfliktlösungsprozess zu begleiten, der ermöglicht, dass die Kommunikation in der Gruppe (wieder) dialogisch wird. Und es kann sein, dass dies der Ausgangspunkt für das eigentliche Anliegen ist, zu einem konkreten Thema miteinander aktiv in den Austausch zu kommen. Zum Beispiel über eine Leitbildentwicklung oder ein gemeinsames Statement aller Beteiligten zu einer aktuellen Frage. Es kann sein, dass nach einer erfolgreichen Konfliktlösung in einer eigentlich feststehenden Gruppe deutlich wird, dass für ein nachhaltiges Ergebnis noch weitere an der Umsetzung beteiligte Personen einzuladen sind. Zur Konkretisierung des Auftrags im Zusammenhang mit dem Arbeitsbündnis und der Vorbereitung eines Prozesses sind demnach alle drei Perspektiven heranzuziehen. Mediative Kompetenz hilft hier bei der Bedarfs- und Situationsanalyse wie auch im Umgang mit der Gruppe, in der Anregung und Anleitung zum Dialog. Mit Blick auf Aspekte des Auftrags, auf die Aufgabenstellungen und Arbeitsbündnisse ist an dieser Stelle für alle drei benannten Anliegen zu ergänzen:

Das System in einen Dialog bringen

Geht es darum, einen Dialog im System zu ermöglichen? Geht es darum, das Ganze mit Blick auf ein Thema, ein Ziel oder eine Vision in Bewegung zu bringen? Dann besteht der Auftrag darin, das System in einen Dialog zu bringen. *Die Mitarbeitenden in der exemplarischen Beratungsorganisation und Vertreter:innen ihrer Kooperationspartner:innen, unter anderem aus Fachverbänden und Politik, sollen Raum bekommen, sich alle miteinander einem Thema zuzuwenden, weil dies im Alltag nicht passiert.*

- Welcher Prozess ist zu ermöglichen?
- Was ist gewünscht? Und was ist nicht gewünscht? Warum / warum nicht?
- Welche Bedarfe, Interessen, welche Werte soll das Gewünschte erfüllen?
- Wer gehört zum System?
- Mit wem ist dieser Prozess zu initiieren?
- Welche Personen sind in den Dialog zu bringen?
- Wer ist wie zu beteiligen, damit ein allparteilich aktiv gestalteter Dialog ermöglicht wird?

Abbildung 7: Checkliste „Das System in einen Dialog bringen“

Zum Initiieren eines Dialogs im System ermöglichen Facilitator:innen, dass sich aus einem Kontext wesentliche Repräsentant:innen zu einem Anliegen versammeln. Beispiel: Regionale Umsetzung von Klimazielen: *Dafür sind Vertreter:innen aus Verwaltung und Politik, der Anwohner:innen sowie der dort ansässigen Institutionen und Organisationen eingeladen, um sich mit dem Thema auseinanderzusetzen. In der Einladung ist für alle klar kommuniziert, worum es konkret gehen soll. Für Entscheidungen oder Maßnahmen ist in der Auswahl der Repräsentant:innen sicherzustellen, dass diejenigen zusammenkommen, die die Entscheidungen über Lösungen oder Maßnahmen treffen und tragen.*[43] Kennzeichnend für eine solchen Auftrag ist, dass die systemische Analyse von Beteiligten und die Auswahl der am Prozess zu Beteiligenden eine Aufgabe der Facilitator:innen sind.

Den Dialog im System fördern

Geht es darum, in einer Gruppe als ein System im System den Dialog zu fördern und zu begleiten? Der Auftrag ist, den Dialog im System zu unterstützen. *Beispiel: Unter allen Mitarbeitenden, die mit unterschiedlichen Aspekten von Öffentlichkeitsarbeit in der Organisation befasst sind, soll ermöglicht werden, dass sie gemeinsam eine Wertebasis für öffentliche Statements im Sinne des Ganzen entwickeln.*

- Welche Rahmenbedingungen braucht es, um einen Dialog in der Gruppe als System im System zu ermöglichen?
- Welche Rahmenbedingungen braucht es, um einen Dialog in der Gruppe als System im System zu etablieren?
- Was ist förderlich? Was ist nicht förderlich?
- Welche Kommunikation, welches Herangehen (welche professionelle Haltung) lädt die einzelnen Teilnehmenden in der Gruppe allparteilich ein, Bedarfe, Interessen, Werte im Sinne eines zirkulären und facilitativen Prozesses im Dialog einzubringen?
- Was ist möglicherweise erfahrbar über die Kommunikationskultur der Einzelnen, der Gruppe, des Systems?
- Wie lassen sich Hinweise darauf, dass die Realität des Facilitationprozesses auch ganz anders sein kann als erwartet, in aller Offenheit und zugunsten des Prozesses nutzen?
- Wie sind die Personen in den Dialog zu bringen?
- Wie sind sie zu beteiligen, damit ein allparteilich aktiv gestalteter Dialog ermöglicht wird?

Abbildung 8: Checkliste „Den Dialog im System fördern"

Wenn eine Gruppe keine dialogische Kommunikationskultur teilt, kann die Aufgabe von Faciliator:innen darin bestehen, eine solche zu ermöglichen. Finden die Einzelnen in der Gruppe zu keinem Miteinander, ist die Identifikation als ein Wir schwer. Formelle oder informelle Hierarchien können verursachen, dass sich an Gesprächen nur wenige beteiligen – diejenigen, die immer viel und laut reden oder auch diejenigen, die in der Hierarchie weiter oben als andere wahrgenommen werden. Oder Konflikte verhindern einen Dialog mit allen. Für Themen und Prozesse, die alle betreffen und die eine aktive Beteiligung von allen als aussichtsreich erscheinen lassen, ist dies hinderlich für die Entwicklung des Ganzen. Die Aufgabe ist dann, ein Miteinander und eine aktive Beteiligung von allen zu ermöglichen. Möglichkeiten zu Dialogen auf Augenhöhe sind anzuregen oder / und Veränderungsprozesse in der Kommunikationskultur zu initiieren und zu begleiten.

System in den Dialog bringen

Erlebt sich eine Gruppe selbst (oder erleben gegebenenfalls Auftraggebende die Gruppe) in einer Kommunikationskultur, die dialogorientiert gestaltet werden soll, lautet der Auftrag, System in den Dialog zu bringen. *Beispiel: Eine Befragung aller Mitarbeitenden hat ergeben, dass der Kontakt untereinander diverse Wünsche offenlässt. Externe werden damit beauftragt, in einem Dialog mit allen über die Kommunikationskultur in der Organisation Bedarfe zu besprechen und sie mit Blick auf die strukturelle und alltägliche Umsetzung zu beantworten.*

- Was ist möglicherweise erfahrbar über die Kommunikationskultur der Einzelnen, der Gruppe, des Systems?
- Wie lassen sich Hinweise darauf in aller Offenheit dafür, dass die Realität des Facilitationprozesses auch ganz anders sein kann als erwartet, zugunsten des Prozesses nutzen?
- Wie sind die Einzelnen zu beteiligen, damit eine allparteilich aktiv gestaltete dialogorientierte Kommunikation ermöglicht wird?
- Was ist bei allen Beteiligten im Hinblick auf Augenhöhe, Kontakt und Aktivität förderlich und was ist es nicht?
- Wie und wo sind die Einzelnen möglicherweise emotional und inhaltlich abzuholen, um in einen Dialog mit allen einzusteigen?[44]
- Welche Kommunikation, welches Herangehen (welche professionelle Haltung) lädt die einzelnen Teilnehmenden in der Gruppe allparteilich ein, Bedarfe, Interessen, Werte im Sinne eines zirkulären und facilitativen Prozesses im Dialog einzubringen?
- Welche Rahmenbedingungen braucht es, um einen Dialog von allen mit allen zu ermöglichen und zu etablieren?

Abbildung 9: Checkliste „System in den Dialog bringen“

Wenn die Beteiligten einer Zusammenkunft grüppchenweise in individuellen Dialogen sind, kann eine zentrale Aufgabe darin bestehen, im System den Dialog zu einem bestimmten Thema zu ermöglichen: *Einige debattieren beispielsweise über interessante fachliche Themen. Andere reden intensiv auf der Beziehungsebene. Eigentlich sollen in der Zusammenkunft organisatorische Aspekte des Gesamtsystems geklärt werden: Welche Organisationstrukturen brauchen wir? Was müssen wir dafür tun? Der Dialog in der Gruppe geht also komplett am Anliegen und Thema des Treffens vorbei. In einer solchen Situation besteht eine der Aufgaben darin, in der Gruppe zu ermöglichen, dass sich alle aktiv an der Bearbeitung des Themas beteiligen.*

2.2 Rahmenbedingungen (R)

Wie bereits erwähnt, sollen die Mitarbeitenden der Beratungsorganisation in unserem Beispiel gemeinsam mit dem Vorstand und mit Kooperationspartner:innen aus Fachverbänden und Politik im Open Space Gelegenheit bekommen, sich alle miteinander zentralen Zukunftsfragen zuzuwenden. Dass dies nötig ist, spiegelte sich zuvor in Kommentaren von Mitarbeitenden, die unter anderem unterschiedliche Perspektiven auf Entwicklungen im Bereich der Onlineberatung hatten. Sie machten ihrem Ärger darüber Luft, dass die Organisation hier nicht die für Angebote professioneller Kommunikation üblichen qualitätssichernde Standards zur Verfügung stelle. Auf Leitungsebene dieser hierarchischen Organisation fühlen sich die Einzelnen mit der Aufgabe überfordert, Entwicklungen und deren Zukunftsfähigkeit fachlich zu beurteilen. Seit Jahren sind die vier Mitglieder mit der Vorstandstätigkeit voll ausgelastet. Natürlich haben sie im Rahmen ihrer Tätigkeit mitbekommen, was die jüngsten Entwicklungen im Bereich der Digitalisierung sind. Aber mit „realen Klient:innen" hatten sie schon länger nicht mehr zu tun. Vom Vorstand eines großen Fachverbands (dem es da gerade nicht anders geht) kommt dann die Bitte, einer Studentin für ihre Studie über die „Zukunft der Beratung" im Interview zur Verfügung zu stehen. Diese Anfrage stößt, bei aller sonst üblichen Offenheit, auf unerwarteten Widerstand in Form eines – nicht ausgesprochenen – Eingeständnisses: „Wir müssen uns erst mal selbst verorten, bevor hier jemand Antworten geben kann."

Auch wenn ihr deutlich danach ist, scheut sich die Vorstandsvorsitzende der Beratungsorganisation, dem Kollegen des Fachverbands mit einem Nein zu antworten. Sie bittet ihn stattdessen um Geduld, schläft eine Nacht über die Angelegenheit und kommt bei ihrem morgendlichen Teeritual auf die Idee, zwei ihr bekannte Facilitator:innen mit der Gestaltung einer Konferenz zu Zukunftsfragen zu beauftragen. Es war schon länger geplant, eine Konferenz durchzuführen. Als sie mit den anderen Vorständ:innen spricht, stößt die Idee auf Zustimmung. Mit diesem „grünen Licht" im Hintergrund, schreibt sie dem Kollegen des Fachverbands in einer Mail, wie komplex die „Zukunft der Beratung" sei und dass sie zwar gerade keine Kapazität für ein Interview findet, aber sowohl die Fachverbandskolleg:innen als auch die Student:in (mit entsprechender Vertraulichkeitserklärung sowie einem Vor- und Nachgespräch mit ihrem Stellvertreter) herzlich zu der Konferenz eingeladen sind.

Im weiteren Dialog über die geplante Konferenz bildet sich im Planungsteam dann heraus, dass es nicht „nur" um die „Zukunft der Beratung", sondern um die Zukunft der Beratungsorganisation, mit all ihren Mitgliedern und Themen (inklusive der „Zukunft der Beratung"), gehen soll. Man möchte herausfinden, was mit Blick auf die Zukunft zentrale Fragen aller Beteiligten sind und so ermöglichen, dass sich die Perspektiven von praktisch Tätigen, Leitenden, Multiplikator:innen und anderen im Dialog einbeziehen und verbinden lassen. Das Facilitator:innenteam entwirft letztlich das beschriebene Prozessdesign, um einen Open Space für zentrale Themen, Fragen, Gedanken und Ideen mit Blick auf die Zukunft zu ermöglichen.

Ist zum zu ermöglichenden Dialog im System grundlegend geklärt: Was ist der Auftrag? Wer sind die Beteiligten? Welche Fragen stellen sich? … hat man eine Basis, um sich der zentralen Frage zu widmen: „Wie lässt sich ermöglichen, dass das, worum es im Eigentlichen geht, in der Gruppe ausreichend Raum und einen angemessenen Rahmen bekommt?" Eine Antwort erfordert die Konzentration auf eine geeignete Struktur. Es gilt, den Beteiligten für ihren Dialog ein Prozessdesign vorzuschlagen, das ihnen einen transparenten und sicheren Rahmen bietet, damit sie sich auf das Eigentliche, das Inhaltliche einlassen und fokussieren können.

Welcher strukturelle Rahmen ermöglicht es, auftragsgerecht zu intervenieren?

Das Prozessdesign ist wie eine Landkarte, die dem Gewünschten eine Struktur gibt[45]. Wie für eine geplante Reise vereinbaren[46] alle Beteiligten zu Beginn eine Art „Rahmenprogramm". „Alle" beinhaltet zum einen die Organisator:innen. Zum anderen ist damit auch gemeint, ein entsprechendes Arbeitsbündnis mit und in der Gruppe herzustellen (Kapitel 4), damit zu Beginn des Prozesses ein möglichst umfassendes Einverständnis darüber herrscht, sich auf eben diesen Prozess einzulassen. *Alle Teilnehmenden im Fallbeispiel „Zukunft gestalten" haben mittlerweile nicht nur das „Save the Date", sondern auch eine Einladung mit konkreten Informationen bekommen. Sie haben gelesen und im kollegialen Austausch besprochen, dass das Zusammenkommen als eine Art Open Space (Kapitel 5.3.2) stattfinden soll. Alle wurden vorab über das wesentliche Anliegen, das Sammeln von Themen und Fragen und die Arbeit in Untergruppen informiert. Zu Beginn der Konferenz werden Rückmeldungen zur Planung noch einmal erfragt und abgeholt. In der Aula wird zum Auftakt folgendes Bild*

(Abbildung 10) ins Plenum projiziert. Offene Fragen werden geklärt, der grundlegende Gesprächsrahmen wird vereinbart.

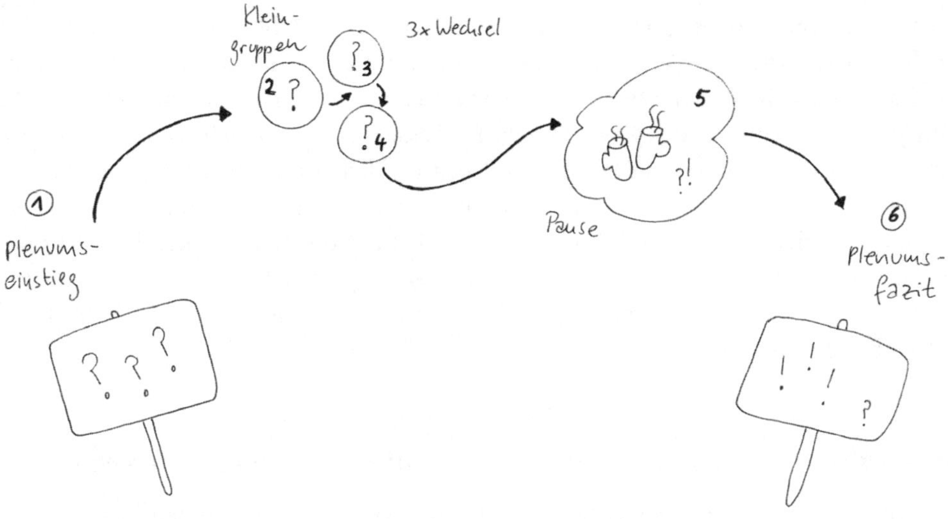

Abbildung 10: Rahmenprogramm der Konferenz

Im Gespräch über das Prozessdesign wirkt dieses wie eine Landkarte für den zurückzulegenden Weg. Es gibt Engen und Weiten, Ballungen und Streuungsräume – so, wie es in der Konferenz in unserem Beispiel streckenweise Plenums- oder Gruppenarbeit gibt. Der Weg auf der Landkarte kann auch Höhen und Tiefen aufweisen sowie zu überquerende Flüsse und Möglichkeiten, Brücken zu bauen oder zu nutzen. Er kann durch warme und kalte Atmosphären führen, mal weich und mal hart beschaffen sein. Bezugsmöglichkeiten gibt es hier viele: ein Land, die Welt, eine Region, ein Wald, ein Gewässer, ein Gebilde in der Luft oder das Weltall. Es können reale und fiktive Welten sein oder eine Kombination aus beiden. Ebenso gibt es zahlreiche Sinnbilder für in Veränderung befindliche Elemente, Konfliktbearbeitung, Teamentwicklung oder andere Aufträge. Auch das in Abbildung 4 skizzierte Vorgehen nach dem Trichtermodell ist eine mögliche Alternative. Man braucht nicht unbedingt eine Karte und einen Bezug zu einem realen oder fiktiven Land. Wichtig ist, dass die „Landkarte" als Modell eine Richtung vorgeben und bei der Orientierung helfen kann. Für den Anlass Veränderung kann zum Beispiel aus dem in Abbildung 64 skizzierten Veränderungsprozess eine Art Parcour gestaltet werden, in dem sich alle Einzelnen in der Gruppe als System in einem System zur Veränderung beziehungsweise zum Thema sichtbar und spürbar verorten können. Das ermöglicht es allen, von dort aus, wo sie gerade stehen, am Prozess teilzuhaben. Sie können auch ihre Erinnerungen und Visionen einbringen, denn so wird erleichtert, dass jede:r sich im Dialog mit dem Thema in der Gruppe verbinden kann. In Kapitel 5.3.2 wird veranschaulicht, wie mithilfe des Mediationsphasenmodells eine Gruppe unter Beteiligung aller auf Augenhöhe zu einer Konfliktlösung gelangen kann. Diese und weitere zu Beginn eines Prozesses bekannten Strukturmodelle stärken das Vertrauen in den Prozess und das Vertrauen im Prozess. Es hilft, wenn vorab allen transparent ist, dass schwierige Momente oder Verstrickungen sich mit Auflösungen abwechseln und dass dies im Sinne des gewünschten Prozesses ist. Die Einzelnen in der Gruppe interpretieren das, was sie als Prozesslandschaft wahrnehmen, und reagieren darauf. Professionelle Prozessbegleitung bedeutet hier, mit dem Anliegen, dass jedes einzelne Ichs an jedem einzelnen Prozessschritt teilhaben soll, ermöglichend, situationsgerecht und mit Wachheit zu intervenieren. Hier eignen sich ressourcenorientierte, wertschätzungsbasierte, situationsgerechte und mediative Ansätze, wie sie in Kapitel 5.4 beschrieben sind.

Welches Setting schafft einen Rahmen, um auftragsgerecht zu intervenieren?

Für den Austausch in einer Gruppe von Mitarbeitenden macht es einen Unterschied, ob alle in Reihen hintereinander sitzen oder ob sie sich in einem Stuhl- oder Stehkreis befinden. Die kreative Ansammlung von Zeichnungen der Schüler:innen des Kunstkurses an den Wänden bietet eine andere Atmosphäre als ein Raum, der in dezentem Farbton gestrichen und lediglich mit Whiteboard und Leinwand ausgestattet ist. Ein Tag ermöglicht anderes als zwei Stunden. Mit einer fachlich diversen Zielgruppe entsteht möglicherweise ein anderer Prozess als mit 50 EU-Politiker:innen, der Belegschaft eines Automobilkonzerns, mit hundert Geschichtslehrer:innen oder zehn Tischler:innen. Diese Aufzählung mit Blick auf mögliche Unterschiede der Rahmenbedingungen für einen Facilitationprozess ließe sich noch fortsetzen. Facilitator:innen brauchen einen umfassenden Blick: Sie richten ihren Fokus auf den Kontext, in dem ein Prozess zu initiieren oder zu begleiten ist. Sie betrachten die Gruppe der Teilnehmenden als System im System. Sie richten ihr Interesse auf die Kommunikationskultur und fragen danach, wie ein Dialog im Sinne des Auftrags zustande kommt. Sie blicken auf die thematischen Aspekte und auf die Einzelnen in der Gruppe, um eine aktive Beteiligung von allen zu ermöglichen und eine umfassende Betrachtung der Inhalte sicherzustellen. Sie fragen: Welche Rahmenbedingungen tragen dazu bei, dass das zu Ermöglichende möglich wird?

In der Auftragsklärung und im Arbeitsbündnis sind passende räumliche und auch zeitliche Bedingungen auszuloten: *Die Konferenz im Fallbeispiel ist wie geplant an einem Tag in der Aula mit vielen angrenzenden kleineren Räumen umsetzbar. In zwei Stunden in der organisationseigenen Mensa wäre sie nicht möglich.* Die Auftragslage beeinflusst die Rahmenbedingungen. Wer ressourcenorientiert ermöglichen möchte, muss zum einen wissen, was vorhanden ist und woran sich zugunsten des Auftrags anknüpfen lässt. Zum anderen ist es wichtig, zu wissen, wie Rahmenbedingungen Prozesse beeinflussen können: Was begünstigt und was beeinträchtigt? Welche Rahmenbedingungen sind gegeben und welche sind einzurichten? Welche braucht es für die gewünschte dialogische Kommunikation? Hier kann es um zeitliche, räumliche, inhaltliche, rechtliche, personenbezogene und gruppendynamische Rahmenbedingungen gehen. Ebenso wichtig zu klären ist, wer eine geeignete Prozessbegleitung ist: Wer ist passend in dieser Situation? Wie wichtig ist Feldkompetenz? Ist es besser, allein oder im Team zu arbeiten? Und wenn im Team gearbeitet wird, wie sieht die Rollenverteilung aus? Zu den ermöglichenden Rahmenbedingungen gehört all das, was ressourcen- und prozessorientiert ist. Das Vorgehen kann lösungs- oder problemzentriert sein oder auch beides. Es kann im Grunde genommen um alles Mögliche gehen: um alles, was zu Gruppenprozessen und zu ihrem Initiieren und Begleiten dazugehört. Ermöglichende Rahmenbedingungen knüpfen an verschiedene Bedarfe an, die sich aus der Situation ergeben, die sich an den beteiligten Personen inklusive der Begleitenden festmachen lassen oder die aus dem sozialen Umfeld, dem System, dem Globe sowie den Entwicklungen aus dem Prozess heraus ergeben.

Um die einzelnen Personen am Prozess zu beteiligen, braucht man zum Festlegen der Rahmenbedingungen zunächst einen grundsätzlichen Überblick darüber, wer wann dabei ist oder sein sollte: Sind immer alle Beteiligten dabei? Gibt es Phasen oder inhaltliche Aspekte, die nicht mit allen, sondern nur mit bestimmten Personen bearbeitet werden sollten? Sind Fragen zum Einbezug Dritter zu klären? – In der Arbeit mit Familien z. B. Kinder oder Gutachter:innen, im Wirtschaftskontext z. B. weitere Stakeholder? Ist es sinnvoll oder erforderlich, das Setting durch Hinzuziehen von Expert:innen zu ergänzen? Braucht es andere, spezifische oder fachliche Perspektiven? Es gibt Prozesse, in denen Sozialarbeiter:innen, Anwohner:innen, Betreuungspersonen, Lehrer:innen, Therapeut:innen oder auch zum Beispiel Finanz- oder Steuerberater:innen zu beteiligen sind. An Themen und Inhalte geknüpfte rechtliche Rahmenbedingungen können beispielsweise den Einbezug von Rechtsanwält:innen und Expert:innen in Teile des Prozesses sinnvoll oder erforderlich machen.

Mit Blick auf räumliche Rahmenbedingungen sind unterschiedliche Varianten zur bedarfsorientierten Gestaltung des Settings zu erwägen. Die Wahl des Orts, die Gestaltung und Einrichtung des Raums gehören dazu: Wo und wie können sich die Beteiligten so treffen, dass allen genügend Platz und Materialien zu Verfügung stehen? Welche Sitzposition eignet sich für den Prozess, und was ist wie dafür herzurichten? Zudem beinhalten Entscheidungen zu den Rahmenbedingungen Fragen zu grundsätzlichen Möglichkeiten in der Gestaltung des Prozesses und zur Auswahl der Methoden und Medien.

Umfassende Barrierefreiheit ist ein zentrales Thema, wenn allen gleichwertig ermöglicht werden soll teilzunehmen und aktiv teilzuhaben.

2.3 Teilhabe (T)

Wenn der Auftrag geklärt ist und die Rahmenbedingungen grundlegend eingerichtet sind, steht die Umsetzung im Vordergrund. Zum Ermöglichen eines strukturierten Dialogs obliegt Facilitator:innen die Aufgabe, mithilfe einer situationsgerechten Auswahl von Methoden im Sinne des Prozesses zu intervenieren: Wie wird es möglich, dass alle Beteiligten sich aktiv im Prozess einbringen? Welches strukturierte Vorgehen gibt dem Prozess eine Form, in der alle wichtigen Aspekte eingebracht werden können? Wenn man eine Gruppe mit Methoden und Interventionen auf ihrem Weg begleitet, zeigt sich immer wieder in der Praxis: Die Landkarte ist nicht die Landschaft. In diesem Zusammenhang heißt das: Die Struktur kann die Teilhabe der Teilnehmenden grundsätzlich begünstigen. Inwieweit sie jedoch aktiv teilnehmen und damit real teilhaben, zeigt sich auf dem Weg durch den Prozess. *Auch der Kollege aus der Beratungsorganisation, der sich vorsorglich am Tag der Konferenz Urlaub genommen hat, steht auf der Teilnehmendenliste. Vielleicht macht er sich im Urlaub mehr Gedanken über die „Gestaltung der Zukunft" als seine Kollegin, die zwar anwesend, aber in Gedanken ganz woanders ist.*

Facilitation ist ein Format und eine Profession. Die vielen Überschneidungen zu anderen Kommunikations- und Prozessbegleitungsvarianten verweisen auf entsprechend vielfältige Möglichkeiten im Struktur- und Methodenangebot. In der Umsetzung kommt es entscheidend auf das Herangehen, auf die Haltung an. Die professionelle Rolle ist klar zu differenzieren: In ihren Vorstellungen, Gefühlen, Bedürfnissen und Verhaltensweisen zeigen sich die Beteiligten im Hinblick auf die Aufgabe, das System in einen Dialog zu bringen, zumindest heterogen, wenn nicht gar so divers, wie es nur sein kann. Es ist deshalb wichtig, ein professionelles Kommunikations- und Prozessbegleitungsangebot bereitzuhalten, das weitgehend offen ist für die Entwicklungen, die sich inhaltlich, emotional und gruppendynamisch im Rahmen eines Prozesses herausbilden. Es braucht ein Format wie das, dem dieses Buch gewidmet ist: mit Offenheit und Flexibilität, mit den Grundsätzen Bereitschaft, Selbstverantwortlichkeit und Partizipation aller Beteiligten[47], ohne verfahrensgebundene Begrenzungen[48].

Aktive Teilhabe von allen tatsächlich zu ermöglichen steht als Anliegen hinter der hier beschriebenen Profession situationsgerechten Intervenierens zugunsten eines strukturierten Dialogs im System. Das bedeutet, dass sowohl in die konkrete Vorbereitung als auch für den Verlauf des gewünschten Prozesses als prägend einzubeziehen ist: Wer hat Anteil? Wer ist zu beteiligten? Wer nimmt teil? Wer beteiligt sich und wie? Wie wird es möglich, dass alle Beteiligten aktiv am Prozess teilhaben? Wie, durch welches Verhalten, kann sich Aktivität zeigen? *Wenn sich beispielsweise eine Entscheiderin nicht äußert, wenn es im Prozess um ihren Einflussbereich geht, ist dies durchaus eine aktive Beteiligung.* Diese als solche zu erkennen hilft dabei, einen Dialog zu begleiten, in dem ein echter, intensiver Austausch stattfindet und es nicht nur bei Geplänkel an der Oberfläche bleibt.

Je nach Auftrag und Rahmenbedingungen veranlasst eine Antwort auf die Frage, wer zu beteiligen ist, die Suche nach geeigneten Repräsentant:innen des Systems, aus denen für Facilitation eine Gruppe zusammenzustellen ist. Oder es beinhaltet die Aufgabe, sich Klarheit darüber zu verschaffen, inwieweit und wie die Mitglieder der Gruppe, die für den Facilitationprozess versammelt ist, das sie umgebende System repräsentieren. Facilitator:innen fragen zudem: Wer ist wie zu beteiligen, damit alle auf Augenhöhe und in Kontakt miteinander aktiv einen Dialog gestalten? Einen Dialog, der den gewünschten Effekt bringt: zu einem Thema (Anliegen oder Anlass) für die Einzelnen, in der Gruppe, im System. Oder: Wie werden aus Beteiligten Teil-Nehmende und aktiv Teil-Habende?

Teilnehmen bedeutet, als empfangender Teil im Verlauf der Zusammenkunft dabei zu sein. Teilhabe ist aktive Beteiligung am Prozess und an dessen Ergebnissen; sie erfolgt nicht automatisch durch Auswahl der Teil-Nehmenden. Diese müssen sich auch mit dem Prozess als solchem verbinden und mit den Inhalten identifizieren können. Oder sie sind auf andere Art und Weise motiviert, sich aktiv einzubringen. Ärger ist ein Motor, ebenso verhält es sich mit Angst oder Frustration. In der Prozessbegleitung geht es um die Arbeit mit den Menschen, wie sie da sind. Um ergebnisoffen und flexibel zu ermöglichen, was zu ermöglichen ist, gehört bedingungslose Wertschätzung[49] ihres Teilhabepotenzials zur professionellen Haltung dazu: Was ist zu tun, um zu ermöglichen, dass die Einzelnen in der Gruppe im System Anteil nehmen wollen und können?

Wenn man die Einzelnen in der Gruppe als Repräsentant:innen bestimmter Aspekte oder Ebenen des Globe identifiziert, ist auch das kein Garant für wirkliche Teilhabe. Die Kongruenz von Fremdbild und Selbstbild ist zu klären: Position und Rolle müssen nicht identisch sein. *Ein Verwaltungsmitarbeiter, der an seinem Arbeitsplatz Entscheidungen nach vorgegebenen Kriterien trifft, muss in einem anderen Zusammenhang, etwa in einem dialogischen Prozess, nicht genauso vorgehen.* Es braucht hier also die Wachheit für Türen, die zu öffnen sind, damit die Einzelnen beispielsweise bereit sind, Transparenz über unterschiedliche Beweggründe herzustellen, z. B. über formelle oder persönliche Weisungsbindungen.

Partizipationsprozesse mediativ ermöglichen

Die im Kompetenzmodell Facilitation (Kapitel 3) aufgenommenen vier Fokusrichtungen System, Dialog, Struktur und Methoden sind im Zusammenhang mit dem Anliegen „aktives Teilnehmen" zu betrachten: Unterschiedliche Teilhabe im System (Globe) kann eine Voraussetzung für die Teilnahme sein, wenn in der Runde der Beteiligten alle Aspekte des sie umgebenden größeren Ganzen abgebildet werden sollen. In anderen Gruppen ist das zu Beginn des Prozesses zu analysieren, damit klar wird, inwiefern, ob und wie Entscheidungsbefugnisse oder die Repräsentanz von wesentlichen Aspekten zum Thema oder Auftrag (Es) für den Prozess umfassend in den Dialog eingebracht werden können. *Auf der Konferenz stellt eine Untergruppe der Beratungsorganisation Standards für Onlineberatung auf. Wenn diese fortan im Rahmen der Organisation genutzt werden sollen, ist es für ein reibungsloses Etablieren der Neuerung (Kapitel 5.1.2 und 7) wesentlich, dass sie im Einverständnis geschieht mit Entscheidungsträger:innen auf Ebene der Organisation und des Fachverbands, deren Standards sich die Organisation verpflichtet hat.* Um einen Dialog im Prozess zu initiieren, an dem sich alle aktiv beteiligen können und wollen, hilft der Blick auf das Wir und die Ichs in der Gruppe: Wer ist Teil von was? Wer fühlt sie wie gebunden an welche Ebene im System? Wer repräsentiert und kommuniziert welchen Aspekt von Fachlichkeit? Wer erlebt welche soziale Verantwortung, wer kommuniziert und agiert aus welcher Gewohnheit, aus welchem Statusempfinden heraus, verbunden mit welchen Privilegien und Verantwortlichkeiten? Wie zeigt sich dies, wie beeinflusst es den Dialog in der Gruppe? Was ist dadurch möglich und was vielleicht nicht?

Für sich allein erlebt und agiert oder reagiert eine Einzelperson anders als im Kontext einer Gruppe, eines Teams oder Unternehmens. *Auf die Inhalte der geplanten Konferenz, dass es um die Zukunft der Beratungsorganisation gehen soll, mit all ihren Mitgliedern und Themen, inklusive der „Zukunft der Beratung", haben sich in der Runde der Vorbereitenden letztlich alle nach längerer Diskussion verständigt. Kurz vor der Veranstaltung erwähnt die Vorstandsvorsitzende gegenüber den beauftragten Facilitator:innen, dass sie ihre Zweifel daran habe, dass die Konferenz ertragreich sein wird. Und sie betont im selben Atemzug, sie würde dies im Kreis der Kolleg:innen, auf Vorstandssitzungen oder im Gespräch mit Mitarbeitenden aber niemals sagen.* Die Zielstellung, Partizipation aller zu ermöglichen und dann lösungsorientiert einen Prozess zu begleiten, in dem in der Gruppe (Team oder Unternehmen) Wege, Strategien, Lösungen entwickelt werden, die sich im System als sinnvoll und umsetzbar erweisen können, ist komplex. Damit die Gruppe gut zusammenwirken kann, sind die Personen (alle Ichs), die Gruppeninteraktion (das Wir), die Aufgabe (das Thema, das Es) als gleichwertig und in ihrem Umfeld (Globe) anzuerkennen und zu fördern: Im Facilitation sind diese vier Faktoren in Balance zu bringen und zu halten.[50]

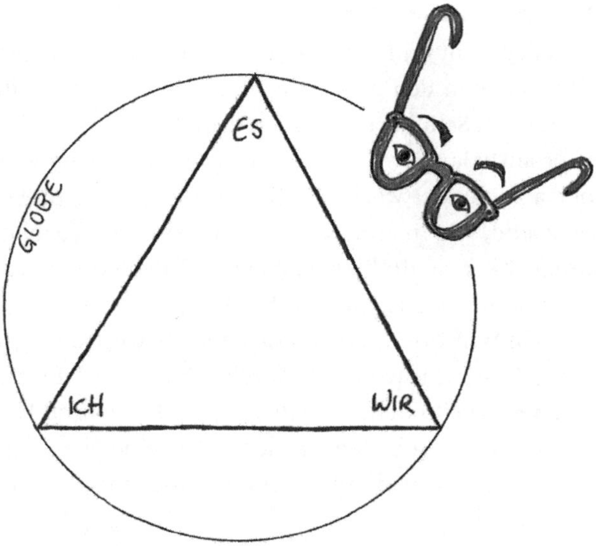

Abbildung 11: Ich, Wir, Es im Globe – vier Faktoren Themenzentrierter Interaktion berücksichtigen

Beim Konferenzauftakt wird die von einer Mitarbeiterin gestellte Frage nach dem Wozu der Konferenz auf zehn unterschiedliche Arten von anderen Mitarbeitenden voller Vorfreude und Zuversicht auf eine Fülle an möglichen positiven Effekten beantwortet. Für einen Moment machen sich Engagement und Verbindung mit dem Anliegen – die Gestaltung der Zukunft des Unternehmens – im Raum breit. Die erwähnte Vorstandsvorsitzende fühlt sich dabei motivierter und hoffnungsvoller. In dieser Situation erlebt sie sich mit anderen als Teil des Ganzen, weil andere in der Konferenzgruppe mit der Veranstaltung ähnliche Fragen, Zweifel, Antworten und Hoffnungen verbinden. Wenn wir die Gruppe als soziales System im System betrachten, ist das eine Perspektive, die dabei unterstützt, Teilhabe im Sinne des Prozesses zu ermöglichen: Der Globe als Rahmen für die Zusammenkunft rückt im Verlauf des Prozesses meist in den Hintergrund. *Möglicherweise erlebt die Vorstandsvorsitzende sich auch während der Konferenz deutlich als solche. Und es kann genauso gut sein, dass dies im engagierten Diskurs interessanter Themen, im Dialog von allen mit allen in den Hintergrund tritt.*[51] Die Teilnehmenden bilden ein eigenes System und damit den zentralen Rahmen der Interaktion.[52]

Wenn wir eine Gruppe als ein autonomes Sozialsystem verstehen, dann wird auch deutlich, dass sie nicht „direkt von außen“ gesteuert werden kann: Wirkung und Wirksamkeit von äußeren Einflüssen lassen sich nicht eindeutig vorhersagen. Beim

Intervenieren bleibt immer bis zu einem gewissen Grad offen, wie eine Gruppe darauf reagiert. Dies ist einer von vielen Gründen dafür, die Versammelten an ihrem Prozess so früh, transparent und umfänglich wie möglich teilhaben zu lassen. Beim Intervenieren gibt es neben den gewollten immer auch ungewollte Konsequenzen. Wenn das Ganze auf den Schultern von allen liegt, lässt sich das Ich-Wir-Es im Globe mit allen besser ausbalancieren. Ordnungen in einer Gruppe entstehen anhand immer wieder neu ablaufender wechselseitiger Abstimmungsprozesse. Solche Rückkopplungsprozesse sind, wie in anderen sozialen Systemen auch, die Grundlage für „Entwicklungsmöglichkeiten und Eigenleben"[53]. Facilitator:innen haben die Aufgabe, diese aufmerksam für das, was im Sinne des Prozesses ist, zu spiegeln und zu begleiten. Ein win-win-orientiertes, allparteilich wertschätzendes Herangehen mediativer Kommunikation unterstützt durch Übung im Umgang mit Komplexität. Wenn wir vorab Klarheit über Beweggründe, Anliegen und Hintergründe sowie über das geplante Verfahren schaffen, erreichen wir eine grundlegende Offenheit – auch dann, wenn ein Auftrag beinhaltet, herauszufinden und zu erfragen, wer geeignete Teil-Nehmende sind.

Der geschulte Blick auf Bedürfnisse und Interessen hinter Positionierungen und Erfahrungen im allparteilichen Moderieren und Mediieren inmitten von Diversität hilft bei der Gestaltung ermöglichender Rahmenbedingungen. Aus einer mediativen Haltung heraus stellen wir auf Augenhöhe weitgehend Transparenz her über Anliegen, Aufgaben, Herangehensweisen und wesentliche Aspekte im Prozess, um den Weg durch diesen Schritt für Schritt mit allen zu gehen. Um in der Gruppe im Verlauf fortwährend aktive Teilhabe am Dialog zu ermöglichen, lohnt es sich, als Facilitator:in Multiplikationseffekte zu begünstigen: Die Gruppe anzuregen, dass sie selbst im Miteinander den Rahmen für dialogische Kommunikation hält (Kapitel 5.2.3). Auch dies ist ein zentraler Bestandteil mediativer Kompetenz. Indem wir die Gruppe als soziales System betrachten, richten wir Theorien, Modelle und Interventionen darauf aus, dass sie sich selbst im Sinne ihres individuellen Entwicklungsprozesses steuern und reflektieren kann. Facilitator:innen haben die Aufgabe, sich auf die Metaebene zu begeben, um die Teilnehmenden-Ichs im Sinne des Gruppenprozesses zu unterstützen. Dafür, dass dies eine komplexe Angelegenheit ist, gibt es diverse Bilder. Das in Abbildung 12 skizzierte Didaktische Dreieck ist eines davon.

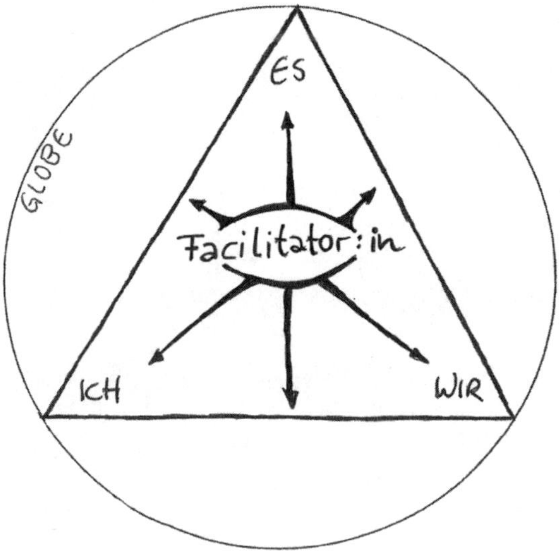

Abbildung 12: Aufmerksamkeitsebenen im Didaktischen Dreieck

Mithilfe von Aufmerksamkeitslinien verdeutlicht das Didaktische Dreieck, dass es für Prozessbegleitende gilt, nicht nur die einzelnen Ebenen Ich, Wir und Es, sondern auch die Beziehungen zwischen den Ebenen im Blick zu behalten. Die Formulierung „Ich-Wir-Es im Globe" soll dies zum Ausdruck bringen. *Am Beispiel der Vorstandsvorsitzenden bedeutet dies: Nicht nur wie sie zum Thema steht spielt eine Rolle. Es ist ebenso wichtig, inwiefern und wie es ihr möglich ist, auf Augenhöhe mit den anderen in der Konferenzgruppe in den Dialog zu kommen und inwiefern sie als Teil der Gruppe dann eine andere Perspektive zum Thema einnehmen kann. Wenn man aufmerksam über diese Aspekte nachdenkt, gelangt man unter anderem zu der Frage, wie sich beispielsweise mithilfe entsprechender Elemente eines Sicheren Rahmens unterstützen lässt, dass alle – Toni Young, Arabella Meyer und die Vorstandsvorsitzende – gleichermaßen am Dialog mit allen auf Augenhöhe teil-haben können. Als weitere Möglichkeit könnte man über die Vereinbarung eines Arbeits-Du*[54] *für die Dauer des Facilitationprozesses nachdenken.*

3. „The ART to be a Facilitator“: Das Kompetenzmodell

Welche Fähigkeiten und Fertigkeiten braucht es für das bisher beschriebene Herangehen zum Ermöglichen und Begleiten von partizipativen Prozessen? Was macht die professionelle Rolle, die Haltung in diesem Format aus? Der durch Offenheit und Flexibilität geprägte Rahmen entbindet Facilitator:innen vom professionellen Anspruch, lösungs- oder zielorientiert vorzugehen. Hier unterscheiden sie sich beispielsweise von Mediator:innen und Coach:innen. Und ihre Aufgabe geht über die von Moderator:innen hinaus, weil sie nicht in erster Linie strukturieren. Sie bieten Strukturen an, damit sich ein gewünschter, geplanter oder notwendiger Prozess entfalten kann. Facilitator:innen sind keine Trainer:innen, auch wenn es Parallelen gibt. Sie sind keine Berater:innen und keine Führungskräfte. Und auch wenn es hier um einen beliebten Ansatz im Zusammenhang mit der Gestaltung agiler Organisationsprozesse geht, sind sie keine „Agilen Agents“. Um Wissen, Fähigkeiten und Fertigkeiten aus anderen Zusammenhängen wahrnehmen und nutzen zu können, bietet das folgende Kompetenzmodell Selbstreflexion und fachliche Verortung, eine Orientierung und Kategorisierungsmöglichkeit an.

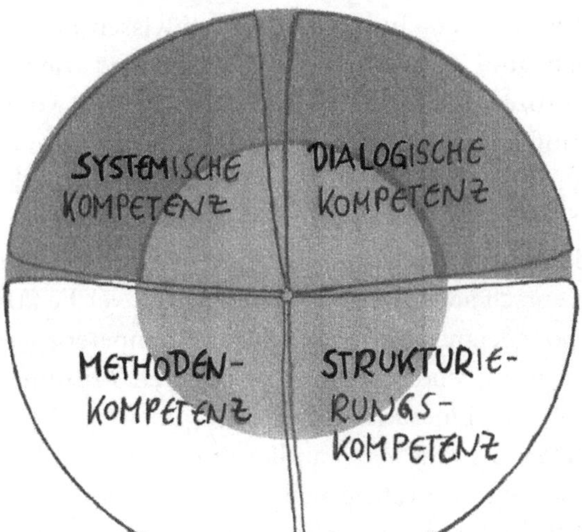

Abbildung 13: Kompetenzmodell Facilitation

Die Darstellung der vier Elemente als vier Teile einer Kugel – des Facilitation Globe – veranschaulicht, dass alle vier Kompetenzbereiche sowohl einzeln zu betrachten als auch miteinander zu verknüpfen sind. Die Markierung verweist darauf, dass sich systemische und dialogische Kompetenz in ihrem Miteinander als Kompetenzrahmen betrachten lassen: Beide bilden eine Art Pool, der, je nach fachlichem Hintergrund der Facilitator:innenperson, mit grundlegenden Theorien und Modellen gefüllt ist. Wer möchte, kann demnach differenzieren und das eigene Herangehen nach Arbeitsfokus oder -ansatz beispielsweise New Work Facilitation oder Dynamic Facilitation[55] nennen oder sich, passend zum Hintergrund dieses Buchs, als Mediative Facilitator:in bezeichnen. Dies gibt einen Hinweis auf das prozessorientierte Angebot an Strukturierungsformaten oder -modellen zur Prozessgestaltung sowie an Interventionen, Tools und Techniken, die ein:e Facilitator:in geneigt ist, in der Prozessbegleitung heranzuziehen. Das geschieht auf der Basis von praktischen Erfahrungen damit oder aufgrund von professionellen Überzeugungen und Glaubenssätzen. Mit einem Augenzwinkern lässt sich diese Logik zur Anordnung der einzelnen Kompetenzelemente im Modell in folgendem Wortspiel zum Ausdruck bringen: „Die Beschaffenheit des Pools prägt die Auswahl der Tools."[56]

Der Kompetenzrahmen als „Pool" umfasst systemische und dialogische Kompetenzen zum grundlegenden Ermöglichen von Dialog im System und System im Dialog. Er bildet die Basis, aus dem in der Praxis für die Auswahl und den Einsatz von Facilitation-Tools geschöpft werden kann. Eine derart komplexe Tätigkeit braucht Professionalität, Souveränität und Offenheit für das, was sich neu entwickelt. Hilfreich hierfür sind systemisches Verständnis und Grundwissen darüber, wie dialogische Prozesse in Gruppen- und Teamdynamik entstehen und wie sie in ihrer Entwicklung im Sinne des Prozesses begleitet werden können. Die Kompetenz, Bedarfe zu erkennen, ist hier umfassend gefragt und bezieht sich sowohl auf die einzelnen Ichs in der Gruppe als auch auf das Wir der Gruppe im System (Globe); außerdem auf thematische Bedarfe – auf das Es im Zusammenhang mit dem Auftrag. Zur Auswahl von Tools im Facilitationprozess ist mit Blick auf den „Pool" zu resümieren und daran anknüpfend zu entscheiden, welches Herangehen, welche Struktur und welches methodische Angebot geeignet sind. Als zentrale Kompetenz lässt sich hier „strukturierte Prozesse intervenierend begleiten" formulieren. Mithilfe einer Struktur wird der Prozess im Sinne von „Liberating Structures" gestaltet. „Befreiende Strukturen" dienen wie beschrieben als eine Art Landkarte und ermöglichen allen Beteiligten Orientierung. Alle wissen, worauf sie sich einlassen und wie das Vorgehen grundsätzlich aussehen soll. Dies erleichtert das Vertrauen im Prozessverlauf.

Das methodische Angebot braucht es zur Begleitung der Gruppe in ihrem Prozess: Wer ermöglichen will, hat hier die Aufgabe, situationsgerecht zu agieren und zu intervenieren. Dafür benötigt er eine umfassende Auswahl an Methoden, die er im Sinne des Prozesses flexibel einsetzen und der Gruppe anbieten kann. Facilitator:innen gehen im Sinne einer mediativen Arbeitsweise vom ersten Prozessschritt an ressourcenorientiert vor: Sie identifizieren, was es braucht und was weiterhelfen kann. Bedarfe sind bei der Auftragsklärung (Kapitel 2.1 und 4) unter Berücksichtigung der beschriebenen systemischen und dialogischen Aspekte zu konkretisieren. Das Bild des Didaktischen Dreiecks im Globe (Abbildung 5) unterstützt dabei, diese auf den verschiedenen Ebenen umfassend zu erfragen und zu erkennen: Was ist der größere Kontext? Was braucht das System oder Unternehmen? Was braucht die Gruppe? Was brauchen die Einzelnen – in der Gruppe, im System? Oder: Was brauchen die Einzelnen – im Team, in der Organisation? Was braucht es in Bezug auf die inhaltlichen Aspekte, wie Anlässe, Ziel-, Frage- und Themenstellungen? Auf dieser Basis lässt sich anknüpfend fragen „Was hilft?“, um ein Strukturmodell oder ein Workshopdesign für den gewünschten Prozess zu entwickeln (Struktur) und auch, um im Verlauf des Prozesses angemessen intervenieren zu können (Methode).

Systemische Kompetenz

Um den Dialog im System anzuregen, die Kommunikation in einem Wir zu gestalten und in einer bereits feststehenden Gruppe einen Facilitationprozess zu ermöglichen, ist zu fragen: Aus welchen Personen besteht die Gruppe (Ich-Wir-Aspekt)? Inwieweit bildet die Gruppe das sie umgebende System (Globe-Aspekt) ab? Sind Inhalt beziehungsweise Thema und Aufgabenstellungen für den Facilitationprozess bereits gewählt oder vorgegeben? Inwieweit tragen alle (Ich) in der Gruppe (Wir) die Themen und Inhalte (Es)? Inwieweit ist das Umfeld (Globe) prägend für das Ich, Wir und Es? Welche systemischen Bedingungen sind (potenziell und wahrnehmbar) prägend für den Prozess?

Das System in einen Dialog zu bringen meint, aus einem Gesamtzusammenhang heraus Begegnungen im Dialog zu initiieren: Wenn auch die Gruppenbildung zur Aufgabe der beauftragten Person gehört, lässt sich mit Blick auf die vier Faktoren Themenzentrierter Interaktion prinzipiell fragen: „Durch welche Ichs wird das Wir im Globe so repräsentiert, dass das Es ermöglicht wird?“ Zu klären ist demnach: Welche Personen sollten Teil der Gruppe sein? Wer ist zugunsten des erwünschten Prozesses beziehungsweise eines nachhaltigen und selbstverantwortlich, realistisch umzusetzenden Ergebnisses einzuladen oder am Prozess zu beteiligen? Welche Zusammensetzung in der Gruppe ermöglicht den gewünschten Prozess beziehungsweise die Repräsentation aller für den Prozess zentralen Aspekte? Wer muss dabei sein oder anderweitig berücksichtigt werden, damit Sachverhalte geklärt, Veränderungen angeregt, Konflikte gelöst und Entscheidungen getroffen werden können?

Facilitator:innen können ihre systemischen Kompetenzen aus anderen Kommunikationsformaten nutzen. Mediator:innen halten eine bewährte Variante zum professionellen Umgang mit Bedingungen für nachhaltige, umsetzbare Entscheidungen und Lösungen bereit. Hier helfen Grundsätze der Mediation wie der, dass alle am Konflikt und dessen Lösung beteiligten Personen auch am Verfahren zu beteiligen sind. Wer Erfahrung mit Mediation hat, kennt zum Beispiel aus dem Zusammenhang der Familienmediation die Frage nach dem Einbezug von Kindern, Jurist:innen oder anderen Expert:innen. Für Facilitation im familiären Kontext ist dieselbe Frage relevant: Es kann sinnvoll sein, auch Erzieher:innen, Eltern und Vertreter:innen sozialer Institutionen wie der Schule oder des Jugendamts einzubinden.

Coachende können hier auf ihre Erfahrung mit der Frage zurückgreifen, was dabei hilft, Ziele realistisch und im Alltag umzusetzen. Sie können, wie im Team- oder Einzelcoaching, den Blick auf die Einzelnen und deren Position im System sowie auf die intrinsischen und extrinsischen Motivationsaspekte als Motoren für Zielfindung richten. Ebenso kann es hilfreich sein, einen Ökocheck durchzuführen, der den Globe, Wechselwirkungen im System beleuchtet und mit Blick auf die Zukunft wesentliche Weichen zu stellen hilft. Supervisor:innen kommt hier ihre im Umgang mit inneren und äußeren Teams oder Systemen geschulte analytische Reflexionskompetenz zugute: die Gewohnheit, aus der dritten Wahrnehmungsposition (einer Metaebene, der „Vogelperspektive") auf den Prozess zu schauen und das Wahrgenommene in seinem Verlauf zu spiegeln (Metakommunikation). Systemische Kompetenz kommt durch Folgendes zum Ausdruck: Durch eine analytische, synthetische und evaluative Betrachtung und die Berücksichtigung der Gruppendynamik, von Mobile-Effekten, Zusammenhängen und Auswirkungen im System (auf Mikro-, Makro- und Mesoebene). Sie umfasst also sowohl Reflexions- als auch Evaluationskompetenz. Systemische Kompetenz unterstützt darin, Verantwortung und Wirksamkeit im System (der Organisation oder der Gesellschaft) zu fokussieren (Globe-Aspekt) und die Beteiligten thematisch zu aktivieren (Ich-Es-Aspekt) – zum Beispiel zur Entwicklung einer Zukunftsvision oder eines gemeinsamen Leitbilds, wie es nachfolgend im Fallbeispiel zur Teamentwicklung bei MARKETHING beschrieben ist (Kapitel 7).

Dialogische Kompetenz

Mithilfe dialogischer Kompetenz gilt es dann, wirklichen Kontakt (Ich-Wir-Aspekt) zu ermöglichen und Kooperation (Wir-Es-Aspekt) umzusetzen. Beliebte Formen der Umsetzung sind z. B. Gruppenarbeiten im Open Space, die Begegnungen ermöglichen (wie in unserem Fallbeispiel in Kapitel 2) oder auch die Methode World Café (siehe Kapitel 5.3.2). Auswahl und Umsetzung solcher Tools zeugen von Strukturierungs- und Methodenkompetenz. Dialogische Kompetenz und der systemische Blick helfen zu erkennen, wer mit wem wie in Kontakt kommen muss, um den gewünschten Prozess zu ermöglichen. Kennen sich die Beteiligten? Dann sollte die Begegnung möglicherweise ein bestimmtes Thema in den Fokus stellen. Oder sie sollte es ermöglichen, in einem kreativitätsförderlichen Setting über den Tellerrand des Alltags zu schauen und neue Ideen zu entwickeln. Kennen sie sich nicht? Dann geht es wahrscheinlich darum, Varianten von Kontaktmöglichkeiten auszuloten, die die Teilnehmenden unterstützen, einander im Sinne des Auftrags zu begegnen.

„Dialog“ betrachte ich im Rahmen dieses Buchs als ein Ziel und Element professioneller Kommunikation. Es geht um den Dialog als Prozess, in dem nicht nur miteinander geredet wird (Alltagsbegriff), sondern der dazu führt, dass die Beteiligten im Sinne eines „listen to learn“[57] in intensiven Kontakt miteinander treten. Idealerweise tun sie dies mit Interesse aneinander und einem Gedanken wie „Mal sehen, was wir hier voneinander lernen können“ oder einer Bewertung wie „Dass du anders bist als ich, gibt mir die Chance, meine Perspektive zu erweitern“. Dem Umstand, dass dieses Ideal sich nicht unbedingt mit der realen Situation des Miteinanders in einer Gruppe deckt, lässt sich im Rahmen professioneller Kommunikation mithilfe dialogischer Kompetenz begegnen. Dialogische Kompetenz ist verbunden mit Mediativer Kompetenz, Mediationskompetenz, Diversity-Kompetenz, Kommunikations- und Verhandlungskompetenz. Sie beinhaltet zum einen Sozialkompetenz als zwischenmenschliches Können im Umgang mit anderen – zum Beispiel angesichts der beschriebenen Diskrepanz zwischen Ist und Soll im Rahmen dialogorientierter Settings: *Die Vorstandsvorsitzende möchte und soll gern auf Augenhöhe mit den anderen in der Gruppe kreative Ideen losgelöst vom Alltag frei entwickeln. Aber: Kann sie das wirklich? Wie kommt zum Ausdruck, wenn sie dem allseits erwünschten Ideal nicht entsprechen kann? Es hilft nicht, wenn ein:e Facilitator:in dann so etwas sagt, wie: „Nun geben Sie sich mal einen Ruck, Frau XY.“ Vielmehr braucht es Empathie und Souveränität, Professionalität und Flexibilität. Man könnte das z. B. in der Vorbereitung ansprechen, um einen gemeinsamen Weg im Umgang mit hierarchischen Aspekten zu finden. Oder/und man könnte dies so weit ausloten, dass es mit Blick auf die Gestaltung dialogischer Settings strukturell und methodisch einbezogen werden kann. Vielleicht sind hier, anstelle eines Open Space, eher strategisch für den Prozess zusammengesetzte Arbeitsgruppen geeignet, in denen sich jeweils alle hierarchischen Ebenen der Organisation abbilden.* Soziale Kompetenz zeigt sich in Form von ressourcenorientierter Kommunikation zur Beteiligung von allen, die durch Facilitator:innen in der Gruppe angeregt und begleitet wird – im Prozess selbst und auch in der Vorbereitung und Planung. Belastbarkeit, Kreativität, Kommunikation und die Fähigkeit, Bedarfe zu erkennen, sind wesentliche Aspekte von Sozialkompetenz.

Intensive Dialoge von allen mit allen sind Prozesse, die sich in unterschiedlicher Art und Weise verselbstständigen. Dies ist zwar im Sinne einer allseitig aktiven Teilhabe, erzeugt für die Beteiligten aber durchaus auch Stress. Um diesen zu kompensieren, reagieren Teilnehmende manchmal aggressiv. Wer auch bei verbalen Angriffen von Einzelnen in der Gruppe das Erkennen von Bedarfen und professionelles Kommunizieren im Fokus behält und hier kommunikativ agiert, statt impulsgeleitet zu reagieren, zeigt sich als belastbar und kreativ. In solchen und anderen vergleichbaren Situationen umfasst dialogische Kompetenz auch Humankompetenz – als Ausdruck des eigenen Wollens und Könnens im Umgang mit sich selbst. Diese Facette hilft, im Umgang mit den eigenen Herausforderungen Geduld mit sich selbst zu haben. Zur Humankompetenz gehören psychologische Kompetenzen wie die professionelle Haltung im Dialog. Außerdem Selbstreflektiertheit im Umgang mit eigenen intrapsychischen und körperlichen Möglichkeiten und Grenzen: Was brauche ich als Person, um meine Rolle als Facilitator:in souverän und professionell ausfüllen zu können? Wie fühle ich mich selbst in einer Gruppe? Welche Erfahrungen, welche emotionale Aktiviertheit können in der Arbeit mit einem Team zum Tragen kommen?[58] Wachheit für die eigenen thematischen Vorlieben und Ablehnungspotenziale und auch für den Umgang mit eigenen Unconscious Biases hilft, in der Gruppe Fokus, Allparteilichkeit[59] und den Blick von der Metaebene aus (wie er im Bild „sich auf den inneren Balkon begeben“ beschrieben wird[60]) konsequent beizubehalten. Sie hilft, in der Gruppen- oder Teamdynamik professionell als Facilitator:in zu agieren, statt zu reagieren, auch wenn sich diverse Ichs in der Gruppe gegenseitig ins Wort fallen oder angehen.

Strukturierungskompetenz

Wenn Facilitator:innen die Gestaltung des Prozesses angemessen planen und dann mit der Gruppe transparent abstimmen wollen, brauchen sie, was in der Fachdiskussion als strategische Planungskompetenz und domainspezifische Prozessgestaltungskompetenz bezeichnet wird. Je nach „Ausstattung des Pools“ kann diese sehr unterschiedlich aussehen. Um einen Dialog im System zu ermöglichen, in dem alle miteinander und auf Augenhöhe am Prozess teilnehmen und teilhaben[61], braucht es ein Prozessdesign, in dem sich das umsetzen lässt, was geplant und benötigt wird. Dafür muss man aber wissen, was theorie-, inhalts- und methodenbezogen überhaupt zur Verfügung steht. Als Anregung findet sich in diesem Buch eine im fachlichen Kontext Mediativer Kommunikation (Pool) gedachte Auswahl in Abbildung 54, die Theorien mit daraus abgeleiteten Methoden und Interventionen beinhaltet (Kapitel 5.4). Außerdem erfordert es Einfühlungs- und Vorstellungsvermögen, um das Prozessdesign mit Blick auf das Ich-Wir-Es im Globe auszuwählen, anzupassen und zu kreieren. Und überdies braucht es die Fähigkeit und Fertigkeit zur Abstraktion auf verschiedenen Niveaus und zur Erklärung, Darstellung, Abbildung auf verschiedenen Ebenen und für die verschiedenen Teilhabenden am Prozess – mit Blick auf den Globe, die Gruppe, die einzelnen Ichs mit ihren wahrscheinlich unterschiedlichen bevorzugten Wahrnehmungsebenen sowie auf den inhaltlichen Fokus. Fragen, die sich an dieser Stelle ergeben, sind: Was muss die Einladung enthalten, um zu beschreiben, was zu erwarten ist? Wie sollte eine Landkarte aussehen, die alle verstehen und die als Orientierung im Prozess fungieren kann? Welche Worte und Bilder sind gegebenenfalls an die Auftraggebenden über den geplanten Prozess zu kommunizieren? Welche Werkzeuge und Methoden lassen sich im Rahmen des Prozessdesigns anwenden? Was ermöglicht die adäquate Begleitung des gruppendynamischen Prozesses? Wie passt das gewählte oder kreierte Design zu meinem fachlich-methodischen Angebot? Eine Landkarte, die sich an den vier Phasen einer Mediation orientiert, legt nahe, Interventionen zur Konfliktbearbeitung parat zu halten. *Ein:e Facilitator:in mit wenig ausgebildeter Konflikt- und Diversity-Kompetenz wählt vielleicht anlässlich der absehbaren zu begleitenden Schritte im Ausblick auf die konkrete Umsetzung mit einer Gruppe ein anderes Prozessdesign.*

Strukturierungskompetenz zeigt sich in einem grundlegenden Know-how zum Aufbau von Prozessen: Was macht einen Prozess zu einem Prozess? Wie ist ein Ganzes sinnvoll zu untergliedern? Wie lassen sich einzelne Schritte sinnvoll zusammenfügen? Fähigkeiten und Fertigkeiten, mit Modellen zu arbeiten sowie Prozessmodelle und Formate der Prozessgestaltung auswählen und entwickeln zu können gehören ebenfalls zur Strukturierungskompetenz. Um als Angebot für einen geplanten Facilitationprozess eine Struktur zu wählen oder zu entwickeln, die, wie beschrieben, passend als Landkarte zur Verfügung gestellt werden kann, hilft es, Theorien und Modelle zur gruppendynamischen Entwicklung zu kennen. Auch sind bei der Wahl einer Struktur die im Didaktischen Dreieck benannten Aufmerksamkeitslinien gleichwertig zu berücksichtigen, damit das Prinzip einer „Liberating Structure“ wirksam werden kann. „All models are wrong, but some are useful“[62] gilt hier als Prinzip. Das Anliegen, Orientierung und Vertrauen in den jeweiligen Prozess zu ermöglichen, ließe sich für ein Best-Practice-Verfahren zusammenfassen: „Was wirkt, hat recht.“[63] Für die erfolgreiche Arbeit mit einer Prozesslandkarte ist nicht entscheidend, ob diese sich entsprechend dem aktuellen Erkenntnisstand der Geografie, Geologie, Kartografie, Biologie … als realitätsbezogen erweist. Es zählt, dass sie für den geplanten Prozess das GEtMO erfüllt: „Good Enough to Move On.“ Das gewählte Strukturmodell sollte grundsätzlich klar, einfach, motivierend sein und transparent machen, was im Allgemeinen zu erwarten ist. In diesem Buch sind das Mediationsphasenmodell, die Veränderungslandkarte, der Teamparcour und der Prozesskalender Beispiele dafür.

Methodenkompetenz

Um der Aufgabe gerecht zu werden, bedarfsorientiert und situationsgerecht im Verlauf des Prozesses zu agieren, benötigen Facilitator:innen Werkzeuge und Methoden, die sie unterstützend anbieten und einsetzen können. Um im Sinne des Prozesses zu intervenieren, hilft es, von der Metaebene aus einen Blick auf das Ganze zu werfen, wie es in Abbildung 11 skizziert ist. Professionelles Verantwortungs-Bewusstsein ist gefragt. In der Betrachtung der unterschiedlichen Aufmerksamkeitsebenen braucht es prozessorientierte Methodenkompetenz auf Basis eines bewussten Umgangs mit Fragen wie: Was ist meine Verantwortung? Was ist die Verantwortung der Gruppe oder des Teams? Was liegt außerhalb des Verantwortungs- und Handlungsspektrums unseres Settings?

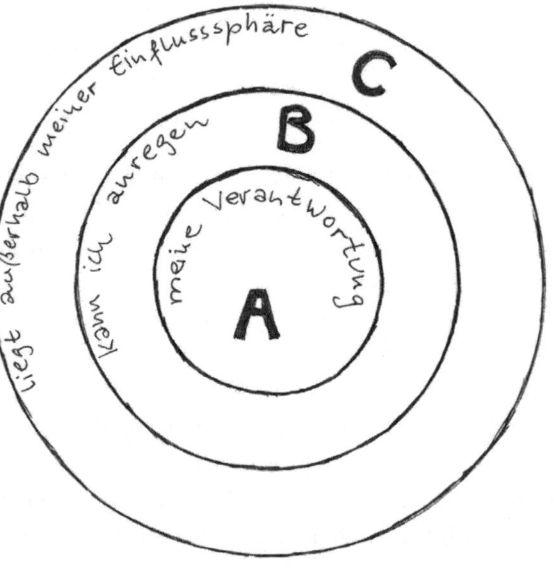

Abbildung 14: A-B-C-Priorisierung

Um an das Bild von der Landkarte und den Grundsatz „The map is not the world"[64] anzuknüpfen: In der realen Situation in der Gruppe, die an der Landkarte orientiert ihren Weg zurücklegt, ist Methodenkompetenz professionell im Einsatz, um im Sinne des vereinbarten gewünschten Vorgehens oder Ergebnisses mit der Gruppe Schritt für Schritt zu gehen. Wie souverän und wie flexibel die Begleitung des Prozesses sein kann, hängt davon ab, ob genügend flexibel einsetzbare Tools zur Verfügung stehen. Hilfreich sind Fähigkeiten und Fertigkeiten zur angemessenen

Intervention, zur Einführung und Anleitung von Methoden und in der Anwendung von Tools und Techniken.

Zum Intervenieren gehört das Reden, aber auch das Schweigen. Ebenso der professionelle Umgang mit Unerwartetem und das Erschließen von Unbekanntem. Ein flexibles Agieren, in dem Wesentliches aus dem Prozess aufgenommen und wieder in den Prozess hineingegeben wird[65], das verantwortungsbewusste Balancieren auf den verschiedenen Wahrnehmungsebenen im Ich-Wir-Es im Globe (Abbildung 12) kennzeichnet dieses Kompetenzfeld. Facilitator:innen intervenieren beispielsweise, wenn sie zeitliche Signale für Pausen geben, inhaltliche Abschnitte markieren und zusammenzufassen, alle immer wieder miteinbeziehen und Gruppenarbeiten anregen. Wer so arbeitet, der vermittelt zwischen dem, was da ist – wie es im Ansatz Mediativer Kommunikation beschrieben wird. Methoden mediativer Prozessbegleitung sind zum Beispiel kooperative Interventionen und Gesprächstechniken wie Ich-Botschaften, Positives Umformulieren und Reframing, Fragetechniken, Methoden zum Perspektiv- und Ebenenwechsel, Kreativ- und Operationalisierungstechniken, Techniken zur Visualisierung und Imagination.[66] Es ist hilfreich, solche Elemente aus Trainings- und Moderationskompetenz einzubeziehen, die auf Prozessbegleitung ausgerichtet sind. Zudem lassen sich Organisationsentwicklungskompetenz, Managementkompetenz und technische Kompetenz als Basis für den bedarfsgerechten methodischen Einsatz von Interventionen, Tools und Techniken heranziehen. Facilitator:innen konzentrieren sich in der Begleitung der Gruppe auf Fragen wie: Was ist methodisch zu ermöglichen? Wie lässt sich dies konkret im Prozess umsetzen? Welchen Techniken und Werkzeuge eignen sich in der Kommunikation und Interaktion in und mit der Gruppe? Wie kann ich die Gruppe im Sinne ihres Prozesses Schritt für Schritt intervenierend begleiten? Dabei treten sie auch auf ihren inneren Balkon, um zu evaluieren und situationsgerecht zu variieren. Metakommunikation hilft dabei, bedarfsorientiert vorzugehen und zu intervenieren – professionell verantwortlich in der Rolle als Begleitende und in Abstimmung mit der Gruppe.

Im Gesamten betrachtet

Facilitation und die Aufgabenstellungen für Facilitator:innen sind komplex. System, Dialog, Struktur und Methoden sind ganzheitlich zu betrachten und auszuwählen. Das Nachdenken über das System beeinflusst alle Ebenen bis hin zur Auswahl der Interventionen im Prozess. Und das Anbieten einer geeigneten Struktur ist geknüpft an die Frage nach dem, was gewünscht ist. Wenn nicht zu Beginn geklärt ist, was die Situation ist und welcher Prozess zu ermöglichen ist, erschwert dies ein situations- und prozessgerechtes Herangehen. Letzteres ist jedoch notwendig, um Effekte und Wechselwirkungen im System mittels entsprechender Rahmenbedingungen für Teilhabe von allen im Sinne des Auftrags zu ermöglichen.

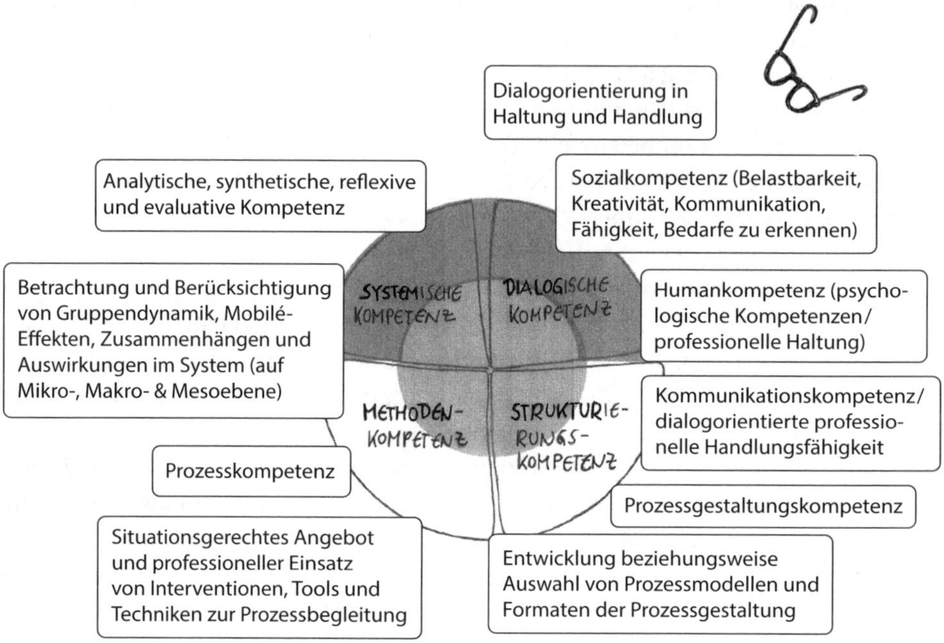

Abbildung 15: Kompetenzen im Überblick

4. Das Arbeitsbündnis als Schlüssel zum Erfolg

In diesem Kapitel werden noch einige grundlegende Fragen beantwortet, etwa: Was macht Facilitation als Format aus? Was unterscheidet es von anderen Formaten professioneller Kommunikation? Welche Fähigkeiten und Fertigkeiten brauchen Facilitator:innen dafür? Zentrale Fragen zur Kompetenz und Rolle als Facilitator:in verweisen auf vielfältige Möglichkeiten, erfolgreich mit Gruppen zu arbeiten:

Was ermögliche ich ...	
... IM SYSTEM? ... mit wem? ... in welchem Zusammenhang? ... mit welchen möglichen Effekten?	... IM DIALOG? ... durch welches Herangehen, mit welcher Haltung? ... wozu und warum im Kontakt und in der Kommunikation? ... zugunsten von Partizipation und aktiver Beteiligung aller?
... MITHILFE VON METHODEN? ... wie konkret? ... mit welchen Techniken und Werkzeugen in der Kommunikation und Interaktion in und mit der Gruppe? ... in der Prozessbegleitung?	... MITHILFE VON STRUKTUR? ... wodurch? / ... durch welches grundsätzliche Vorgehen? ... in welchem Rahmenformat? ... mithilfe welcher Modelle und Pläne zur Gestaltung des Prozesses?

Abbildung 16: Zentrale Fragen zur Kompetenz und Rolle

Welche Facilitation-Tools wähle ich aus? Welche setze ich ein? Hier lohnt es sich, zunächst Erfolgsfaktoren in den Blick zu nehmen. Zentral sind hier: weitgehende Barrierefreiheit und Möglichkeiten zu aktiver Teilhabe, Transparenz und ein sicherer Rahmen, wie er als Schlüsselfaktor des Ermöglichens beschrieben wurde (Kapitel 1). „The A.R.T. of Facilitation" beinhaltet die Einladung, je nach Auftrag zu spezifizieren: Was bedeutet „Erfolg" in diesem Zusammenhang?[67] Wann, wie und warum wird es möglich, dass Teilnehmende, Auftraggebende und Facilitator:innen den Prozess als gelungen erleben? Wie und woran können sie dies messen?

Ein übergeordnetes Erfolgskriterium im Sinne des Formats ist, dass ein dialogischer Prozess mit allen in der Gruppe ermöglicht wird. Ein erfolgreiches Ermöglichen lässt sich daran messen, ob es im Interesse einer aktive Teilhabe von allen eine weitestgehend barrierefreie Ausgangsbasis gibt. Dazu gehören auch die vereinbarten räumlichen und zeitlichen Rahmenbedingungen (Kapitel 2.1 bis 2.3): Passt der geplante Prozess zum geplanten Zeitfenster? Wird es eher vor Ort stattfinden oder eher online? Vor- oder nachmittags? In der Woche oder vielleicht auch am Wochenende? Gegebenenfalls sind unterschiedliche Zeitzonen zu berücksichtigen. Können alle dabei sein, egal wie ihre Berufstätigkeit individuell gestaltet ist[68] oder ob Für- und Versorgungsaufträge von Angehörigen ein Rolle spielen? Gibt es eventuell im Prozess zu beteiligende Externe? *Bei einer feststehenden Gruppe, die sich schon seit Jahren glücklich zum Meeting in ihrem Raum auf Bodenkissen sitzend zusammenfindet, ist zu überlegen: Kann ich auch unter diesen Bedingungen meine Arbeit als Facilitator:in gut umsetzen? Eignen sich die Rahmenbedingungen für Menschen mit und ohne Rollstuhl? Wie sieht es mit den Sitzgelegenheiten aus? Sind sie so beschaffen, dass sie für alle Altersgruppen passen und für das ganze Spektrum körperlicher Verfasstheit? Können wirklich alle gegebenenfalls einen ganzen Tag lang bequem darauf sitzen?* Diese und weitere Fragen helfen bei der Spezifizierung ermöglichender Rahmenbedingungen.

Es gibt weitere mögliche Barrieren, auf wir unsere Aufmerksamkeit richten sollten. Das können zu erwartende, befürchtete oder tatsächliche Mobile-Effekte sein und Konsequenzen – seien sie systemisch, persönlich oder gesellschaftlich, hierarchiebezogen, politisch oder sozial –, die sich daraus ergeben, aktiv mit allen Beteiligten in einen Dialog zu treten. Der Auftrag Facilitation umfasst nicht, die Realität als solche zu ändern, damit ein Prozess stattfinden kann. Für alle Beteiligten ist von Beginn an Transparenz darüber zu ermöglichen, wer welchen Aspekt des Globe einzeln und in der Gruppe repräsentiert. Dies beinhaltet, dass Entscheidungsbefugnisse und -verantwortlichkeiten im Globe (siehe Abbildung 14) sowie Aufgaben, Verbindlichkeiten und Möglichkeiten in der Gruppe und im Prozess für alle nachvollziehbar sind.[69] Erfolg zeigt sich darin, dass sich die Ichs in der Gruppe im Lauf des Prozesses als Wir empfinden, sie einander auf Augenhöhe wirklich begegnen und dass sie frei sind, sich intensiv mit einem Thema auseinanderzusetzen. Neben einem verbindlich mit allen vereinbarten sicheren Rahmen, der dies begünstigen kann, gehören zur Transparenz im Sinne des Prozesses hier auch grundlegende Informationen zur Rolle, zu den Aufgaben und Arbeitsweisen der Facilitator:innenperson.

Das Arbeitsbündnis liefert die Basis zur Gestaltung des A.R.T.ifiziellen Rahmens (Kapitel 2): Darin wird der Auftrag als Ergebnis der Klärung von Erwartungshaltungen und Aufgabenstellungen konkretisiert und formuliert. Das Arbeitsbündnis ist die Grundlage für die Bestimmung, Gestaltung und Einrichtung ermöglichender Rahmenbedingungen. Mit ihm wird die Frage beantwortet, wer konkret teilhaben kann, soll und wird. Der systemische Blick auf das, was durch den Dialog und im Dialog partizipativ zu ermöglichen ist, fokussiert die Einzelnen als Individuen und zugleich Repräsentant:innen im Globe. Er berücksichtigt grundlegende gruppendynamische Aspekte, die sich durch Zusammensetzung der Ichs im Wir ergeben. Zudem ist einzubeziehen, welchen Inhalten im Prozess Priorität eingeräumt werden soll (Abbildung 14). Das Arbeitsbündnis sollte hier Auskunft geben über Anliegen, Form und Ausrichtung des Dialogs im System, wie sie in Kapitel 2.1 anhand von drei Perspektiven beschrieben werden.

Die Vielfalt von Möglichkeiten dessen, wie Facilitation aussehen kann, ist wichtig, um dem Format an sich in seinem Anspruch an Offenheit und Flexibilität gerecht zu werden. Gleichzeitig bringt diese Vielfalt es mit sich, dass Facilitator:innen mit den unterschiedlichsten Erwartungshaltungen begegnet wird. Die Erwartungen von Auftraggebenden und Teilnehmenden können sich stark von den Vorstellungen der Facilitator:innen unterscheiden. Für eine erfolgreiche Zusammenarbeit sind die diversen Perspektiven gezielt zu betrachten und zumindest grundlegend in Einklang zu bringen, um die beschriebenen Schlüsselfaktoren des Ermöglichens zu begünstigen: einen Sicheren Rahmen und aktive Teilnahme in der Gruppe. Wie auch bei anderen Formaten professioneller Kommunikation und Prozessbegleitung, ist für einen Facilitationprozess im Arbeitsbündnis zu konkretisieren: Was ist gewünscht? Mit wem ist es gewünscht? Wie ist es gewünscht? Von wem ist es inwiefern und wie gewünscht? Wie passt der Wunsch zum Angebot? Wie lässt sich das Angebot zum Wunsch passend ermöglichen und gestalten? Unterschiedliche Erwartungshaltungen sind zu klären, die Kongruenz von Bedarf und Angebot ist zu ermitteln. Grundsätzliche Ziele beziehungsweise Erfolgskriterien sind zu definieren und Herangehensweisen im Rahmen der Zusammenarbeit festzulegen. Und mit all dem ist so transparent umzugehen, wie es für einen Prozess, in dem alle sich einbringen, erforderlich ist.

Erwartungen klären

Vor allem dann, wenn das Kompetenz- und Rollenprofil nicht durch verbindliche Standards definiert ist, ist vor Beginn des Prozesses zu klären: Welche Rollenerwartungen und Anforderungen gibt es? Welche sind annehmbar und umsetzbar – und welche möglicherweise auch nicht? Eine Rechtsberatung fällt beispielsweise nicht ins Aufgabengebiet von Facilitator:innen. Hingegen kann es eine Anforderung des Auftrags sein, die Veranstaltungstechnik zu organisieren oder nach einem geeigneten Ort zu suchen. Um mit der Vielfalt potenzieller Anliegen und Erwartungshaltungen umzugehen, hilft es, Erwartungen von außen zu erfragen, die eigene Erwartungshaltung zu reflektieren und im Arbeitsbündnis zu konkretisieren, wie sich beides zueinander passend gestalten lässt: Welche Rollenerwartungen und Anforderungen gibt es in der aktuellen Situation? Welchen der herangetragenen Erwartungen, Anliegen, Anforderungen kann die eigene Arbeitsweise gerecht werden? Welches Herangehen passt zu dem, was Inhalt des Facilitation sein soll?

Diese Fragen helfen dabei, die Erwartungshaltung von außen zu erfassen. Aus der Selbstreflexion heraus kann ein:e Facilitator:in den Antworten dann gegenüberstellen: Was ist die Erwartung an mich selbst? Was gehört aus meiner Sicht zur professionellen Rolle? Und was gehört nicht dazu? Was ist mein eigener Handlungs- und Verhandlungsspielraum in Bezug auf das, was ich in der professionellen Rolle übernehmen kann und zusagen will? Im Gesamten betrachtet, ist dann letztlich im „Ermöglichungsprisma" für Teilnehmende, Facilitator:innen und Auftraggeber:innen auszuloten: Welche Rahmenbedingungen sind zu ermöglichen, um allen das Ermöglichen zu ermöglichen?

<table>
<tr><td>Erwartungshaltung von außen:
▪ Welche Rollenerwartungen und Anforderungen gibt es in der aktuellen Situation?
▪ Welche der herangetragenen Erwartungen, Anliegen, Anforderungen passen zur Arbeitsweise der Facilitator:innenperson?
▪ Welche Arbeitsweise passt zu dem, was Inhalt von Facilitation sein soll?</td><td>Eigene Erwartungshaltung:
▪ Was ist die Erwartung an mich selbst?
▪ Was gehört aus meiner Sicht zur professionellen Rolle?
▪ Was gehört nicht dazu?
▪ Was ist mein eigener Handlungs- und Verhandlungsspielraum in Bezug auf das, was ich in der professionellen Rolle übernehmen kann und zusagen will?</td></tr>
<tr><td colspan="2">Resümee:
▪ Welche Rahmenbedingungen sind zu ermöglichen, um allen das Ermöglichen zu ermöglichen?</td></tr>
</table>

Abbildung 17: Erwartungshaltung

Rollen und Aufgaben passend zum Auftrag definieren

Die in Abbildung 18 skizzierte Tabelle nach Weisbord & Janoff (2020, S. 61) bietet ein einfaches Raster, das vier Rollen differenziert: Beobachtende:r, Gestaltende:r, (Externe:r) Beratende:r sowie Teilnehmende:r im Prozess zu sein. Auch hier zeigen sich in der Praxis Überschneidungen. Zur Gestaltung eines klaren Arbeitsbündnisses ist es hilfreich, Schwerpunkte des Auftrags zu konkretisieren, auch dann, wenn es im Prozess zu Abweichungen kommen kann.

Aufgaben		Werden eigene Inhalte vertreten?	
		Nein	Ja
Gehört es zur Aufgabe, das Treffen zu gestalten?	Nein	Prozessbeobachtung: **Prozessbeobachtende:r**	Prozess + Inhalt: **(Externe:r) Beratende:r**
	Ja	Prozess + Gestaltung: **Prozessgestaltende:r**	Prozess, Inhalt + Gestaltung: **Teilnehmende:r**

Abbildung 18: Aufgaben und Rollen professionell Kommunizierender[70]

Prozessbeobachtende richten ihre Aufmerksamkeit auf die Gruppe, während diese Schritt für Schritt ihren Prozess vollzieht. Meist geben sie dann an geeigneten Stellen im Prozess strukturiert Rückmeldungen – möglicherweise ergebnisoffen und allparteilich. Die Verantwortung für Inhalte, den Prozess und die Gestaltung bleibt bei der Gruppe. Facilitator:innen konzentrieren sich in einem Arbeitsbündnis, in dem ihr Auftrag schwerpunktmäßig Prozessbeobachtung ist, vor allem auf die Begleitung der Beteiligten. *Sie kommen in eine bestehende Gruppe, die zum Beispiel mit einer für alle transparenten Struktur ihren Prozess gestaltet – so, wie es in regelmäßigen Retrospective Meetings am Ende eines Projekts passiert: Was ist gut gelaufen? Was ist verbesserungswürdig? Was habe ich gelernt? Diese drei Fragen werden je nach Projektrahmen in unterschiedlichen Varianten ausdifferenziert und gestaltet. Die am Meeting Teilnehmenden kennen die Arbeitsschritte zur gemeinsamen Reflexion als digitale oder analoge Whiteboard- oder Pinnwandvorlage.* In einem Arbeitsbündnis, in dem ihr Auftrag vor allem Prozessbeobachtung ist, konzentrieren sich Facilitator:innen auf die Begleitung der Beteiligten: *Sie kommen in eine bestehende Gruppe hinein. Sie sind ergebnisoffen und allparteilich und insbesondere damit befasst, sichernd und methodisch den Gesamtrahmen zu halten. Nachdem dies in der Vorbereitung des Prozesses so abgestimmt wurde, achten sie darauf, dass vor der Retrospektive*[71] *mit allen ein sicherer Rahmen vereinbart wird. Sie stellen die passende Pinnwand oder den Link zum digitalen Board zur Verfügung. Sie achten darauf, dass jede:r aktiv teilhaben kann. Wenn sie beobachten, dass ein Board gut gefüllt ist und keine:r mehr „pinnt", spiegeln sie dies mit einer Frage wie „Wer braucht noch Zeit?" in den Prozess zurück. Sie orientieren sich an der zur Verfügung stehenden Prozesslandkarte und beobachten, wie die Gruppe in dieser Struktur vorangeht. Sie spiegeln Fortschritte, (Zwischen-) Ergebnisse und Fragen. Ähnlich, wie es später noch für die Rolle der Hüter:in (Guardian) im Facilitationansatz „The Circle Way" (Kapitel 5.3.2) beschrieben wird, machen sie transparent, wenn die Gruppe Fokus, Intention oder den vereinbarten Rahmen verlässt.*

Die Aufgabe, für Prozess und Gestaltung zuständig zu sein, ist beispielsweise aus dem Rahmen der Mediation bekannt: Inhaltlicher eigener Senf bleibt zu Hause in der Vorratskammer. Die Haltung ist mediativ: ergebnisoffen und allparteilich im Umgang mit Themen und Menschen. Im Facilitation kann zum Auftrag gehören, geeignete Personen zum Initiieren eines Prozesses zu versammeln (wie in Kapitel 2.1 beschrieben) oder auch, mit einer bestehenden Gruppe zu arbeiten. Er beinhaltet die Entwicklung oder Auswahl einer geeigneten „Liberating Structure" (Kapitel 5.3). Der Fokus liegt auf der Begleitung der Gruppe in ihrem Prozess und dem Ermöglichen eines gemeinsamen Wegs mithilfe einer angebotenen Landkarte. *Ein Beispiel findet sich in Kapitel 5.3.3: Der Auftrag ist Konfliktlösung. Die Rahmenbedingungen knüpfen an das Mediationsphasenmodell an. Teilhabe wird moderierend, mediierend und multiplizierend durch Mediative Kommunikation unterstützt.*

Prozess und Inhalt haben diejenigen im Blick, die eine Gruppe in ihrem Prozess als externe Expert:innen beraten. Zu einem solchen Arbeitsbündnis gehören eine fachliche Positionierung zum Thema des Treffens, die Übernahme inhaltlicher Verantwortung und eine damit einhergehende Einflussnahme auf das Ergebnis des Prozesses. *Wer beispielsweise als Führungskraft an der Gruppe teilnimmt und dabei Prozess, Inhalt und Gestaltung mehr oder weniger prägt, trägt ein großes Maß an Verantwortung. Er hat möglicherweise Entscheidungsbefugnisse, die Ziele und Ergebnisse des Treffens deutlich beeinflussen.*[72] *Im Facilitation ist diese Rolle nicht durch eine:n Facilitator:in vertreten, sondern gegebenenfalls durch Einzelne in der Gruppe: Führungskräfte oder Expert:innen, die im Prozess hinzugezogen werden, weil es thematisch sinnvoll oder erforderlich ist. Oder auch durch Teilnehmende, denen es geht wie der Vorstandsvorsitzenden in unserem Beispiel, die während der Konferenz Fragen zur Zukunft der Organisation mit ihrer Expertise anreichern und gleichzeitig allen auf Augenhöhe begegnen möchte. Wenn es, wie beschrieben, Teilnehmende gibt, die Expert:innen sind, ist in der Vorbereitung bereits zu berücksichtigen, wie dies ressourcenorientiert im Prozess einen Platz finden kann. Wenn Augenhöhe nicht umsetzbar ist, dann hilft die Klarheit, dass Expert:innen zugegen sind, zudem die Transparenz, wozu, wie und wann genau.*

Die Rolle mit der umfangreichsten Verantwortlichkeit im Facilitation ist die der Teilnehmenden. Dies passt zum mediativen Prinzip des Expert:innentums der Beteiligten für ihre eigene Situation[73]. Das Anliegen, dass alle teilhaben am Dialog mit allen zeichnet dieses Kommunikationsformat aus. Ermöglichenden kommt die Aufgabe zu, die Einzelnen in der Gruppe zugunsten eines ertragreichen Prozesses im Ich-Wir-Es im Globe zu unterstützen: moderierend, mediierend und das Facilitative

(= alles, was in diesem Prozess ermöglichend wirkt) multiplizierend. Wie dies aussehen kann, wird an anderer Stelle, mit Blick auf geeignete Tools, noch weiter ausgeführt. Wie jede andere Rolle ist auch die Rolle, am Prozess teilzunehmen, individuell ausfüllbar.

Facilitator:innen stellt sich die Frage: Wie ist es zu ermöglichen, dass die, die teilnehmen, es aktiv tun, um teilzuhaben? In der themenbezogenen Literatur und auch in der Fachdiskussion findet sich bisher keine einheitliche Handhabung hierfür. Deshalb bleibt an dieser Stelle zu ergänzen: Im mediativen Herangehen (als fachliche Perspektive dieses Buchs) gehen wir davon aus, dass Facilitator:innen als zentrale Aufgabe zukommt, mit und in der Gruppe Prozesse zu ermöglichen. Das bedeutet, dass die Prozesse zu den Prozessen der Gruppe werden, sind und bleiben sollen – ob sie nun von Auftraggebenden, Facilitierenden oder der Gruppe selbst strukturiert angeboten sind. Der Fokus von Facilitator:innen ist auf den Prozess gerichtet und auf das, was sie mit der Gruppe gestalten können, um Selbstverantwortung, Kontakt und Aktivität in der Gruppe anzuregen.

Aufgabenklärung: Checkliste für Facilitator:innen

→ Aufgabenstellung:

- Was ist zu ermöglichen?
- Welche Aufgabenstellungen sind mit Facilitation verbunden?
- Welche Rahmenbedingungen sind hierfür erforderlich?
- Was ist durch die Auftraggebenden zu ermöglichen?

→ Selbstreflexion:

- Wie kann ich den Aufgaben gerecht werden?
- Was ist meine Rolle, und welche Aufgaben sind für mich als Facilitator:in damit verbunden? Was kann ich hier konkret ermöglichen?
- Passen die Ziel- und Aufgabenstellungen zu meiner Rolle als Facilitator:in? Passen sie zu meiner Arbeitsweise?
- Wo verlaufen Grenzen zwischen meinen Aufgaben, Aufgaben der Einzelnen, Aufgaben der Gruppe und ggf. Aufgaben der Auftraggebenden?
- Mit welchen Herangehensweisen und Methoden kann ich diesen Aufgaben begegnen? Welche Facilitation-Tools sind passend?

Abbildung 19: Aufgabenklärung

5. Facilitation-Tools: Werkzeuge des Ermöglichens

Wie kann die beschriebene A.R.T. von Facilitation realisiert werden? Wie lässt sich den Anforderungen an das Format in der Praxis gerecht werden? Wie lassen sich die erforderlichen Fähigkeiten und Fertigkeiten umsetzen? In diesem Kapitel geht es um Werkzeuge zum Initiieren, Gestalten, Begleiten und Evaluieren des Prozesses einer Gruppe. Die Auswahl bezieht sich auf Tools, die Facilitator:innen bei der Vorbereitung anleiten, im Verlauf des Prozesses leiten und in dessen Nachbereitung unterstützen können.

Name des Tools:	Das Tool soll ermöglichen:	Fokus
Fokusfrage	Orientierung	Ich-Wir-Es im Globe
Merksätze	Aus Erfahrungen lernen	Best Practice
Mobile	Veranschaulichung	**System**
Checkliste zum System im System	Nachhaltigkeit von Ergebnissen, Entscheidungsfindung	
A-B-C-Priorisierung	Priorisierung und Wahrnehmung bzgl. Verantwortung, Teilhabe und Repräsentanz	
Wer-mit-wem-in-welchem-System-Evaluation	Konkretisierung Repräsentanz, Einbezug Teilhabender	
Lewin'sches Drei-Phasen-Modell	Orientierung im Veränderungsprozess	
Teamuhr	Orientierung im Gruppenprozess	
Die drei facilitativen M: moderieren, mediieren und multiplizieren	Gestaltung des Dialogs im Sinne des Prozesses	**Dialog**
Stufen der Anerkennung	Anerkennung im Kontakt, „listen to learn“	

Name des Tools:	Das Tool soll ermöglichen:	Fokus
Transparentes Arbeitsbündnis	Augenhöhe im Prozess	**Dialog**
Zirkulärkommunikation		
Sicherer Rahmen	Arbeitsbündnis der Gruppe im Sinne des Prozesses	
Prinzipien Themenzentrierter Interaktion		
P.a.s.s.gerechtes Design	Erinnerung an wesentliche Aspekte	**Struktur**
Liberating Structure	Fokus auf gemeinsamen Prozess	
Auswahlkriterien für Liberating Structures	P.a.s.s.gerechte Auswahl eines Prozessdesigns	
„1-2-4-All", Zukunftskonferenz, Open Space, RTSC / WSC, AI, The Circle Way, World Café, Facilitative Mediation und Phasenmodell	Klarheit über gemeinsame Vorgehensweise im Gruppenprozess (Beispiele für Liberating Structures)	
Kochtopfmodell	Abwägen von Interventionsrichtungen	**Methoden**
Überblick Theorien-Modelle-Interventionen	Reflexion über prozessorientiertes Intervenieren und situationsgerechte Auswahl von Methoden	
Überblick methodische Zielstellungen		
EinS.A.T.Z. von Medien	Professioneller Einsatz von Hilfsmitteln / Medien	
„9 Whys"	Kennenlernen von Beweg-Gründen, Motivation	
T.E.A.M.-Vorlage	Anregung zur Gestaltung von Besprechungen	
Troika Consulting	Kollegiale Beratung im Team	
The Art of Harvesting	Ergebnissicherung	

Name des Tools:	Das Tool soll ermöglichen:	Fokus
Mediative Über-Setzungen	Formulierungen im Sinne des Prozesses, Positivkreislauf anregen	**Methoden**
Von-Phase-zu-Phase-Phrase	Aktive Teilnahme, alle und alles Wesentliche zum nächsten Schritt mitnehmen	
Zwischenergebnissicherung	Impulsgabe für ins Stocken geratenen Prozess	
Visualisierungen	Konkretisierung, Bündelung, Fokussierung, Perspektiverweiterung, Ebenenwechsel	
Mediative Haltung	Ergebnisoffenheit im Prozess	

Abbildung 20: Tools im Überblick

Die Fokusfrage

Zum Ermöglichen eines Dialogs von allen mit allen im „Ich-Wir-Es im Globe“ kann man als Orientierung die folgende Fokusfrage bei der Auswahl von Tools zu Hilfe nehmen:

> „Wie lässt sich der gewünschte Prozess im System durch einen Dialog mit allen mithilfe von situations- und prozessgerechter Intervention in einer geeigneten Struktur ermöglichen?“

Abbildung 21: Orientierungsfrage als Tool zur Auswahl von Tools

Vorab gestellt unterstützt diese Frage dabei, Wesentliches im Blick zu behalten und vorzubereiten. Transparenz herzustellen wird leichter, wenn wir uns daran erinnern, was transparent zu machen ist: Was ist gewünscht? Wer sind alle? Was ist das System? Um welchen Dialog geht es? Wie ist die Umsetzung im Gesamten und im Einzelnen geplant? Die gewonnene Klarheit liefert eine Basis zur Konkretisierung des

Arbeitsbündnisses. Sie hilft, Einladung und Ankündigung des geplanten Prozesses zu gestalten, passende Rahmenbedingungen einzurichten und bei der Frage, welche geeigneten Interventionen griffbereit im Angebot zu halten sind. Wenn wir die einzelnen Fokusebenen (System, Dialog, Struktur, Methoden) durchgehen, lässt uns das darüber nachdenken, wie der Prozess das System in der gewünschten Art und Weise beeinflussen kann: Was ermöglicht einen Prozess im System? Was ermöglicht dem System einen Prozess? Unter Wahrung von Ergebnisoffenheit[74] ist zu überlegen: Was kann möglicherweise erreicht werden und was nicht? Was braucht es, damit alle sich in den Prozess aktiv einbringen können? Was brauche ich als Facilitator:in, um von Beginn an konsequent anzuregen und zu veranschaulichen, dass jede:r einzelne Beitrag auf Augenhöhe betrachtet und im Sinne des Prozesses willkommen ist? Diese und weitere Fragen zur Gestaltung der Kommunikation und zur eigenen professionellen Haltung ergeben sich aus der Reflexion über das Initiieren und Begünstigen von Möglichkeiten des Dialogs mit allen in der Gruppe.

Ein mit Blick auf die Ebenen des Didaktischen Dreiecks (Abbildung 12) gestalteter Einstieg ist bereits Teil der Umsetzung. *Ein Facilitator fragt: „Was muss heute passieren, damit Sie hier herausgehen und denken: ‚Das hat sich gelohnt?'" Er verbindet dies mit einer Bitte: „Füllen Sie bitte je eine Karte aus für das, was das Thema für Sie tun kann, was Sie selbst für sich tun können und was die Gruppe heute für Sie tun kann." Als die Gruppe nach dem Schreiben wieder zur Ruhe gekommen ist, regt er dazu an, Wesentliches zu sammeln, zu bündeln und nach Bedarf zu ergänzen. Dann deutet er auf das Dreieck Themenzentrierter Interaktion* (Abbildung 5). *Es hängt im Raum, weil er zuvor damit die einführenden Worte zu seiner Arbeitsweise illustriert hat und er sagt: „Unser Thema ist heute ‚Zukunft'."*[75] *„Ich freue mich, Sie etwas besser kennenzulernen …" Er deutet auf das Ich des Dreiecks: „… und möchte Sie anregen, in der Gruppe zu klären: Wie können wir beitragen, dass alle miteinander …" Er zeigt auf die Ecke, die mit ‚Gruppe' bezeichnet ist: „… für sich …" Er deutet auf die Ich-Ecke: „… Wichtiges …" Jetzt zeigt er auf die Thema-Ecke: „… mitnehmen können?"*

Alternativ lassen sich konkrete Formulierungen, wie sie in Kapitel 5.2.1 beschrieben sind, als Sicherer Rahmen anbieten. Zu erfragen bleibt dann, inwieweit sich die Gruppe diese oder auch andere Rahmenbedingungen gegenseitig als Sicheren Rahmen zur Verfügung stellen möchte.[76] Das Ziel ist, zu begünstigen, dass sich alle selbst aktiv einbringen und gegenseitig unterstützen und dass alle das Folgende auch wirklich tun können: Sich mit Offenheit und Respekt füreinander dafür entscheiden, in den nächsten Stunden des gemeinsamen Prozesses das Thema bewusst, mit Interesse und Freude in den Mittelpunkt zu stellen. *Der Facilitator möchte an dieser Stelle die Augenhöhe im Umgang mit der Gruppe betonen und ergänzt ein paar Worte zum eigenen Angebot an die Gruppe: „Jetzt noch zu der Frage, was ich hierzu für Sie tun kann und möchte: Ich freue mich auf unser Programm und habe das vorbereitet, was mir als besonders passend und interessant erschien: mit Blick auf das Thema und mit Blick auf Sie als Gruppe. Ich bin offen für Ihre Fragen, Anregungen und Rückmeldungen, um mit Ihnen gemeinsam den Tag heute zu gestalten.“*

Während des Prozesses kann die Fokusfrage ein Werkzeug sein, um zu priorisieren und Wesentliches im Blick zu behalten. Sie unterstützt bei der Auswahl von zusammenfassenden und weiterführenden Fragen, von Methoden und Interventionen, von Inhalten, die visualisiert werden oder auch von Dokumentationselementen, die galerieartig an die Wand gehängt werden und den weiteren Prozess begleiten sollen.[77] Die Fokusfrage lässt sich heranziehen, um im Verlauf regelmäßig zu überprüfen, ob alle Aspekte gleichwertig berücksichtigt sind. Praxiserfahrungen insbesondere in Workshops zeigen: Oft taucht Kritisches oder besonders Wichtiges zum Thema erst kurz vor dem Ende auf. Die Fokusfrage hilft beim umfassenden Bezugnehmen auf Wesentliches in den tieferen Schichten des Eisbergs[78]. Dies kann einen solchen „Fünf-vor-zwölf-Effekt“ reduzieren:

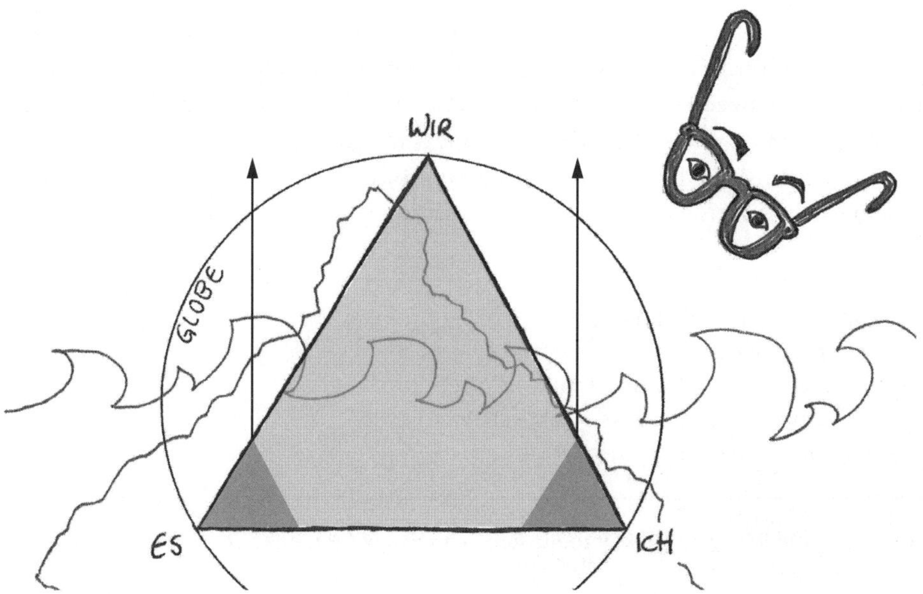

Abbildung 22: Wesentliches in den offenen Dialog holen

Wenn wir uns in der Vorbereitung darüber Gedanken machen, was es braucht, um einen Gruppenprozess zu gestalten, in dem das emotionale Klima, die Gesprächskultur und Rahmenbedingungen dazu beitragen, dass auch relevantes Verdecktes und Konfliktbehaftetes zur Sprache gebracht werden können, reduzieren wir die Wirksamkeit des Fünf-vor-zwölf-Effekts zugunsten eines umfassenderen Dialogs zum Ich-Wir-Es im Globe.[79]

In Nachbereitung und Evaluation unterstützt die Frage „Wie lässt sich der gewünschte Prozess im System durch einen Dialog mit allen mithilfe situations- und prozessgerechter Intervention in einer geeigneten Struktur ermöglichen?“ dabei, die verschiedenen Ebenen analytisch und synthetisch zu betrachten. Sie hilft auch auszuwerten, welche Zusammenfassungen in einem Protokoll weiterführend sein könnten, welche Effekte spürbar oder zu eruieren sind und was für einen Folgetermin offenbleibt.

Best Practice: Merksätze zur Vorbereitung und Gestaltung des Prozesses

Ein Intervenieren in einem strukturierten Prozess, das den Dialog im System (Gruppe und Globe) fördert und das mit Blick auf den gewünschten Prozess das Zusammenspiel der Einzelpersonen in der Gruppe zum Thema oder Inhalt des Treffens (Ich-Wir-Es im Globe) anregt, ist so komplex, wie es klingt. Hier hilft eine gründliche Vorbereitung, die Erfahrungen nach dem Best-Practice-Prinzip einbezieht. Außerdem unterstützen die folgenden Grundsätze:

- → Einheit von Inhalt und Form.
- → Es beginnt, bevor es beginnt.
- → Die Überschrift ist das Programm.
- → Die schwache Steuerung ist die aktivste Intervention.
- → Nach dem Prozess ist vor dem Prozess.

Abbildung 23: Merksätze zur Vorbereitung und Gestaltung des Prozesses

„*Einheit von Inhalt und Form*“ gibt den Beteiligten eine grundlegende Klarheit und hilft bei der Umsetzbarkeit eines Prozesses mit allen in der Gruppe.[80] Dieser Merksatz unterstützt dabei, allen Beteiligten Orientierung in der Komplexität zu ermöglichen: Die Auswahl der für Facilitation wesentlichen *inhaltlichen* Aspekte umfasst Menschen und Themen im Gesamtspektrum Themenzentrierter Interaktion (Ich-Wir-Es im Globe). Die *Form* wird zum einen durch die Struktur, das Prozessdesign, gegeben, zum anderen aber auch durch die Gestaltung von Raum und Rahmenbedingungen. Bereits die Wahl eines passenden Titels hat mit der Einheit von Inhalt und Form zu tun. Er sollte zeigen, worum es inhaltlich geht, und ankündigen, welcher Rahmen, welche Form zur Umsetzung geplant ist. Dies kann einfach sein. Titel wie „Workshop zur Teamentwicklung" oder auch „Open Space: Zukunft gestalten" verweisen auf Inhalt und Form, was sich im Einladungs- oder Ankündigungstext dann im Sinne des Prozesses weiter konkretisieren lässt.

„Es beginnt, bevor es beginnt."[81] Dieser Grundsatz stammt aus dem Harvard-Konzept und basiert auf den Ergebnissen einer umfangreichen Studie zu der Frage, was erfolgreich Verhandelnde tun. U.a. bereiten sie sich gründlich vor und berücksichtigen dabei die im Zusammenhang mit Mediativer Kommunikation erwähnten Kriterien des M.O.O.N.-Guides[82]: Mensch und Problem getrennt behandeln (M), Orientierung auf Interessen statt auf Positionen (O), Optionen zum allseitigen Vorteil fokussieren (O) und Neutrale Kriterien heranziehen (N), wenn es um Entscheidungen geht. Für einen Facilitationprozess, der zentral und umfassend den Dialog in der Gruppe ermöglichen soll, kann die Vorbereitung so aussehen:

VORBEREITUNGSPHASE	
1) SITUATIONS- UND BEDARFSANALYSE	
1.1) Reflexion der Vorüberlegungen zur Beschaffenheit des Pools	
Was ist gewünscht? Worum geht es? (z. B. um ... Veränderung? Teamentwicklung? Konflikte?) Welche Art von Prozess ist gewünscht? Welche ist es nicht? Und warum / nicht?	**Wer** ist zu beteiligen? Mit wem ist dieser Prozess zu initiieren? Wer gehört zum System? Welche Personen sind in den Dialog zu bringen?
1.2) Fazit zur Ermöglichung von „Dialog im System"	
Welche Bedarfe, Interessen, welche Werte soll das Gewünschte erfüllen? **Wozu** dient der Prozess?	**Wie** sind die Personen zu beteiligen, damit ein allparteilich aktiv gestalteter Dialog ermöglicht wird?
1.3) Ist-Soll-Analyse für Kongruenz mit Fokus auf ES-WIR-ICH im GLOBE	
Entwurf einer prozessförderlichen Überschrift: „Die Überschrift ist das Programm."	Entwurf einer **Einladung**: Wer ist wie einzuladen?

<table>
<tr><td colspan="2">1.4) Resümee zum Entwurf des Arbeitsbündnisses</td></tr>
<tr><td>Welches Arbeitsbündnis (ggf. mit den Auftraggebenden) ermöglicht den gewünschten Prozess mit den zu Beteiligenden? (Z. B. Absprachen zu Rahmenbedingungen, Arbeitsweisen, Ergebnisoffenheit ...)</td><td>Welches Arbeitsbündnis mit und in der Gruppe ermöglicht den gewünschten Prozess mit den Beteiligten?</td></tr>
<tr><td colspan="2">1.5) Schlussfolgerungen zur Auswahl von Tools</td></tr>
<tr><td>Welches Herangehen im Hinblick auf Struktur und Methoden erscheint geeignet, um dem gewünschten Prozess (Soll des Es-Wir-Ich im Globe) gerecht zu werden?</td><td>Durch welche Struktur und welches methodische Angebot können alle Anwesenden aktiv im Dialog am gewünschten Prozess beteiligt werden?</td></tr>
<tr><td colspan="2">2) IST-SOLL-ANALYSE ZUR AUSWAHL VON PROZESSDESIGN UND DIALOGRAHMEN</td></tr>
<tr><td colspan="2">Inwieweit geben die Situation und die am Prozess Beteiligten Hinweise auf geeignete Tools, zur Auswahl einer Struktur und zur Klarheit über die grundsätzliche Ausrichtung möglicher Interventionen im Prozess? Was sind geeignete Strukturen und methodische Ansätze? Welche Interventionsrichtungen ergeben sich daraus?</td></tr>
<tr><td>Fokus: Prozessgestaltung (Landkarte)</td><td>Fokus: Prozessbegleitung (Weg)</td></tr>
<tr><td>Welche Form passt zum Inhalt?</td><td>Welche Interventionsrichtungen ergeben sich aus der Struktur?</td></tr>
<tr><td>2.1) Auswahl eines geeigneten Prozessdesigns als Struktur</td><td>2.2) Konkretisieren der Interventionsrichtungen für einen strukturierten Prozess[83]</td></tr>
<tr><td colspan="2">3) GESTALTUNG EINER „LIBERATING STRUCTURE“ FÜR DEN FACILITATIONPROZESS</td></tr>
<tr><td>Wie ist das Design bedarfsgerecht so anzupassen, dass es zu einer „Liberating Structure“ für den geplanten Prozess wird?</td><td>Wie kann zu Beginn des Prozesses die Struktur allen transparent gemacht werden? Wie ist sie so darzustellen, dass jede:r sie versteht und im Sinne des Ganzen nutzen kann? Wodurch kann im Prozess gewährleistet und erleichtert werden, dass die Struktur beibehalten wird?</td></tr>
</table>

3.1) Individualisierung des ausgewählten Designs	**3.2) Vorbereitung der Einführung des Designs als „Liberating Structure" für den Facilitationprozess in und mit der Gruppe**
4) PRIORISIERUNG & KONKRETISIERUNG DES DIALOGRAHMENS[84]	
4.1) Analyse: Was sind förderliche Rahmenbedingungen?	
Welche **Raumgestaltung**[85] ermöglicht den gewünschten Prozess mit den Beteiligten?	Welche **Interventionen und Methoden** bieten sich an?
4.2) Resümee	
Welche Ressourcen und Materialien sind vorhanden? Welche werden in einem ressourcen-, bedarfs- und prozessorientierten Vorgehen benötigt?	
5) KONKRETISIERUNG VON INHALT UND FORM, FESTLEGEN DES ARBEITSBÜNDNISSES UND DES ANGEBOTS, GESTALTUNG UND VERÖFFENTLICHUNG DER EINLADUNG	

Abbildung 24: Elemente der Vorbereitung eines Facilitationprozesses

Im nächsten Schritt geht es um die Konzeption und Vorbereitung von Materialien, wie Visualisierungen für den Prozess: Flipcharts, Landkarten oder andere Elemente zur Gestaltung des Workshops oder auch digitale Whiteboards und andere Elemente zur Umsetzung in einem Onlineprozess.

„Die Überschrift ist das Programm." In Anknüpfung an die Einheit von Inhalt und Form erinnert dieser Merksatz daran, wie wichtig es ist, die unterschiedlichen gegebenen und potenziellen Erwartungshaltungen in die Planung und Umsetzung des Prozesses umfassend einzubeziehen: Was ist eine geeignete Überschrift für den geplanten Prozess? Was soll erreicht werden? Wer ist beteiligt und zu beteiligen? Welche Inhalte sind relevant? Welche Aufgaben hat die Person, die als Facilitator:in beauftragt wird? In der Praxis wird vielfach deutlich: Wer den Prozess mit einer Überschrift über-schreibt, prägt dessen Verlauf. Dies birgt Potenzial für Klarheit und Verwirrung gleichermaßen. *Wenn sich Menschen unter der Überschrift „Probleme besprechen" treffen, besprechen sie Probleme. Sie widmen sich nicht unbedingt möglichen Lösungen. Es geht um Probleme der Teilnehmenden, Probleme im Zusammenhang mit dem besprochenen Thema, Probleme (mit) der Gruppe, Probleme der Einzelnen und (mit) der Person, die den Prozess leitet oder begleitet; ebenfalls um Probleme der Ebenen mit- und untereinander, wie sie anschaulich im Didaktischen*

Dreieck dargestellt sind. Dies kann sinnvoll und unterhaltsam sein. Wer aber auf der Suche nach Lösungen ist, wird wahrscheinlich frustriert.

Eine bedarfsorientiert gewählte, passgenaue Überschrift kann gezielt zu einer Basis für Klarheit, Kompetenz und Kongruenz beitragen. Ein klar formuliertes Angebot ermöglicht es, Erwartungshaltungen konstruktiv in einen Prozess zu integrieren. Klarheit über Anliegen und das Arbeitsbündnis sowie Transparenz über das geplante Vorgehen ermöglichen ein kooperatives Herangehen im Miteinander aller Beteiligten. Die im Raum versammelten Kompetenzen können sich freier entfalten – auch die der Facilitator:innen: *Wer sich im Prozess erfahrbar an der Überschrift orientiert, ist glaubwürdiger und kann mit mehr Akzeptanz und Kooperation im Prozess rechnen als jemand, der anders handelt, als eigentlich angekündigt – vor allem, wenn er das nicht kommentiert oder die Hintergründe des abweichenden Vorgehens nicht transparent macht.*

„Die schwache Steuerung ist die aktivste Intervention." Menschen mit wenig Erfahrung in Gesprächsführung und -begleitung haben oft die Vorstellung, dass aktive Teilnehmende weniger Steuerung erforderlich machen. Das spiegelt sich manchmal auch in entsprechenden Kommentaren von Teilnehmenden, zum Beispiel: „Und was machen Sie?" Das Gegenteil ist in der Praxis der Fall: Je aktiver die Teilnehmenden sind oder sein sollen, desto aktiver müssen auch die Personen sein, die für Gesprächssteuerung, -gestaltung und -begleitung verantwortlich sind, und desto komplexer müssen sie vorgehen.

Was kann eine starke Steuerung in der Gesprächsgestaltung sein? Beispielsweise, wenn per Einzelabfrage mit Karten vorgegeben ist, wie was von wem wo zu tun ist. Wer den Prozess begleitet, sichert das Ergebnis. Ein solches Vorgehen wird auch als dirigierendes oder aufgabenorientiertes Verhalten[86] bezeichnet: Im Facilitation ist es als methodisches Herangehen in den Teilen des Prozesses hilfreich, in denen es um Ergebnissicherung geht oder auch darum, die Perspektive aller Teilnehmenden abzubilden. So lässt sich beispielsweise im Gruppenrahmen effizient Klarheit über den aktuellen Stand zum Thema herstellen und festhalten.

Eine mittelstarke Steuerung wird zum Beispiel umgesetzt, wenn etwas anmoderiert wird, um dazu die Ergebnisse der Teilnehmenden aufzunehmen. Dies geschieht in der Prozessbegleitung unter anderem dann, wenn eine Frage gestellt wird und Antworten gesammelt werden, egal ob in Arbeitsgruppen, im Plenum, mithilfe einer Themensammlung oder einer Galerie.

Mit einer schwachen Steuerung haben wir es zu tun, wenn die Prozessbegleitung dafür sorgt, dass der Fokus auf dem Austausch in der Gruppe liegt. Hier geht es um sekundierendes, beziehungsorientiertes Verhalten[87]: Die Gruppe bekommt beispielsweise einen Auftrag, der dann diskutiert wird. Auch die wertungsfreie Sammlung von Ideen in Form eines Brainstormings lässt sich hier methodisch einordnen. Auch eine schwache Steuerung ist eine bewusste Steuerung – als Intervention im Sinne des Prozesses oder vorbereitend als konzeptionelle Entscheidung. Sie erfordert in der Begleitung die aktivste „professionelle Wachheit“. Mit Blick auf das Ganze ist so zu intervenieren, dass der gewünschte dialogische Prozess begünstigt wird und er sowohl dem Thema als auch der Gruppe in ihrer Dynamik sowie den Einzelnen im Hinblick auf ihre individuellen Teilhabemöglichkeiten guttun kann. Ein moderierendes Zusammenfassen etwa kann dabei helfen, dass der Prozess von den Beteiligten als sinnvoll erlebt wird. Es können auch bestimmte Aspekte aufgegriffen werden, um auf Inhalte, Personen und die Gruppendynamik so einzugehen, dass wirklich ein intensiver Austausch zustande kommt. Bei der Vielfalt an verbaler und nonverbaler Kommunikation im Raum genau zuzuhören, zwischendurch strukturierend zur Beibehaltung des Themas zu bündeln und allparteilich in Bezug auf Inhalte und Menschen aktiv zuzuhören – all das erfordert von Facilitator:innen einen hohen Grad an Aktivität.

„Nach dem Prozess ist vor dem Prozess.“ Dieser letzte Best-Practice-Grundsatz unserer Auswahl erinnert daran: Bereits vor dem Prozess ist es relevant und interessant, einen Blick auf die Zeit nach dem Prozess zu werfen, denn die Phase nach dem Prozess des Ermöglichens ist meist die Phase vor dem Prozess der Umsetzung von Ergebnissen. Das Ende des Prozesses bildet den Anfang der Evaluation, die wiederum die Vorbereitung dafür ist, Effekte, die sich durch den Prozess im System ergeben haben, zu erfassen, auszuwerten und auch Konsequenzen daraus zu ziehen.

Es gibt in diesem Zusammenhang derart viele Prinzipien, Effekte, Slogans oder Akronyme, dass man allein mit den relevanten und hilfreichen ganze Bücher füllen könnte. In diesem Buch finden sich in anderen Kapiteln (beileibe nicht alle, aber) noch weitere Merksätze, die z. T. als Prinzipen formuliert sind, wie das All-Models-Are-Wrong-But-Some-Are-Useful-Prinzip, das Prinzip einer „Liberating Structure“, das Hilfe-zur-Selbsthilfe-Prinzip oder das Expert:innentum der Beteiligten für ihre eigenen Situation. Einige sind als Effekte veranschaulicht, wie der Mobile-Effekt oder der Fünf-vor-zwölf-Effekt. Andere wurden als Zitate oder Slogans aufgenommen: „Die Beschaffenheit des Pools prägt die Auswahl der Tools.“ oder „The map is not the world.“[88]. Und dann gibt es die Merksätze, die wie „Eselbrücken“ als Akronyme gestaltet sind. Hierzu gehören A.R.T. (Kapitel 2), M.O.O.N.[89] (Kapitel 1) und GEtMO[90] (Kapitel 3).

5.1 Systemische Tools

Facilitation wurde als Auftrag zur Rahmengestaltung für Teilhabe der Gruppe am, im und als System beschrieben. Werkzeuge, die das System in den Blick nehmen, tun dies zugunsten von Teilhabe in der Auswahl der Teil-Nehmenden in unterschiedlichen Formen des Zusammenkommens. Es geht sowohl darum, Teilhabe als Repräsentanz des Globe als auch Teilhabe der Einzelnen in der Gruppe zu fördern.

Das Mobile

Das Mobile dient einerseits als Tool, andererseits als ein veranschaulichendes Sinnbild für systemische Aspekte[91]. Es symbolisiert den Selbsterhaltungstrieb von Systemen: Sie regeln und regulieren sich selbst und stellen bei Veränderungen grundsätzlich einen Ausgleich her. Will man in Bezug auf einen vorzubereitenden oder laufenden Prozess herausfinden oder darstellen, wo dies geschieht oder geschehen kann, zeigen sich mögliche Chancen und Risiken in der Umsetzung sowie weitere Perspektiven von Nachhaltigkeit: Jede Bewegung verursacht Bewegungen an anderer Stelle. Wird für ein Problem eine Lösung gefunden, fällt weg, was das Problem im System womöglich bisher stabilisiert hat. Hierzu passt der Satz: „Wenn die Lösung das Problem ist, ist vielleicht das Problem die Lösung."[92] Und es zeigt sich, wie komplex die Thematik von Symptomen und Symptomträgern im System ist. Wenn also eine Gruppe im Prozess eine Lösung findet und diese erfolgreich umsetzt, können sich im Nachhinein andere Probleme auftun. Mit Blick auf Veränderungen im System bedeutet das aber auch, dass strategisch berücksichtigt werden kann, welche „Bewegungen" im Mobile sich dadurch anregen lassen.

Ein anderes Bild ist der in einen See geworfene Kiesel, der Kreise verursacht: Beim Eintauchen ins Wasser entsteht ein erster Kreis. Dieser verursacht einen zweiten, der wieder einen dritten und so weiter. Gleichermaßen interessant als Frage und grundsätzliche Aufgabe für Facilitation ist: Was bewegt sich in und durch den Prozess? Welche Effekte zieht dies nach sich?

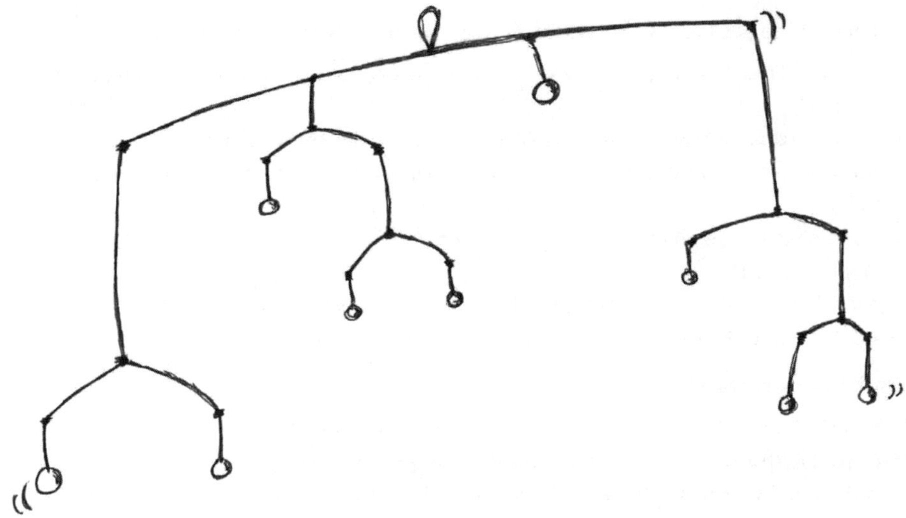

Abbildung 25: Das Mobile als Tool zur Veranschaulichung systemischer Effekte

Jedes Facilitation beginnt, verläuft und endet mit Blick auf das System.[93] Zum einen geht es um das, was hier bereits als Globe beschrieben wurde: Das Umfeld ist die Organisation, die Gesellschaft, das größere Ganze, aus dem die Teilnehmenden kommen. Zum anderen bezieht sich System hier auf das Gruppensystem, das die Beteiligten im Miteinander bilden: das System im System.[94] Diese Komplexität fällt besonders ins Gewicht, wenn im Gruppenprozess Entscheidungen zu treffen sind.

Die Checkliste zum System im System

Die folgende Checkliste regt dazu an, die Frage nach Entscheidungen und den erforderlichen Personen oder Instanzen grundlegend und mit systemischem Blick auf den Prozess abzuklären, um nachhaltige Ergebnisse zu ermöglichen, Lösungen zu finden oder Entscheidungen treffen zu können.

Sollen mithilfe des Prozesses Entscheidungen getroffen werden? Wenn ja:

- Wie kann Entscheidungsverantwortung mit Blick auf das Ganze angemessen ausgefüllt werden?
- Auf was konkret beziehen sich die Entscheidungen, die getroffen werden sollen?
- Was braucht es, um gezielt, strategisch und nachhaltig zu Entscheidungen im System zu kommen?
- Was sind die in der Verantwortung liegenden Verpflichtungen? Was sind die Möglichkeiten?
- Wie bildet sich die Diversität[95] hinsichtlich der Verantwortungen und Verpflichtungen auf Sach- oder Fachebene, auf Beziehungs- oder Kooperationsebene ab?

Synthetische Betrachtung:

- Was ist das Ganze, das System, für das Entscheidungen zu treffen sind?
- Welche Konsequenzen sind an die Entscheidungen geknüpft?
- Was ist im System zu berücksichtigen, damit Entscheidungen umgesetzt werden können?

Analytische Betrachtung:

- Wie kann man im Prozess Klarheit über Interessen, Gefühle und Bedürfnisse derjenigen gewinnen, die von der Entscheidung betroffen sind, etwa Mitarbeitende, Kooperationspartner:innen, Klient:innen oder Kund:innen?

Abbildung 26: Checkliste zum System im System

In dem Anliegen, synthetisch und analytisch vorzugehen, lässt sich zudem mit Blick auf die Gruppe als System im Globe fragen: An welches Mobile knüpft sich das Mobile? Der Kontext, in dem Facilitation stattfindet, ist ein System. Und die Gruppe für sich ist ein System: mehr oder weniger bewusst oder gezielt in diesem Rahmen zusammengebrachte Menschen. Weil Facilitation die Ermöglichung von Gruppenprozessen als System im System fokussiert, braucht es zum einen Werkzeuge mit Blick auf das größere Ganze, den Globe. Zum anderen werden Tools im Umgang mit den gruppendynamischen Prozessen benötigt. Im Folgenden findet sich eine exemplarische Auswahl, die den Praxisbezug verstärken soll. Sie ist entsprechend der Beschaffenheit des eigenen professionellen Kompetenzpools (Kapitel 3) zu variieren und zu ergänzen.

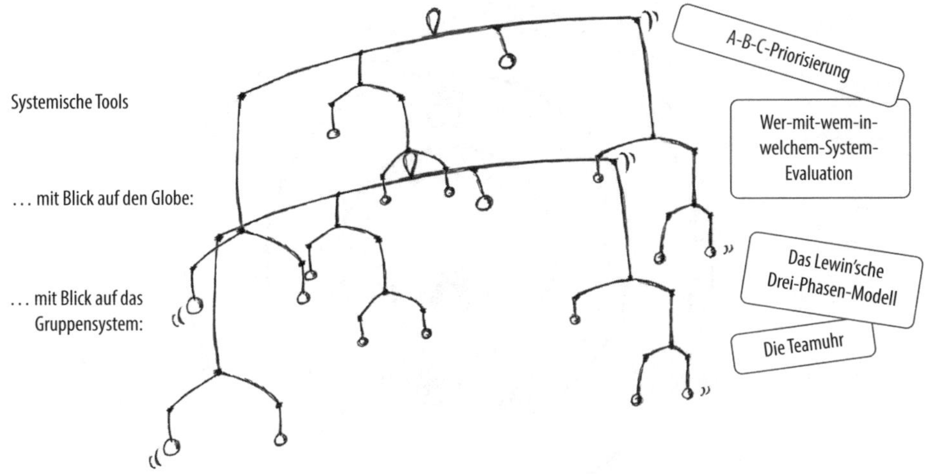

Abbildung 27: Tools mit Blick auf das System im System

5.1.1 *Tools mit Blick auf das größere Ganze*

Wodurch kann ermöglicht werden, dass im System eine Dynamik im Sinne des Prozesses entsteht? Wie lassen sich ermöglichende Zusammenkünfte im Globe gestalten? Welche Teilhabe am Globe bildet sich in der Gruppe ab? Aus der Fülle an Werkzeugen wähle ich hier mit Blick auf den Globe die A-B-C-Priorisierung und die Wer-mit-wem-in-welchem-System-Evaluation aus.

Die A-B-C-Priorisierung

Die im Zusammenhang mit der Methodenkompetenz bereits skizzierte A-B-C-Priorisierung (Abbildung 14) ist ein beliebtes Tool für diverse Gruppen und Situationen. Es unterstützt die Wahrnehmung von Verantwortungs-, Teilhabe- und Repräsentanzaspekten: Wer ist im Globe verantwortlich für was? Wer trifft welche Entscheidungen? Was liegt im Einflussbereich einer Person? Was kann sie anstoßen? Und was liegt außerhalb ihrer Wirksamkeit? Dies herauszufinden kann für alle Beteiligten erleichternd sein. Wenn eine Person etwas nicht entscheiden und sie es auch nicht direkt oder indirekt beeinflussen kann, dann ist es für sie ressourcenorientierter, sich nicht daran abzuarbeiten und es nicht, unter Aufwendung von viel Energie, trotzdem zu versuchen. Wenn Menschen sagen oder meinen, sie würden ihre Kraft und Geduld erfolglos investieren, dann lohnt sich die Arbeit mit diesem Tool.

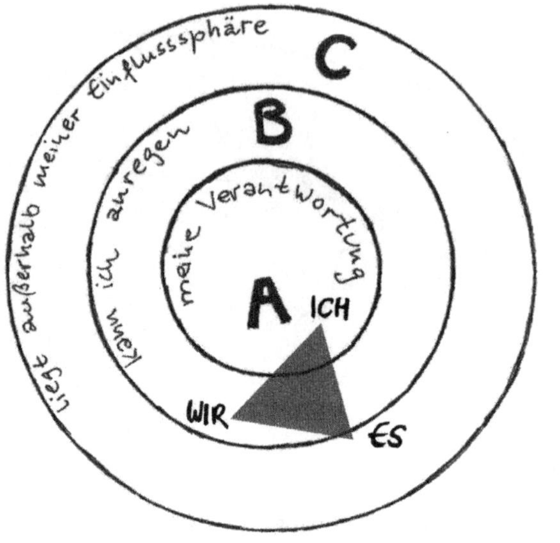

Abbildung 28: A-B-C-Priorisierung mit Fokus auf Teilhabe- und Verantwortungsaspekte „Ich-Wir im Globe"

Mit einer A-B-C-Priorisierung lässt sich zudem der Auftrag im System leichter klären – insbesondere dann, wenn einem Facilitationprozess die Frage vorausgeht, welche Personen als Teilnehmende einzuladen sind. *Das trifft beispielsweise dann zu, wenn in einem größeren Gesamtzusammenhang – in einem Land, einem Stadtteil, einem Verein, einer Akademie … – zu einer bestimmte Fragestellung geeignete Maßnahmen zu entwickeln sind: zum Umweltschutz, zur Etablierung einer konstruktiven Konfliktkultur, zum Diversity Management … Um den gewünschten Prozesses im System zu ermöglichen, um konstruktive Ideen zu entwickeln, um Maßnahmen nachhaltig umzusetzen, um Entscheidungen zu treffen und Lösungen zu finden, ist die Gruppe so zusammenzustellen, dass eine umfassende Interessenvertretung gewährleistet ist. Alle wesentlichen Entscheidungsebenen sowie die einschlägigen fachlichen und zum Thema wesentlichen Perspektiven sollten berücksichtigt sein.* Die Gruppe besteht im Idealfall aus Repräsentant:innen aller Interessen- und Entscheidungsebenen.

In anderen Facilitationprozessen steht die Gruppe bereits fest. Dann ist die Frage, wen die Beteiligten bezogen auf das größere Ganze repräsentieren und welche Entscheidungen mit den Teilnehmenden getroffen, angestoßen und nicht getroffen werden können: Wie weit reicht der Einfluss- und Verantwortungsrahmen der Gruppe im System? Welche Aspekte bildet die Teilnehmendengruppe als System im System ab und welche nicht? *Nehmen wir an, die Mitarbeitenden einer Organisation suchen einen neuen Firmensitz und kommen im gemeinsamen Prozess zu Ergebnissen. Die*

Leitung der Organisation muss sich in ihrer Entscheidung nicht an diese Ergebnisse gebunden fühlen, sie ist frei darin, sie zu berücksichtigen oder nicht. Mit einer Gruppe aus Mitarbeitenden, an der die Leitung nicht beteiligt ist, kann nur ein Stimmungsbild ermöglicht werden oder allenfalls die Vorbereitung zur Entscheidungsfindung der verantwortlichen Person. Wenn das nicht transparent oder klar ist, ist eine spätere Frustration vorprogrammiert. Eine Entscheidungsfindung im Prozess braucht eine entsprechende Entscheidungskompetenz in der Gruppe.

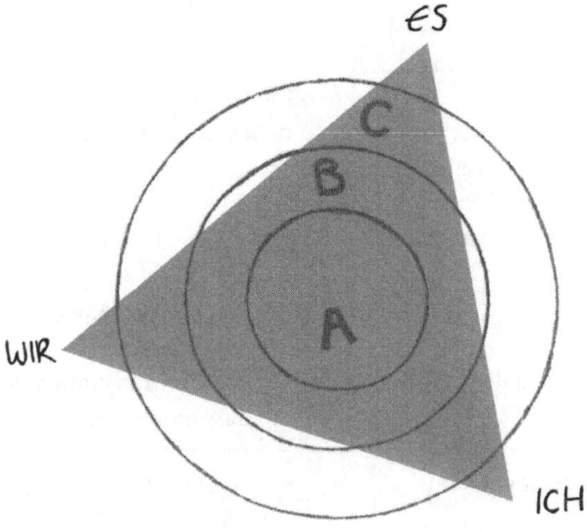

Abbildung 29: A-B-C-Priorisierung mit Fokus auf Repräsentanz

Die Wer-mit-wem-in-welchem-System-Evaluation

Die „Wer-mit-wem-in-welchem-System-Evaluation"[96] hilft zu konkretisieren, inwieweit und wann die einzelnen zu beteiligenden Repräsentant:innen im Prozess anwesend sein können und sollen. Teilhabe am Prozess muss, wie bereits erwähnt, nicht unbedingt Anwesenheit in der Gruppe über den kompletten Zeitrahmen umfassen; es gibt Situationen, in denen die punktuelle oder phasenweise Beteiligung Einzelner angemessen ist. Im Sinne des Merksatzes „Vor dem Prozess ist nach dem Prozess" ist aus systemischer Perspektive zu klären: Wer ist wann im Prozess anwesend oder anderweitig beteiligt? Sind immer alle Beteiligten dabei? Gibt es inhaltliche Aspekte, die mit einer Auswahl an Personen bearbeitet werden soll(t)en? Sind Fragen des Einbezugs weiterer Personen oder Repräsentant:innen zu klären? *Im Kontext Familie können solche Personen beispielsweise Kinder oder Großeltern und andere Bezugspersonen sein, in wirtschaftlichen Zusammenhängen sind es vielleicht Gutachter:innen oder Stakeholder. Möglicherweise ist es sinnvoll, das Setting zu ergänzen, indem man Expert:innen hinzuzieht, etwa Anwält:innen, Finanz- oder Steuerberater:innen, Sozialarbeiter:innen, Lehrer:innen oder Therapeut:innen.* Um Teilhabe aller im Sinne des gewünschten Prozesses zu Beteiligenden zu ermöglichen, ist grundsätzlich vorab und aktualisiert in dessen Verlauf zu entscheiden: Wer ist punktuell und wer ist für die Dauer des gesamten Prozesses einzuladen und einzubeziehen? Und wie und wann kann dies angemessen passieren?

1) Was ist die Ausgangssituation?	
■ Ist die Gruppe für den gewünschten Prozess noch zusammenzustellen?	■ Besteht die Gruppe bereits?
Grundsätzliches Herangehen mit …	
1a) Systemanalyse:	**1b) Systemsynthese:**
→ **Repräsentant:innen aus dem größeren Ganzen auswählen**	→ **Repräsentant:innen im größeren Ganzen verorten**
■ Was soll in der Gruppe abgebildet, repräsentiert werden? ■ Wer sind die geeigneten Personen dafür?	■ Was spiegelt die Gruppe aus dem System wider? ■ Welche Aspekte des größeren Ganzen sind in der Gruppe repräsentiert und welche nicht?
2) Braucht es punktuell eine Erweiterung der Gruppe? Braucht es Rückbezüge zum größeren Ganzen?	
■ Wie können nicht repräsentierte Ebenen und Interessengruppen zusätzlich in den Prozess einbezogen werden?	■ Welche entscheidungs- und umsetzungsrelevanten Systemebenen können wie erreicht werden?

Abbildung 30: Wer-mit-wem-wie-in-welchem-System-Evaluation

Wenn geklärt ist, wer im Prozess wie und wann, in welcher Funktion und Rolle aus dem größeren Kontext heraus vertreten ist, gibt dies die notwendigen Anhaltspunkte, um sich in der Vorbereitung des Facilitationprozesses den nächsten Aufgaben zu widmen: Eine prozessfördernde Formulierung der Einladungen ist ermöglicht. Wenn klar ist, wer die Adressat:innen sind und was aus systemischer, themenzentrierter Perspektive zentrale Anliegen sind, steht die Basis, um zu entscheiden, welche Titelformulierung geeignet ist, Anliegen, Purpose bzw. Bestimmung[97] des Vorhabens zu beschreiben. Dies eröffnet die Perspektive auf die zentrale Frage: Welche Rahmenbedingungen in Bezug auf die Zusammensetzung und Zusammenkunft der Teilnehmenden ermöglichen und fördern Teilhabe?

5.1.2 Tools mit Blick auf das Gruppensystem

Die Motivation, sich an der Weiterentwicklung im gruppendynamischen Prozess aktiv zu beteiligen, ist die Voraussetzung zur Teilhabe der Einzelnen in der Gruppe. Als Tools, die das Gruppensystem fokussieren, lassen sich hier das Drei-Phasen-Modell eines Changeprozesses nach Kurt Lewin und die Teamuhr nach Tuckman heranziehen. Beide Werkzeuge helfen, wesentliche Aspekte von Gruppendynamik konkreter zu erfassen. Er wird verständlicher, was, mit Blick auf die Gruppe als System im System, die Ichs im Wir derart entscheidend beeinflussen kann, dass es im Dialog inhaltlich (die Ebene des Es) immer wieder aufgegriffen werden muss. Und es wird leichter, die Einzelnen und die Gruppe im Dialog, mithilfe von Struktur und Interventionen, so abzuholen, dass grundsätzlich und im Prozess immer wieder der Fokus auf den Inhalt ausgerichtet werden kann: Was braucht die Gruppe, was braucht es für die Ichs im Wir, um alle Sinne für das Thema zu öffnen?

Das Lewin'sche Drei-Phasen-Modell eines Veränderungsprozesses

Es war u.a. der deutsch-amerikanische Psychologieprofessor Kurt Lewin (1890-1947), der den Begriff Gruppendynamik (mit-)prägte. Einen Veränderungsprozess in Gruppen gliederte Lewin in die folgenden nacheinander ablaufenden drei Phasen: „Unfreezing" (Auftauen), „Mooving" (Übergang) und „Freezing" (Verfestigen).[98] Wenn die am Veränderungsprozess Beteiligten erfahren, dass es nicht wie gewohnt weitergeht, erleben sie dies meist als Unsicherheit. In Facilitationprozessen findet sich ein solcher gruppendynamischer Effekt nicht nur, wenn es ausdrücklich um Veränderungen geht. Er zeigt sich beispielsweise auch dann, wenn eine Gruppe neu und ungewohnt zusammengesetzt wird – heterogen, in Bezug auf Fachperspektiven und Hierarchieebenen, um auf Augenhöhe miteinander in einen Dialog zu kommen. *Zu einer bestimmten Frage des Gesundheitssystems könnten sich beispielsweise Menschen aus folgenden Gruppen zusammenfinden: Mitarbeitende aus Pflege und Verwaltung, Ärzt:innen und Klinikleitungen sowie Apotheker:innen, Vertreter:innen aller Ebenen eines Pharmaunternehmens sowie aus der Gesundheitspolitik, der kommunalen Verwaltung und überdies Repräsentant:innen von Verbänden, die fachliche*

Perspektiven und Interessen von Patient:innen vertreten. Dies wäre eine Diversität im Dialog auf Augenhöhe in einer Gruppe, wie sie von den Beteiligten möglicherweise nicht alltäglich erfahren wird.

Wenn der Sichere Rahmen in der Gruppe so etabliert ist, dass es zu dieser Art des Austauschs kommt, ändert sich im Gruppenprozess die Gruppendynamik. In der neuen Zusammensetzung der Teilhabe diverser Menschen mit unterschiedlichen Perspektiven, die sich gleichwertig im Gespräch einbringen können, entwickeln sich oft neue Ideen, neue Ansätze, neue Wege und Verhaltensweisen. Ein solches Geschehen kennzeichnet das Mooving: den Übergang zu etwas Neuartigem. Schritt für Schritt etablieren sich im Prozess neue Denk- und Verhaltensweisen. Die Teilnehmenden gewöhnen sich um, und sie gewöhnen sich an die Veränderung. Und schließlich gewinnen sie wieder Sicherheit. Im Freezing verstetigt sich das Neue.

Unfreezing (Auftauen)	Den Beteiligten wird klargemacht, dass es wie bisher nicht weitergehen kann. In einer solchen Situation entsteht oft Unsicherheit.
Mooving (Übergang)	Veränderung vollzieht sich, neue Wege werden beschritten, andere oder neue Verhaltensweisen werden trainiert.
Freezing (Verfestigen)	Die Um- und Eingewöhnung vollzieht sich, Neues wird bzw. ist etabliert. Die Beteiligten erlangen dabei wieder Sicherheit.

Abbildung 31: Changeprozess im Lewin'schen Drei-Phasen-Modell[99]

Mit Blick auf das Ich-Wir-Es im Globe macht Lewins Modell eines sich in der Gruppendynamik vollziehenden Veränderungsprozesses deutlich: Der Sichere Rahmen ist ein Schlüsselfaktor für Facilitation, und Teilhabe von allen kann nur dann ermöglicht werden, wenn – beispielsweise in einer für einen dialogischen Prozess heterogen zusammengesetzten Gruppe – zunächst Raum und Gelegenheit dafür da sind, mit Verunsicherung umzugehen. Als Facilitation-Tool erinnert uns das Drei-Phasen-Modell daran, in der Vorbereitung und Planung das Folgende zentral zu berücksichtigen: Bevor eine inhaltliche Zusammenarbeit möglich ist, braucht es Raum und Zeit, um gemeinsam einen Umgang mit der Situation in der Gruppe zu finden. Es gibt etliche Strukturmodelle zur Gestaltung eines Prozessdesigns, die sofort in den inhaltlichen Dialog einsteigen: Themen, Fragen, Antworten. In einer Unfreezing-Situation kann ein solches Vorgehen jedoch nicht den Effekt einer „Liberating Structure" haben – ganz im Gegenteil: Es entsteht ein Ergebnisdruck, der Potenziale für Offenheit, Kreativität und Kooperation im Miteinander blockiert. Es fällt dann schwer, gemeinsam Ideen zu entwickeln. In der Praxis erlebt man nicht selten, wie sich Unzufriedenheit und Konflikte unter den Teilnehmenden steigern. Die Arbeit in der Gruppe erscheint weder ertragreich noch effektiv zu sein.

Facilitator:innen könnten in die Falle tappen, sich inhaltlich einzumischen und den Prozess in die Hand zu nehmen. Aus Begleitung wird Beratung und Führung. *Möglicherweise steht am Ende des Ganzen die in der Abschlussrunde geäußerte „Erkenntnis, dass Facilitationprozesse sinnlos sind, weil nur Organisationsberatung helfen kann – ein Glück, dass die Leitung dann irgendwann das Ganze in die Hand genommen hat"*. Auch wenn Organisationsberatung und Leitung hilfreiche Angebote in vielen Situationen sind: Dieses Szenario von Nicht-Facilitation skizziert eine vergebene Chance, einen durch Innovationspotenzial gekennzeichneten Prozess zu ermöglichen, der Diversität als Gewinn für alle erlebbar machen kann. Mit einem Augenzwinkern lässt sich hier anmerken: Den in diesem Buch bereits skizzierten Negativbeispielen mögen sich in der Realität dann die positiven Varianten zum Ausgleich gegenüberstellen.

In vielen gesellschaftlichen und politisch relevanten Fragen ist die Entwicklung von Neuem aktuell eine gute Idee – ob in Bezug auf Umweltfragen oder das Zusammenleben. Wenn es noch keine Antwort, keine bewährte Idee gibt, bietet Facilitation mit einer heterogenen Gruppe eine reale Chance für Innovation oder Disruption im Sinne von Nachhaltigkeit[100]. Abschließend sei noch zu erwähnen: Wenn Facilitation System in den Dialog bringen soll, kann ein mithilfe des Lewin'schen Drei-Phasen-Modells[101] veranschaulichter Prozess sich auch in Bezug auf die Kommunikationskultur in einer bestehenden Gruppe vollziehen (Kapitel 2.1). Weitere Ausführungen zu dieser Situation finden sich im Zusammenhang mit dialogischen Tools.

Die Teamuhr

Als alternatives und ergänzendes Werkzeug für den systemischen Blick auf die Gruppe bietet sich die Teamuhr an. Facilitator:innen kommt die Aufgabe zu, gruppendynamische Entwicklungen im Sinne des Prozesses zu fördern. Dazu können sie methodisch reflektierend „auf die Teamuhr schauen": zur Vorbereitung auf die Gestaltung eines passenden Strukturformats für den Dialog von allen mit allen in der Gruppe und darauf, situations- und bedarfsgerecht im Sinne des Prozesses zu intervenieren. Die Teamuhr ist ein ebenso bekanntes wie beliebtes Modell zum Umgang mit der Dynamik in Gruppen.[102] Der Begriff „Team" bezeichnet eine kleine Gruppe, in der sich die Fähigkeiten der Einzelnen für ein gemeinsames Thema oder Projekt, für ein Ziel, eine Zusammenarbeit oder eine andersartige Sache ergänzen. Alle bringen sich ein. Alle ziehen sich gegenseitig zur Verantwortung.[103] Zur Ermöglichung kooperativer

Prozesse in Gruppen stellt sich die Frage: Wie wird die Gruppe zum Team? Die fünf zeitlich aufeinanderfolgenden Phasen der Teamuhr bieten ein Modell der Gruppendynamik, in dem sich auf der Inhalts- und Beziehungsebene im Gruppenprozess nacheinander unterschiedliche Aufgaben und Funktionen erfüllen. Als Facilitator:in lässt sich hier reflektiert begünstigend methodisch und didaktisch vorgehen.

Uhrzeit	Phase	Inhaltsebene	Beziehungsebene
	Forming	Kennenlernen der Aufgabe	Einschätzen der Situation und ihrer Bedingungen; Kennenlernen und Abtasten; Suche nach möglichen Anhaltspunkten und Hilfe
	Storming	Schwierigkeiten mit der und Widerstände gegen die Aufgabe	In der Gruppe entstehen Konflikte über die Gruppenzusammensetzung; Positionskämpfe um Gruppenhierarchie (Rollen, Status); Untergruppenbildung
	Norming	Austauschen von Informationen, Auslegung der Aufgabenstellung	Harmonisierung der Beziehungen; Herausbildung erster differenzierterer Rollen in der Gruppe selbst; Normenbildung; Teilnahme am Gruppengeschehen; Entwicklung eines ersten Gruppenzusammenhalts
	Performing	Arbeiten an der Aufgabe, Auftauchen von Lösungen	Bildung von funktionellen Rollen, Gruppe strukturiert und gefestigt; Konflikte werden gelöst, Kooperation möglich; informelle Kontaktaufnahme, Wir-Gefühl vorhanden
	Informing	Präsentation der Ergebnisse vor anderen	Gruppenidentität hat sich etabliert; Kontaktaufnahme nach außen
	Adjourning[104]	Auflösungsphase	Gruppenmitglieder gehen zum Ende des Prozesses auseinander

Abbildung 32: Teamuhr – Phasen eines Gruppenprozesses

Als Facilitator:in „auf die Teamuhr zu schauen“ bedeutet, die gruppendynamischen Phasen im Blick zu behalten. Auch zeigt sich: Es ist beispielsweise nicht zu erwarten, dass eine Gruppe, die sich gerade kennenlernt (Forming) oder sich mit ihrer Unterschiedlichkeit (Storming) auseinandersetzt, lösungsorientiert performt. Wenn wir von der Metaebene aus die Teamuhr als Tool nutzen, unterstützt sie uns dabei, Geduld und Verständnis zu haben. Mithilfe von Metakommunikation könnte man z. B. der Gruppe strukturell und intervenierend Möglichkeiten zur Verfügung stellen, um zu einem Team zu werden, das dann im Sinne des Prozesses kooperieren und partizipieren kann. In der Prozessbegleitung fungiert die Teamuhr als ein Wegweiser vom „Time Boxing“ zu Ge-Lassen-heit im Prozess[105].

5.2 Dialogische Tools

Dialogorientierung ist ein wesentliches Kennzeichen von Facilitation, wie es in diesem Buch beschrieben wird. Wenn man bei Coaching davon spricht, dass es zielorientiert ist und bei Mediation die Lösungsorientierung betont, dann lässt sich für Facilitation anführen, dass es vor allem darum geht, einen Rahmen zu schaffen, der allen Beteiligten im Prozess ermöglicht, aktiv und beteiligt zu sein. Facilitation fokussiert Möglichkeiten zum Empowerment für alle in der Gruppe. In diesem Sinne ist hier Dialogorientierung zu verstehen. Transparenz über den Auftrag und gegebene Rahmenbedingungen, das Vereinbaren eines Arbeitsbündnisses mit und in der Gruppe, das Kreieren von förderlichen Rahmenbedingungen zugunsten eines dialogischen Facilitationprozesses, der die aktive Teilhabe von allen erleichtert, sind Aspekte dessen, was hier auch in Verwendung des bereits eingeführten Akronyms als „The A.R.T. of Communication“ bezeichnet werden kann. Der Fokus liegt auf der Verknüpfung von Ich, Wir und Es. Er liegt auf der Frage, wie und wodurch es möglich ist, im Kreis der Gruppe den Dialog auf Augenhöhe einzurichten und zu etablieren. Augenhöhe meint nicht, Hierarchien im Alltag infrage zu stellen. Dies ginge über den Auftrag von Facilitator:innen hinaus. Es meint, gleichstellungsorientiert alle im dialogischen Prozess des jeweiligen Auftrags zu beteiligen.[106]

Selbstverantwortlichkeit ist ein zentraler Faktor zur Übernahme von Verantwortlichkeit im Prozess, für den Beitrag in der Gruppe und in Bezug auf tragfähige Ergebnisse. Sie ist der gemeinsame Nenner der beiden für Facilitation beschriebenen Schlüsselfaktoren: der sichere Rahmen und aktive Teilhabe von allen. Sie basieren auf Selbstverantwortlichkeit; sie bedingen sich gegenseitig.

Die „drei facilitativen M“

Als die „drei facilitativen M“ werden nachfolgend dialogorientiertes Moderieren, Mediieren und Multiplizieren als wesentliche Aufgaben und Werkzeuge zur Gestaltung und Begleitung von Prozessen auf Basis einer mediativen Haltung und Kommunikation ausführlicher beschrieben. „Wie man in den Wald hineinruft, so schallt es heraus.“ (Kapitel 7.2) „Die Überschrift ist das Programm.“ Diese und weitere Slogans verdeutlichen eine Realität in der Arbeit mit Gruppen: Was angestoßen wird, vervielfältigt sich. Es ist also im Sinne des Prozesses, sich als Facilitator:in vor Einstieg in den Gruppenprozess selbst sowohl in der eigenen professionellen Haltung als auch im eigenen Herangehen zu reflektieren. Moderieren beinhaltet als Aufgabe, Orientierung und einen sicheren Rahmen in der Gruppe einzurichten: Wodurch kann ermöglicht werden, dass eine kontakt- und persönliche Beteiligung fördernde Atmosphäre entsteht? Was braucht es für Partizipation? Diese Fragen fokussieren das, was die Gruppe – als Ganzes und mit Blick auf die einzelnen Beteiligten – in ihrer Dynamik braucht. Zugleich richten sie den Blick auf die Person, die die Gruppe begleitet.

Die Aufgabe zu mediieren bezieht sich auf Dialogfähigkeit im Prozessverlauf. Sich auf das Gegenüber im Kontakt einzulassen und einzustellen ist von allen Beteiligten gefragt, inklusive der Prozessbegleitung.[107] Mediativ zu kommunizieren heißt, inmitten der Diversität von emotionalen und sachlichen Aspekten im Gruppenprozess den Rahmen für dialogische Kommunikation nicht nur ressourcenorientiert in Gang zu bringen, sondern ihn auch in Gang zu halten. Welche Bedürfnisse und Interessen stehen hinter den Positionierungen? Dies zu vermitteln und sie im Prozess mediativ herauszufiltern ist unter anderem wegweisend in Entscheidungsprozessen und fördert in der Gruppe Neugier auf mögliche und Wertschätzung für reale Beiträge aller Beteiligten.[108] Mediative Kommunikation ist ein Facilitation-Tool. Es ist ein methodischer Ansatz und zugleich eine Einladung an die Gruppe, eigene dialogische Kompetenzen einzusetzen und mediativ zu kommunizieren.[109]

Multiplikation versteht sich hier im folgenden Sinne: Das, was im Prozess als gewünscht ermöglicht werden soll, ist mithilfe von Gruppenaktivität zu verstärken, indem die Einzelnen im Wir ebenfalls dialogorientiert in Einstellung und Verhaltensweisen miteinander in den Kontakt gehen. Wie lässt sich Dialog und was lässt sich im Dialog durch welches Herangehen, mit welcher Haltung, wozu und warum im Kontakt und in der Kommunikation, zugunsten von Partizipation und aktiver Beteiligung aller ermöglichen? Diese Frage eröffnet eine Fülle an Möglichkeiten. Klarheit über das Arbeitsbündnis, die Rolle und das eigene Angebot im System helfen bei der Priorisierung.

Die Stufen der Anerkennung

Eine durch Präsenz und Empathie geprägte Dialogkultur lässt sich in der Gruppe fördern, wenn gegenseitige Anerkennung im Kontakt ermöglicht wird. In ihrem Buch *Mehr Dialog wagen!* fassen Dirk Splinter und Ljubjana Wüstehube (2020) aus ihrer eigenen Mediations- und Dialogpraxis fünf Stufen der Anerkennung[110] zusammen. Diese Stufen beschreiben die Entwicklung eines dialogischen Prozesses. Betrachtet man Anerkennung als Schlüsselfaktor mediativer Kommunikation, wird deutlich: Es braucht Anerkennung dessen, was ist (Sach- und Gefühls- / Beziehungsebene), was sein soll (Bedürfnisse, Wünsche, Ziele, Visionen) und dessen, was die subjektive Wirklichkeit der Einzelnen ausmacht. Wenn die Beteiligten sich und ihre Belange anerkannt fühlen, ermöglicht dies Offenheit und Bereitschaft, auch andere Perspektiven einzunehmen. Im ersten Schritt geht es in der Dialogorientierung also darum, die jeweiligen Ichs dort abzuholen, wo sie jeweils gerade sind.

<table>
<tr><th colspan="2">Stufen der Anerkennung im Facilitationprozess (i. A. an Splinter & Wüstehube[111])</th></tr>
<tr><td colspan="2">→ Facilitatives Moderieren</td></tr>
<tr><td>Stufe 1:
Anerkennung des Gegenübers auf Augenhöhe</td><td>■ Anerkennung der Existenzberechtigung des Gegenübers durch die Bereitschaft, mit ihm in einen Dialog einzusteigen
■ (Dies impliziert eine) Anerkennung dessen, dass die:der andere legitime Interessen und Ansichten hat</td></tr>
<tr><td colspan="2">→ Facilitatives Mediieren</td></tr>
<tr><td>Stufe 2:
Verständnis durch die prozessbegleitende Person (Facilitator:in)</td><td>■ Allparteiliches, empathisches Verständnis durch die externe Instanz ermöglicht den Beteiligten, gleichwertig Verständnis und Anerkennung ihrer Situation und Sichtweisen zu erfahren, auch wenn dies andere in der Gruppe (noch) nicht geben können</td></tr>
<tr><td colspan="2">Dies führt zu einer Situation in der Gruppe, in der alle erfahren: Auch unterschiedlichste Sichtweisen können nebeneinander wertschätzend stehengelassen und anerkannt werden. Die einzelnen Ichs erleben „eine gewisse kognitive Dissonanz“[112]: Sie fühlen sich selbst gesehen und verstanden. Gleichzeitig können sie beobachten, dass es anderen genauso geht – auch wenn sie vielleicht das Gegenteil wollen oder sagen. Dies hilft, aus dem Dualismus ‚Entweder bist du für oder gegen mich‘ auszusteigen. Dies und die Erfahrung des in der Gruppe entstehenden Sicheren Rahmens ermöglichen zunehmend Vertrauen in den Prozess. Wenn wir in der Prozessbegleitung so intervenieren, dass sich Verständnis äußern und ausbreiten kann, wird durch das Prinzip des Lernens am Modell Empathie in der Gruppe möglich. Die Ich-Perspektiven können sich erweitern, es entstehen Offenheit und Akzeptanz für weitere Sichtweisen und Anliegen.[113]</td></tr>
</table>

<table>
<tr><th colspan="2">→ Facilitatives multiplizieren</th></tr>
<tr><td>Stufe 3:
Die Fähigkeit entwickeln, zuzuhören und das Gehörte wiederzugeben</td><td>▪ Verständnis kann erst dann entstehen, wenn die Teilnehmenden zumindest wiederholen können, worum es anderen mit gegensätzlichen Perspektiven geht: Hierfür eignen sich zum Beispiel Methoden zur Anleitung Mediativen und Aktiven Zuhörens in der Gruppe.
▪ Was war gemeint?-Was kam an?-Interventionen bauen bei den Einzelnen die Schutzschicht der eigenen Vorurteile und Abwertungen ab, damit sie fähig werden, sich gegenseitig zuzuhören (statt das zu hören, was sie vom Gegenüber zu hören erwarten)</td></tr>
<tr><td>Stufe 4:
Anerkennung der subjektiven Wahrheit/ Wirklichkeit der anderen</td><td>▪ Interventionen, die unterstützen, dass die Einzelnen einander auch anlässlich gegensätzlicher Wahrnehmungen und Einschätzungen glauben können
▪ Gegenseitiges Vertrauen in der Gruppe aufbauen und stärken
▪ Misstrauensbasierte Unterstellungen durch Herausarbeiten der subjektiven Wirklichkeiten[114] abbauen[115]
▪ Auf körpersprachliche und verbale Signale von Skepsis, „positiver Verunsicherung“ („Meint sie es doch ernst?“), gegenseitiger Zuwendung (wie Rapport, interessierte Nachfragen nach Details oder Hintergründen) achten und im Sinne des Prozesses intervenieren (aufgreifen, Verständnis sichernd nachfragen usw.)</td></tr>
<tr><td colspan="2">Wenn wir Skepsis und Misstrauen ansprechen[116], verlangsamt das oft den Prozess. Dennoch ist dies notwendig, um einen Sicheren Rahmen zu etablieren. Gegenseitige Zuwendung in Verständnis und Anerkennung ermöglichen eine aktive Teilhabe aller im Dialog.</td></tr>
<tr><td>Stufe 5:
Kognitives Nachvollziehen und/oder emotionales Verstehen</td><td>▪ Interventionen und Methoden zum Perspektivenwechsel, die die intensive Beschäftigung mit Hintergründen, Motiven, Wünschen und Befürchtungen im Sinne des Prozesses anregen: ressourcen- und personzentriert mit Blick auf das Ich-Wir-Es im Globe[117]</td></tr>
<tr><td colspan="2">Wenn ein Perspektivenwechsel in der Gruppe gelingt, können die am Prozess Beteiligten Vorbehalte erkennen, bearbeiten und loslassen. Die Teilnehmenden gewinnen Vertrauen zueinander und im Miteinander. Sie können offener sein für andere Bedürfnisse und kreativer beim Entwickeln von Perspektiven, Lösungen und Strategien, die diverse Interessen berücksichtigen. Im Gruppenprozess entsteht eine produktive Atmosphäre der Zusammenarbeit auf Basis von Verständnis und Wertschätzung.</td></tr>
</table>

Abbildung 33: Die drei facilitativen M als Werkzeuge für die Stufen der Anerkennung nach Splinter & Wüstehube (2020)

Einen solchen Prozess in und mit einer Gruppe zu ermöglichen und zu begleiten ist eine anspruchsvolle Aufgabe. Die Reflexion der eigenen professionellen Haltung sowie zugrunde liegender Werte und kongruenter Herangehensweisen unterstützt Facilitator:innen bei einer verbalen und nonverbalen Kommunikation im Sinne des Ermöglichens. Ebenso dabei, sich selbst die Frage nach dem eigenen professionellen Ansatz zu beantworten: Was tue ich, damit der Rahmen für einen intensiven Kontakt in der Gruppe im Sinne eines zugewandten „listen to learn"[118] entstehen und gehalten werden kann? Wie begleite ich die Einzelnen in der Gruppe in ihrem Dialog so, dass Verständigung und gegenseitiges Verständnis ermöglicht werden? Wodurch begünstige ich einen Prozess, in dem Raum für Empathie und Entwicklung, für Veränderung und Lösungen frei werden kann? Als professionelle Prozessbegleitung hat man den Anspruch, zu agieren statt zu reagieren; eine mediative Haltung einzunehmen hilft bei der praktischen Umsetzung.

5.2.1 *Moderieren: Den Gruppenrahmen für den Dialog mit allen einrichten*

Moderieren lässt sich ableiten von lateinisch moderārī, moderāre für ein Maß setzen, bestimmen, mäßigen, leiten, lenken und modus für Maß, Ziel, Vorschrift, Art und Weise[119]. „Facilitatives Moderieren" meint, den Rahmen so einzurichten und zu halten, dass er den dialogischen Prozess mit allen ermöglicht. Bevor sich die Einzelnen in einer Gruppe aktiv in den Prozess einbringen, möchten sie in der Regel wissen, was sie erwartet und woran sie teil-haben und sich be-teil-igen können. Offenheit erfordert Sicherheit. Übernahme von Selbstverantwortung, ein intensiver Kontakt, Freiwilligkeit, Aktivität und Partizipation in der Gruppe brauchen stabile und für alle möglichst transparente Rahmenbedingungen. Augenhöhe im Kontakt hilft, wie beschrieben, einen solchen Rahmen zu gestalten. Auch wenn Hierarchieebenen im Alltag beibehalten werden, ist es möglich, im Dialog eine Atmosphäre des Miteinanders anzuregen, die von Mensch zu Mensch eine allparteiliche, gleichstellungsorientierte Basis gewährleisten kann. Wenn es einen allen bewussten, artifiziellen Rahmen des Kontakts gibt, für den ein bestimmtes Zeitfenster festgelegt ist, in den bestimmte Menschen einbezogen sind und für den es ein klares Anliegen gibt, z. B. Facilitation, dann bietet sich eine Möglichkeit, in der Gruppe die Aufmerksamkeit, die Wahrnehmung und das Bewusstsein für all das zu stärken, was die individuelle und kollektive Entwicklung der Einzelnen, in der Gruppe, im System unterstützt. Es hilft, wenn sich alle ansehen und sich so weitgehend in einem Miteinander wahrnehmen können. Ein Dialog in der bereits beschriebenen A.R.T. unterscheidet sich von einem Top-down-Prinzip, wie es in unterschiedlichen professionellen Formaten mehr oder weniger ausgeprägt, aber grundsätzlich doch vorhanden ist oder erwartet wird (Abbildung 34 links). In vielen Trainingssituationen, Bildungsprogrammen und Workshops gibt es eine Leitung: Moderierende, denen die Aufgabe der Gesprächsführung zukommt oder Trainer:innen, die in weiten Teilen des Prozesses direktiv vorgehen, heben sich aus der Gruppe heraus.

Zirkulärkommunikation einrichten

Ein Dialog, der in dem Auftrag stattfindet, die Rahmenbedingungen partizipativ auf Augenhöhe zu ermöglichen und zu begleiten, lässt sich wie in Abbildung 34 (rechtes Bild) skizzieren:

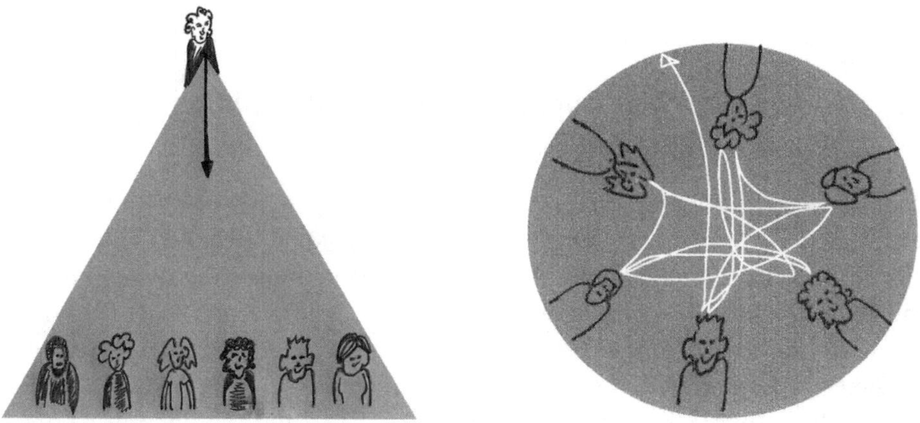

Abbildung 34: Zirkulärkommunikation als A.R.T. des Dialogs mediativ ermöglichen und begleiten

Der Ansatz „The Circle Way", der später noch weiter beschrieben wird, befasst sich ausführlicher mit den Vorteilen einer Zirkulärkommunikation: Für einen tiefer gehenden und anregenden Dialog in der Gruppe sind alle Beteiligten prozessorientiert aktiv einzubinden. Dafür nutzt man häufig klassische Sitzkreise, sowohl als Setting im Plenum als auch in Kleingruppen. Auch online stellt sich die Frage nach Möglichkeiten, die Kommunikation zirkulär zu gestalten. Unterschiedliche Tools, mit deren Hilfe sich die Einzelnen in der Gruppe als Kreis[120] erleben, können hier unterstützen: Wenn sich die Teilnehmenden beispielsweise als kleine und gleich große Punkte auf dem Bildschirm im Miteinander auf einem digitalen Board bewegen, ähnelt das Bild, das dabei entsteht, der weißen Linie in der Skizze (Abbildung 34, rechts).

Transparenz über das Arbeitsbündnis mit der Gruppe herstellen

Im Sinne der in diesem Buch beschriebenen „A.R.T. of Facilitation“ liegt es nahe, Zirkulärkommunikation zu bevorzugen, als eine dem Inhalt entsprechende Form[121] für einen Dialog, der in dem Auftrag stattfindet, die Rahmenbedingungen für Teilhabe von allen im Prozess zu ermöglichen und zu begleiten. Wie in den Kapiteln 3 und 5 ausgeführt, werden systemische, dialogische, strukturierende und methodische Kompetenzen eingesetzt, damit sich in der Gruppe ein solches Miteinander entfalten kann. Das Arbeitsbündnis mit der Gruppe offenzulegen erleichtert es Facilitator:innen, in der entsprechenden Rolle im System akzeptiert und geschätzt zu werden. Im Sinne des Prozesses können sie Transparenz über das eigene ethische und fachliche Selbstverständnis herstellen und die Gruppe an Beweggründen für Vorgehensweisen und Interventionen teilhaben lassen: Wer und wie bin ich in meiner Rolle? Wie stehe ich in Bezug auf die Arbeit mit der Gruppe zu Prinzipien wie Vertraulichkeit[122], Allparteilichkeit, Ergebnisoffenheit, Ressourcenorientierung im Prozess? Wie fülle ich meine Rolle aus? Was übernehme ich und was nicht? Berate oder begleite ich? Wie zeigt sich, dass ich davon ausgehe, dass die Beteiligten Expert:innen für ihren Prozess und die Inhalte sind? Moderiere ich mithilfe einer Redner:innenliste? Oder ist dies eine Aufgabe, die in der Gruppe verbleibt? Wer beispielsweise vorhat, mediativ zusammenzufassen, um im Prozess Verständnis zu sichern und Wesentliches zu bündeln, kann dies der Gruppe ankündigen und sich damit die Arbeit leichter machen[123].

Auch mit dem Verfahren des Facilitation verbundene Vorstellungen, Anliegen und Informationen sind transparent zu machen[124]: Was soll ermöglicht werden? Was ist miteinander geplant? Welche Vorstellungen gibt es bereits zum Wie? Was braucht es dafür von wem? Was sind Anlässe und Anliegen? Gibt es erwünschte Ergebnisse oder handelt es sich um einen ergebnisoffenen Prozess? Existiert eine Struktur, ein roter Faden, eine Landkarte für den geplanten Prozess? Tragen die Gruppe oder die begleitende Person ein Strukturierungsangebot zum Facilitation bei? Oder ist dieses mit der Gruppe gemeinsam zu gestalten?

Das Arbeitsbündnis in der Gruppe einrichten

Bevor der Prozess sich inhaltlichen Aspekten intensiver widmen kann, ist das Arbeitsbündnis in der Gruppe grundlegend zu klären: Wie gestalten die Einzelnen für den konkreten Prozess das Miteinander? Was können, wollen und werden die Ichs zum Wir beitragen? Der Sichere Rahmen für den Gruppendialog wurde beschrieben als Schlüsselfaktor von Facilitation. In der Konkretisierung des Arbeitsbündnisses der Ichs im Wir lassen sich Richtung und Bereitschaft zur aktiven Beteiligung der

Einzelnen in der Gruppe aufeinander abstimmen. Hier geht es um die Basis zum Einstieg in den Prozess: Ist Zirkulärkommunikation dafür ein allen gemeinsames Ziel? Sind alle bereit, miteinander in den Dialog einzusteigen? Was brauchen sie dafür? Wenn sich zeigt, dass Menschen im Raum sind, die etwas anderes wollen, ermöglicht hier die Transparenz, einen Umgang damit zu finden.

Wenn Anliegen und Bereitschaft grundsätzlich geklärt sind, lassen sich Vereinbarungen oder Regelungen festhalten, die die gewünschte Kommunikation und Zusammenarbeit in der Gruppe fördern. Tragfähige Verabredungen zum Umgang im Miteinander vereinfachen den Kontakt. Bewährte Bestandteile eines Sicheren Rahmens sind: ausreden lassen, zuhören, Vertraulichkeit, Selbstverantwortlichkeit, Wertschätzung, Ich-Botschaften, Verbindlichkeit. Die Gruppe entscheidet für sich: Wie verhalten wir uns als Ichs in unserem Wir, damit ausreichend Zusammenhalt entstehen kann? Was braucht es, um die notwendige Eigenständigkeit der einzelnen Ichs wertzuschätzen? Wie also können wir ein gewünschtes Maß an Distanz zu anderen wahren und herstellen? Und was brauchen wir, um dem Thema ausreichend Raum zu geben? Mit Blick auf das Es integriert beispielsweise in der mediativen Prozessbegleitung der Sichere Rahmen Beziehungs- und Sachebene ausdrücklich als gleich wertvolle Prozesselemente. Wenn die Beteiligten dies aus dem Alltag anders kennen, sind sie somit ausdrücklich dazu eingeladen, vollständiger zu kommunizieren. Es kann erhellend sein, wenn Mitarbeitende einer Organisation nicht nur über rückläufige Zahlen sprechen, sondern auch darüber, welche Ängste und Unsicherheiten dieser Umstand bei ihnen selbst und bei andere auslöst. Verhalten erklärt sich, Verständnis wird ermöglicht. Und wenn als diffus erlebte Widerstände mit konkreten Situationen und Hintergründen auf der Sachebene verbunden werden, erfassen die Beteiligten leichter, wo die Differenz zwischen dem Aktuellen und dem Gewünschten liegt. Ein Sicherer Rahmen ist für das Ich-Wir-Es im Globe ein konkretes Angebot zu einer offenen, direkten Kommunikation zu einem Thema in einem empathischen Miteinander aller Beteiligten.[125]

Als Leitlinie für einen Umgang als Wir werden gemeinsam Grundlagen entwickelt ober zumindest abgestimmt, wie in Gesprächen mit Selbstverantwortung und gegenseitiger Wahrnehmung von Gefühlen, Bedürfnissen und Interessen umzugehen ist: für alle verständlich und nachvollziehbar. Wenn dieser Schritt der Einstieg in einen dialogischen Prozess ist, wird erfahrbar, dass alle Verantwortung übernehmen und sich beteiligen sollen. Wenn das Team schon seit Längerem besteht, hat es grundlegende Verabredungen im Sinne einer Team- oder Kommunikationskultur möglicherweise bereits etabliert und den einzelnen Beteiligten sind diese mehr oder weniger bewusst. Mit neu Hinzukommenden werden sie in unterschiedlichem Maße geteilt. Manches wird an- und ausgesprochen, anderes fällt in die Kategorie „ungeschriebenes Gesetz". Um eine gleichwertig aktive Beteiligung zu ermöglichen, ist in solch einer Situation zu klären und bedarfsweise neu zu verhandeln, was es für alle im Raum für den gewünschten Prozess braucht. Nicht alle Gruppen bringen die nötige Geduld auf, einen Sicheren Rahmen zu erstellen und abzustimmen. Alternativ könnte man eine Vorlage anbieten und bei Bedarf Ergänzungen oder Änderungen erfragen und festhalten. Auch das ist ein beliebter Weg, Vereinbarungen in der Gruppe tragfähig zu verabreden.[126] Hier lassen sich beispielsweise die Prinzipien für Themenzentrierte Interaktion als Grundlage heranziehen[127]:

- Alles, was in der Gruppe mitgeteilt und geäußert wird, wird von allen vertraulich behandelt.
- Jede:r ist für sich selbst verantwortlich und spricht für sich selbst: „Ich“ statt „man“.
- Beim Reden gilt: ausreden lassen, zuhören und nachfragen.
- Äußerungen bleiben im Hier und Jetzt.
- Feedback wird konstruktiv gegeben und als Geschenk genommen.
- Kritik wird konstruktiv-positiv gegeben: Was wünsche ich mir weiter so, wie es ist? Was wünsche ich mir anders (und wie)?

Abbildung 35: Prinzipien für Themenzentrierte Interaktion[128]

Zum Thema Moderieren als Facilitation-Tool lässt sich hier zusammenfassen: Wenn wir transparente Rahmenbedingungen herstellen, das eigene Arbeitsbündnis und Grundlegendes zur Arbeitsweise offenlegen sowie das Arbeitsbündnis in der Gruppe mithilfe einer Vereinbarung zum Sicheren Rahmen einrichten, tragen wir damit zu einer allseitigen Anerkennung auf Augenhöhe bei (Abbildung 33: Stufe 1), wie sie in der bildlichen Darstellung der Zirkulärkommunikation (Abbildung 34) zum Ausdruck kommt. In der Gruppe erhalten alle Gelegenheit, die Existenzberechtigung des Gegenübers anzuerkennen, indem sie ihre Bereitschaft zeigen, in einen Dialog einzusteigen. Das begünstigt im weiteren Verlauf eine Kommunikationskultur, in der Anerkennung findet, dass alle in der Gruppe legitime Interessen und Ansichten mitbringen, die im Austausch erfahren, besprochen, verhandelt oder auch mediiert werden können.

Beim Einstieg in den Prozess ist facilitatives Moderieren eine zentrale Aufgabe, und im weiteren Verlauf kann es erforderlich oder unterstützend sein, Bezug auf die beschriebenen Elemente zu nehmen. Manchmal ist es nötig, den Sicheren Rahmen bedarfsgerecht zu aktualisieren. Wenn Teilnehmende oder partiell Teilhabende später hinzukommen, sind sie entsprechend einzubinden; es ist zu klären, ob sie das Arbeitsbündnis in der Gruppe teilen oder nicht. *Nehmen wir an, alle Teilnehmenden in der Runde wahren Vertraulichkeit und fühlen sich entsprechend sicher, offen zu sein.*

Dann jedoch kommt für zwei Stunden eine Gutachterin dazu, die vom Sicheren Rahmen nichts weiß und nicht gefragt wurde, ob sie ihm zustimmen kann oder möchte. Wenn sie nun Dinge, die sie in der Gruppe hört, nach außen weiterträgt, ist das kaum im Sinne des Prozesses.

5.2.2 Mediieren: Den dialogischen Prozess ermöglichen und gestalten

Der offene, flexible und non-direktive Charakter von Facilitation macht es erforderlich, im Prozess mit den Personen zu arbeiten, die da sind – so, wie sie da sind.[129] In diesem Kontext zu mediieren bedeutet, zwischen dem, was da ist, allparteilich und wertschätzend zu vermitteln. Die diversen persönlichen, gruppendynamischen und inhaltlichen Aspekte werden als gleichwertig „vom inneren Balkon aus" betrachtet. Gezielt wird punktuell Abstand genommen von persönlichen oder gesellschaftlichen Bewertungen, die mit Gedanken, Objekten oder Ergebnissen verbunden sind. Das Anliegen ist, allparteilich heranzugehen und Raum für das Gegenüber wie für das Eigene zu lassen. Es geht nicht um „dein oder mein", sondern um „Was gehört dazu?"[130]. Es werden Interessen, Bedürfnissen, Wünschen und Strategien hinter Positionierungen erfragt.

Eine weitere Aufgabe ist, den damit verbundenen Gefühlen empathisch zu begegnen. In der Mediativen Kommunikation wird wertgeschätzt, dass alle Emotionen zum Menschsein dazugehören, keine ist an sich „gut" oder „schlecht". Ein solches Mindset und solche Tools ermöglichen es, unterschiedliche Informationen und Sachverhalte nebeneinanderzustellen, ohne zu fragen, welche davon „richtig" oder „falsch" sind. In großen Gruppen mit vielen Teilnehmenden erleichtert eine solche Einstellung, authentisch zur Kommunikation von Gefühlen, Bedürfnissen und Werten einzuladen. Prozessbegleitenden müssen Sachverhalte, Werte oder Wichtigkeit von etwas nicht einschätzen und beurteilen, und das gibt ihnen Freiheit im Umgang mit der Komplexität vielfältiger Perspektiven einer subjektiven Wirklichkeit. Diese Haltung unterstützt ihre Souveränität angesichts der herausfordernden Aufgabe, den Rahmen professionell zu halten und sich situationsgerecht intervenierend in Begleitung des Prozesses der Gruppe zu verhalten.

Facilitation-Tools Mediativer Kommunikation	
„Mediative Haltung" → Halten[131]	„Mediatives Handwerkszeug" → Verhalten
Basis für mediative Herangehensweisen (Beispiele)	Dialogorientierte Kommunikationstools (Beispiele)
■ Sich auf die Metaebene begeben: Wahrnehmung der Situation aus einem hilfreichen Abstand heraus ■ Personzentrierung (nach Rogers): Durch die Begegnung mit Empathie, Wertschätzung / Akzeptanz und Kongruenz im Sinne des Prozesses; mit dem Grundsatz: „Wertschätzung ist unabhängig von Bewertung." ■ Allparteilichkeit[132] in Bezug auf Menschen und Themen: sich daran erinnern, worum es im Mediativen geht; alle Seiten und Anliegen oder Elemente sind gleichwertig zu berücksichtigen. ■ Ressourcenorientierung auf intrinsische Motivation, Freiwilligkeit bzw. Selbstverantwortlichkeit der Beteiligten ■ Win-Win-Perspektive mit Fokus auf die Fülle beteiligter Interessen[133]	■ Mediatives aktives Zuhören, u. a. zum Herausfiltern von Interessen, und Bedürfnissen hinter Positionen und weitere Kurzinterventionen Mediativer Kommunikation (Kapitel 5.4.2) ■ Situationsgerechte, klärende Kommunikation: z. B. Vier-Komponenten-Kommunikation (mit Vier-Schritte-Bitte / GFK oder mithilfe des Vier-Ohren-Modells) oder mit Tools wie dem Werte- und Entwicklungsquadrat und der Mediationsformel ■ Sach- und menschengerechtes Verhandeln von Inhalten (Themen, Perspektiven, Diversität): z. B. M.O.O.N.-Guide ■ Zirkulärkommunikation in Stufen der Anerkennung ■ Mediation als Methode und Verwendung des Phasenmodells

Abbildung 36: Facilitatives Mediieren

Eine mediative Haltung unterstützt dabei, eine Gruppe ergebnisoffen im Vertrauen auf den Prozess und aus einem professionellen Abstand heraus zu begleiten. Damit es gelingt, helfen Selbstreflexionskompetenz und eine geschulte Wahrnehmungsfähigkeit. Übung in innerer und äußerer Abgrenzung (Kapitel 3) helfen hier, eine dissoziierte Perspektive auf Metaebene einzunehmen und diese auch bei Herausforderungen zu wahren.[134]

5.2.3 Multiplizieren: Dialogorientierte Kommunikation ver-selbst-ständigen

Im Sinne der aktiven Teilhabe aller am Prozess lässt sich die Gruppe dazu anregen, das, was sich im Dialog als facilitativ erweist, zu vervielfältigen. Dazu ist im Prozess von Zeit zu Zeit zu resümieren: Was hat dazu beigetragen, dass die Beteiligten in einen Dialog miteinander kommen konnten? Wodurch war es ihnen möglich, sich auf einen intensiven Kontakt miteinander einzulassen? Der „Wie man in den Raum hineinruft, so schallt es heraus"-Effekt lässt sich vorteilhaft nutzen. Wer mithilfe von Mediativer Kommunikation einen Prozess begleitet, der ermöglicht allen anderen Beteiligten, sich dieser Art der Begegnung in der Umsetzung anzuschließen[135]. Grundlegende kommunikative Elemente sind: mediatives aktives Zuhören, ein Paraphrasieren in Fragehaltung, das win-win-orientierte Zusammenfassen als Basis für weiterführende Fragen im Sinne des Prozesses. Zudem erinnert der Grundsatz „erst Pacing, dann Leading"[136] daran, jeweils bei der subjektiven Wirklichkeit der Einzelnen in der Gruppe ressourcenorientiert anzusetzen. Wenn wir das Wesentlichen in der Aussage einer Person zusammenfassen, ermöglicht ihr dieses Vorgehen, sich verstanden zu fühlen und sich mit offenen Ohren im Prozess abholen zu lassen. Mediative „Über-Setzungen"[137] (Kapitel 5.4.2) knüpfen hier als Formulierungen im Sinne des Prozesses an: Die Aussage wird mit Worten wiedergegeben, die ermöglichen, Verständnis zu sichern, und die zugleich im Prozess weiterführen. Eine Variante ist positives Umformulieren: Man sagt, „was ist, statt was nicht ist". Wird dies konsequent von Facilitator:innen umgesetzt, kann es in der Gruppe eine Art Positivkreislauf anregen: *„Es gibt keine Lösung." „Die Lösung ist noch offen?" „Ja, das ist aussichtslos." „Es gilt, hierfür nach einer Lösung zu suchen? Wege zu finden?" „Ja." „Kann ich das hier am Whiteboard als offenes To-do aufnehmen?"* Es geht nicht darum, die Aussage an sich zu verändern, sondern um Formulierungsvarianten. Mediatives Zusammenfassen beabsichtigt, Aktivität anzuregen und Möglichkeiten zu erkennen – wenn der Inhalt einer Aussage sich dabei auf den Punkt bringen lässt.[138]

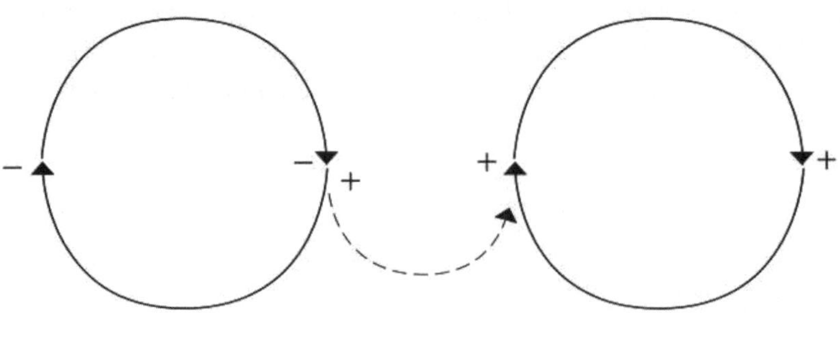

Abbildung 37: Positivkreislauf

Es geht hier nicht darum, etwas zu beschönigen, sondern Formulierungsvarianten zu wählen, die konkret enthalten, was ist und worum es geht. Dieser Effekt begünstigt, dass die Beteiligten in der Zirkulärkommunikation eine zunehmend ressourcenorientierte, wertschätzende Haltung einnehmen. Wenn der Sichere Rahmen trägt, kann sich eine umfängliche Betrachtung von Themen und Inhalten, emotionale Motoren, Ideen und Innovation entfalten. Dies zu ermöglichen, ist das Ziel von Facilitation.

Das mediative Visualisieren (Kapitel 5.4.2) von Herausforderungen, Zwischenschritten und -ergebnissen im Prozess kann Orientierung, Klarheit, Sicherheit und Motivation in der Gruppe unterstützen. Zudem gibt es eine Vielfalt an Fragen, die öffnen und bündeln, ermöglichen und zusammenfassen, Perspektiven erweitern und klären. Eine sich im Dialog mit allen ausbreitende mediative Haltung hilft, dass sich im Prozess weiterführende Fragen ergeben. Außerdem gibt das mediative Visualisieren Orientierung bei der Auswahl von passenden Fragen, die als „organisch" empfunden werden und im Sinne des Prozesses wirken.[139] Eine weitere mediative Kernkompetenz, die dabei hilft, Ermöglichendes zu multiplizieren, ist die, vom „inneren Balkon aus" Prozessverläufe und -schritte zu planen und zu evaluieren.

5.3 Strukturierungstools: Das Prozessdesign p.a.s.s.gerecht entwerfen[140]

Für die Auswahl und den Einsatz eines bestimmten Strukturierungstools in einem Facilitationprozess stellen sich einige wesentliche Fragen: Was lässt sich mithilfe von Struktur ermöglichen? Durch welches grundsätzliche Vorgehen kann sich der gewünschte Prozess entfalten? In welchem Rahmenformat, mithilfe welcher Modelle und Pläne lässt er sich didaktisch so vorbereiten, dass wesentliche Schritte und Ergebnisse integriert werden? Dass die Ichs im Wir zum Thema auf die Entwicklung des Prozesses vertrauen können? Wodurch kann ein für alle transparentes, Struktur und Orientierung gebendes gemeinsames Vorgehen ermöglicht werden, das es allen erlaubt, sich hauptsächlich auf die Inhalte zu konzentrieren? An dieser Stelle ist an die Ausführungen zu „Liberating Structures" im Zusammenhang mit strategischer Planungs- und Prozessgestaltungskompetenz (Kapitel 3) zu erinnern.

Das Prozessdesign soll so angelegt sein, dass alle orientiert sind, welche Schritte in der Gruppe miteinander zu gehen sind. Es bietet ein übersichtliches Modell oder Format zu der Frage, wie der geplante Weg oder der bedarfsorientierte Ausschnitt einer Landkarte für den Facilitationprozess aussieht. Prozessbegleitende, Auftraggebende und Teilnehmende können daraus ableiten, diskutieren und sich informieren: Was ist unser Ausgangspunkt? Wo geht es auf- und wo geht es abwärts? Wie kann sich das Ich-Wir-Es im Globe entfalten, und wie können Ergebnisse gebündelt werden? Oder im Bild der Prozesslandkarte ausgedrückt: Wie sind Flora und Fauna des Prozessanliegens beschaffen? Welche Berge sind zu erklimmen und zu überwinden? Welche Höhen und Tiefen sind zu erforschen? Wo sind Aussichtspunkte, Täler, Flüsse? Welche Brücken oder Tunnel sind zu bauen? Welche Mauern einzureißen? Für die beschriebene A.R.T. der Prozessbegleitung wird es auf diese Weise leichter, Startbedingungen zu analysieren und sowohl in der Planung und Umsetzung als auch mit Blick auf Transfer und Evaluation angemessen zu berücksichtigen. Das ist für die Vorbereitung wichtig, aber auch für die Gruppentreffen, in der Auftragsklärung, beim Gestalten des Arbeitsbündnisses mit und in der Gruppe sowie beim Erstellen des Sicheren Rahmens für Teilhabe im Dialog.[141] Als Eselsbrücke lässt sich hier formulieren:

Das Design für einen geplanten Prozess zu entwerfen ist p.a.s.s.gerecht, wenn es ...

- positiv im Sinne von wertschätzend (nach Rogers) die verschiedenartigen Ebenen und Aspekte als für den Prozess wesentliche Bestandteile einbezieht,
- attraktiv für diejenigen erscheint, die teilnehmen und -haben sollen,
- situationsgerecht auf die systemischen, gruppendynamischen, thematischen Rahmenbedingungen zugeschnitten ist,
- selbstverantwortliches Agieren aller Beteiligten fokussiert und fördert, indem es ausreichend Möglichkeiten zur Partizipation zugunsten eines aktiven Schritt-für-Schritt-Vorangehens im Prozess mit allen sicherstellt.

Abbildung 38: P.A.S.S.gerechtes Design

Die bereits in Kapitel 5.1.2 dargestellte Teamuhr bietet neben der Reflexion auch eine Möglichkeit, einen Facilitationprozess zu strukturieren. *Sie eignet sich zum Beispiel dann, wenn eine Gruppe zu einem Team werden möchte. Das Modell visualisiert, was in einem Teambildungs- und -entwicklungsprozess wahrscheinlich passiert, nach dem All-Models-Are-Wrong-But-Some-Are-Useful-Prinzip. Wenn für eine Gruppe die Teamuhr als Prozessmodell für gemeinsame Schritte dient, dann wirkt dies im Sinne der Einheit von Inhalt und Form, nach dem Motto „Die Überschrift ist das Programm" und andersherum: „Das Programm ist die Überschrift."[142] Eine große Uhr auf einem Flipchart oder Plakat im Raum visualisiert wesentliche Aspekte des Forming, Storming, Norming, Performing und Adjourning auf dem Weg von der Gruppe zum Team. Diese Phasen lassen sich leicht als zeitliche Abschnitte, als Zeitfenster auf der Uhr markieren.[143] Wie in Abbildung 39 beispielhaft dargestellt, lassen sich mithilfe von Moderationskarten oder Maxi-Post-its wesentliche Fragen, Programmpunkte, Themenstellungen ergänzen. Diese können dann der Reihe nach in der Gruppe bearbeitet wer-*

den. Ein Zeiger aus Pappe könnte jeweils markieren, wo die Gruppe gerade ist. Wichtig ist, dass allen Beteiligten deutlich ist, dass die Uhr ein Symbol ist. Welche Phase wie viel Zeit braucht, bemisst sich nicht an der Zeitskala einer handelsüblichen Uhr. Die Teamuhr ist ein Modell, der Phasenverlauf ein Plan. Der dialogische Prozess in der Gruppe kann sich daran orientieren. Beim Teambuilding ist der Weg das Ziel: Wer den Prozess begleitet, benötigt Achtsamkeit, Offenheit und Flexibilität für das, was in der tatsächlichen Umsetzung, im Dialog des Ich-Wir-Es im Globe passiert.

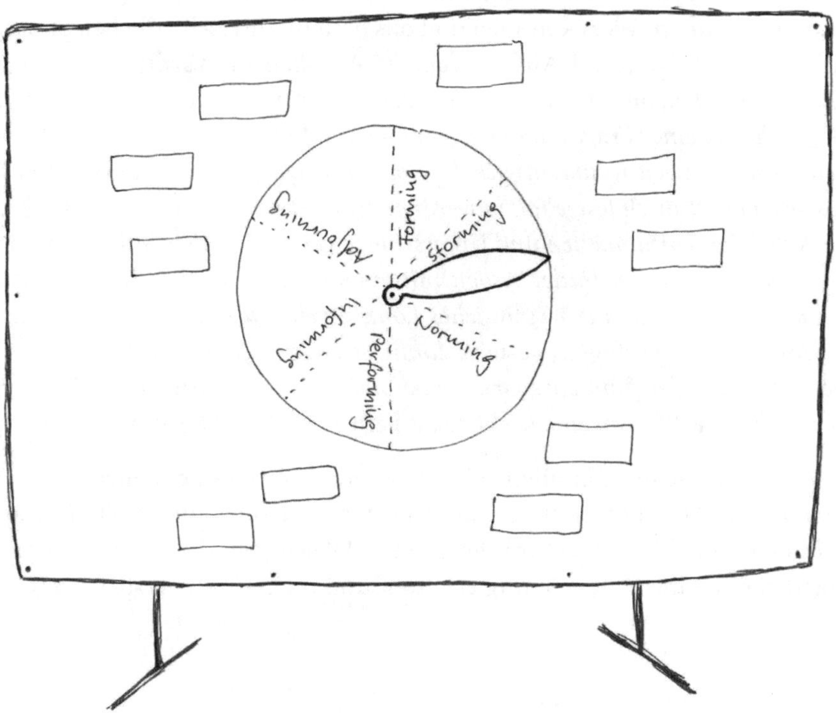

Abbildung 39: Visualisierung einer Teamuhr als Liberating Structure

Die Ichs und die Wir-Ebene können im Umgang miteinander und mit dem, was thematisch ansteht, entspannter sein, wenn allen bewusst ist: „Wir sind jetzt in einer Phase des Storming. Wie lange sie genau dauern wird, ist nicht klar, sie ist aber grundsätzlich zeitlich begrenzt. Für uns heißt das: Wir werden uns unserer Unterschiedlichkeit bewusst und explorieren sie. Im nächsten Schritt mit der Gruppe werden wir in die darauffolgende Phase, in einen gemeinsamen Normierungsprozess einsteigen.“ Die Basis für eine inklusive Teamkultur kann entstehen, wenn die Beteiligten in einer Gruppe

Raum bekommen, ihre unterschiedliche Bedürfnisse und Werte offenzulegen. Wenn sich Normen in einem Prozess herausbilden, in dem sich alle Beteiligten als gesehen und berücksichtigt erleben, werden auch alle mit erhöhter Wahrscheinlichkeit diese Normen mittragen und umsetzen. Auf diese Weise werden sie tragfähig und nachhaltig.

Der Umgang mit Strukturen ist grundsätzlich relevant, wenn es um Zusammenarbeit im Alltag oder projektbezogene Kooperation geht – mit Blick auf die vorhandenen Strukturen und auf Strukturen, die die Arbeit erleichtern oder das Team in der Zusammenarbeit unterstützen können. Ein Grundmodell für eine Gesprächsstruktur, in der alle zu Wort kommen und das man in unterschiedlichen Situationen heranziehen kann, ist „1-2-4-All"[144]. *Wenn 15 Minuten zur Verfügung stehen, kann diese Liberating Structure so umgesetzt werden: Jede:r macht sich eine Minute lang allein Gedanken zu einer Frage oder zu einem Thema. In zwei weiteren Minuten werden die Gedanken zu zweit weiterentwickelt. Notizen (falls es welche geben soll) können auf Post-its oder grafisch festgehalten werden. Zu viert werden anschließend die Ideen mit Blick auf Gemeinsamkeiten und Unterschiede verfeinert. Vier Minuten sind dafür eine knappe Zeitvorgabe. In der Arbeit mit einem performenden Team kann dieses Timing aber helfen, alle auf Wesentliches konzentriert zu halten. Dann werden fünf weitere Minuten zur Verfügung gestellt, damit sich alle in der Gesamtgruppe der Frage widmen: „Welche Idee fand eure Gruppe besonders bemerkenswert?" Jede der Kleingruppen stellt dem Plenum eine wichtige und zuvor noch nicht genannte Idee vor.*[145]

Auch in der Arbeit mit Familien oder in anderen Zusammenhängen, wo es Gewohnheiten im Austausch miteinander und formelle oder informelle Hierarchien gibt, können Liberating Structures anregen[146]: Diejenigen, die sonst nicht zu Wort kommen, können mehr Beteiligung erfahren und im Ganzen perspektiverweiternd ergänzen.[147]

5.3.1 Kriterien zur Auswahl strukturierender Modelle

Struktur ermöglicht den Teilnehmenden, sich auf das Gehen konzentrieren zu können, weil der Weg transparent und miteinander abgestimmt ist. Er muss nicht mehr miteinander gefunden werden. Wer in der Arbeit mit Gruppen einmal die Zeit zusammenrechnet, die es braucht, wenn der Weg im Prozess Schritt für Schritt mit allen abgestimmt wird, kommt schnell auf eine hohe Summe. Im Alltag von Projektmeetings gibt es daher meist eine Agenda, die vorab an alle gesendet wird.[148] Mediator:innen nutzen ein Phasenmodell, über das für gewöhnlich alle Beteiligten zu Beginn informiert werden, damit sie wissen, was auf sie zukommt und wofür sie miteinander einen Sicheren Rahmen vereinbaren.

Liberating Structures sind als solche im Rahmen professioneller Kommunikationsformate wirksam, wenn sie als Strukturmodelle in der beschriebenen Art und Weise befreiend wirken und dabei die Zusammenarbeit und Begegnung auf Augenhöhe unterstützen. Ein zentrales Kriterium bei der Auswahl von Strukturmodellen ist die Berücksichtigung der im Didaktischen Dreieck beschriebenen Ebenen und Verbindungen von Ich, Wir, Es und Globe: Sie gewähren eine so weit gehende Barrierefreiheit, dass die Beteiligung am Prozess grundsätzlich allen zugänglich und möglich ist (Ich). Gruppendynamische Prozesse bilden den Bedarfs- und Bedingungsrahmen des Gruppengefüges (Wir). Sie werden den inhaltlichen Aspekten (Es) gerecht. Dabei entsprechen sie möglichen Anforderungen des äußeren Systems (Globe). Zu fragen ist: Inwiefern ermöglicht die Struktur allen Beteiligten, den Fokus auf den Prozess zu richten und zu halten? Inwiefern und wie ist sie eine „Liberating Structure"?

Geeignet sind Strukturmodelle, die mit der Vorstellungswelt aller Teilnehmenden möglichst allparteilich zu verbinden sind und gleichzeitig außerhalb ihrer fachlichen Kernkompetenz liegen. Auch ist es in der Regel hilfreich, wenn das Modell eine Ergänzung ist und keine Verschmelzung mit dem Thema. So kommt es zu keiner Ablenkung vom Eigentlichen, schon deshalb, weil ein Modell die Realität nicht wiedergibt und im Facilitation immer wieder Fachdiskurse aufkommen, die vom eigentlichen Prozess der Gruppe ablenken. Auch aktuelle politische und gesellschaftliche Themen sind als Ablenkungspotenziale zu reflektieren. *Eine Gruppe, die schwerpunktmäßig mit geflüchteten Menschen arbeitet, reagiert auf ein Prozessdesign, dass das Bild der Seereise oder eines Segelturns aufgreift, beispielsweise anders als Teilnehmende, die sich aus einem Segelverein kennen. Wenn beispielsweise ein umweltpolitisches Projekt in London einen Facilitation-Prozess umsetzt, in dem eine Projektgruppe aus Alaska mit einer Projektgruppe aus Tansania zusammensitzt, eignen sich als Vorlage für ein Prozessmodell weder das in Deutschland beliebte Eisbergmodell noch das in wärmeren Regionen äquivalent herangezogene Bild des Termitenhügels.*

Bei der Auswahl und Entwicklung eines p.a.s.s.gerechten Prozessdesigns besteht das Ziel darin, allen die Konzentration auf den thematischen Schwerpunkt zu ermöglichen. Sie sollten dafür fachlich ausreichend vom Strukturmodell entfernt und alltagsweltlich mit ihm verbunden sein. Wenn es eine Reise sein soll, die alle sinnbildlich miteinander zurücklegen, dann erscheint die Landkarte einer fiktiven Welt oft als geeigneter.

Liberating Structures sind daran zu erkennen, dass sie die folgenden Kriterien erfüllen:

Kriterium	*Fokus*	*Die Struktur ist dann befreiend, wenn sie ermöglicht, …*
Kompatibilität	Globe	… mit äußeren Rahmenbedingungen kompatibel vorzugehen, indem sie regulatorische strukturelle und kontextuelle Faktoren des Umfelds hinreichend berücksichtigt.
Gruppen-dynamik	Wir	… Gruppendynamik im Sinne des Prozesses zu nutzen, indem die Situation und die Bedarfe der Gruppe umfassend berücksichtigt werden.
Diversität	Ich	… Diversität gerecht zu werden, indem die individuellen Perspektiven der Ichs genug Raum bekommen, um das Ganze (z. B. durch vielfältige Ideen) anzureichern, Tragfähigkeit herzustellen und Nachhaltigkeit umsetzungsbezogen zu sichern.
Relevanz	Es	… inhaltliche Aspekte zu integrieren und sich auf das Thema (bzw. die Aufgabe o. Ä.) zu konzentrieren.
Gestalt, Gestaltung	Prozess	… dass alle den Prozess als kohärent (sinnvoll, vorstellbar, umsetzbar, bewältigbar) erleben, ihn aktiv angehen und umsetzen können.

Abbildung 40: Kriterien zur Auswahl von Liberating Structures

Kompatibilität

Beim ersten Kriterium geht es um mögliche Anforderungen des äußeren Systems. „Die Beschaffenheit des Pools prägt die Auswahl von Tools." Dieses Wortspiel gilt auch bei der Auswahl einer geeigneten Struktur und lässt sich mit folgender Analogie und einem Augenzwinkern noch weiter strapazieren: In einem Pool, aus dem man Salz gewinnt, ist ein Quietscheentchen fehl am Platz. Der äußere Rahmen beeinflusst als wesentlicher Faktor den Entscheidungs- und Handlungsspielraum und die Aussicht auf Erfolg. Die Kompatibilität mit dem, was im Globe passt und erforderlich ist, ist also ein zentrales Kriterium: in politischer, wirtschaftlicher, rechtlicher, sozialer, kultureller, umweltbezogener und technologischer Hinsicht.

Normen und Werte, Verhaltensmuster auf Basis von Überzeugungen und sozialen Strukturen einer Gesellschaft, Standards einer bestimmten Fachkultur, politische oder rechtliche Rahmenbedingungen beeinflussen, was möglich ist. *Wenn die Kommunikationskultur im Globe hierarchisch ist, ist der Mobile-Effekt auf die Gruppendynamik in einer Runde aus Repräsentant:innen dieses Systems anders zu erwarten als in Rahmen eines basisdemokratischen Projekts, dessen Mitarbeitende als wesentliche Werte Gleichstellung und Chancengleichheit für sich benennen*[149]: Wie sieht das Mobile aus? Ist es eher breit aufgestellt, wie in einem Team, das gewöhnt ist, miteinander auf Augenhöhe zu arbeiten? Oder ist es aufgrund einer stark hierarchischen Prägung von oben nach unten in die Länge gezogen? Handelt es sich um eine Gruppe, die als System im System an ein weiteres Mobile oder gar an mehrere Mobiles geknüpft ist? Die Beschaffenheit des Umfelds in seinen Facetten prägt letztlich die Gruppendynamik, Kommunikation, Erwartungshaltung an Rollen, das Verfahren und seine Ergebnisse.

Gruppendynamik

Mit Blick auf die Gruppe ist das, was in der Gruppendynamik erwartbar und im Sinne des Prozesses zu nutzen ist, ein weiteres zentrales Kriterium zur Auswahl oder Entwicklung des Prozessdesigns. *Ein Leitungsteam, das eine selbstverantwortliche und wertschätzende Kommunikationskultur im Miteinander etabliert hat und nun das Leitbild seiner Institution aktualisieren möchte, ist beispielsweise gruppendynamisch mit Blick auf die Teamuhr (Kapitel 5.1.2 und 5.3) oder das Drei-Phasen-Modell nach Lewin an einem anderen Punkt als Teilnehmende, die sich in der Runde zum ersten Mal begegnen (Kapitel 5.1.2).*

Diversität

Der Fokus auf Diversität ist ein Auswahlkriterium, das zugunsten von wirklicher Teil-habe der Einzelnen in der Gruppe eine personzentrierte, teilnehmendenorientierte Herangehensweise spiegelt.[150] Es hilft grundsätzlich, bei der Auswahl und im Kreieren eines Prozessmodells didaktische Prinzipien der Planung von Lern- oder Entwicklungsprozessen heranzuziehen. In der Themenzentrierten Interaktion (TZI) finden sich folgende Prinzipien für Entwicklungsrichtungen im Prozess: „vom Einfachen zum Zusammengesetzten“, „vom Leichten zum Schweren“, „vom Allgemeinen zum Speziellen“, „vom Konkreten zum Abstrakten“, „vom Nahen zum Entfernten“ und „vom Individuellen zum Team“. Aus der Praxis des Neurolinguistischen Programmierens (NLP) lässt sich hier das Akronym VAKOG ergänzen: Menschen bevorzugen unterschiedliche Wahrnehmungskanäle, und das Akronym unterstützt dabei, das zu berücksichtigen. Ein Prozessdesign sollte sowohl in der Ansprache als auch methodisch visuelle (V), auditive (A), kinästhetische (K), olfaktorische (O) und gustatorische (G) Anknüpfungspunkte ermöglichen.[151]

Ein geeignetes Design für Facilitation gewährleistet weitgehende Barrierefreiheit körperlicher, kognitiver und emotionaler Art, um mit allen, wie sie sind, arbeiten zu können. Den individuellen Bedarfen der einzelnen Ichs ist mit Blick auf das Ermöglichen ihrer aktiven Teilhabe am Dialog vielfältig gerecht zu werden. Sie sollen sich in ihrer Unterschiedlichkeit und Ähnlichkeit aktiv einbringen, indem sie sich dazu eingeladen fühlen und es auch wirklich tun. Der zeitliche Rahmen sollte zum Beispiel so gestaltet sein, dass ausreichend Raum zur Verfügung steht, damit alle sich wirklich einbringen und als gesehen erleben können. Gleichzeitig braucht es die Berücksichtigung von Grundbedürfnissen, um Konzentration und Motivation zu gewährleisten. Vor der Auswahl einer geeigneten Struktur ist also zu klären: Wie viel Zeit steht für den geplanten Prozess zur Verfügung? Gibt es ein einziges Treffen oder ist eine Fortsetzung geplant und möglich? *Für einen umfangreichen Prozess in Präsenz vor Ort gelten beispielsweise sieben Netto-Stunden als optimal, acht Stunden als obere Grenze. Für Onlineprozesse wird dies verschiedenartig diskutiert. Die Konzentrationszeit an sich wird auf maximal 1,5 Stunden geschätzt. In längeren Prozessen ist dies eine Richtlinie zum Einplanen von Pausenzeiten oder Elementen wie Entspannungsübungen, Energizern und Warm-ups. Sie im Hinterkopf zu haben hilft bei der Wahrnehmung und Spiegelung von entsprechenden Bedarfen in der Gruppe. Wenn vereinbart ist, bedarfsorientiert Pausen zu machen, kann Gähnen den Bedarf ausdrücken, den „Kopf zu lüften". Dann fünf oder zehn Minuten Lüftungspause anzubieten ist eine angemessenere Antwort als die Frage, ob das Thema langweilig ist. Unruhiges Sitzen kann ein Zeichen dafür sein, dass Bewegung guttun würde. Und je nachdem, was gerade Fokus des Prozesses ist, könnte dies in Form eines Energizers oder Reflexionsspaziergangs[152] umgesetzt werden. Aber auch durch einen entsprechenden Methodenwechsel, die Fortsetzung des Dialogs mit allen im Stehen oder auch eine von allen miteinander gestaltete Visualisierung oder Aufstellung im Plenum. Nebengespräche können darauf hinweisen, dass es eine andere Art des Austauschs braucht oder auch etwas Abstand vom Inhaltlichen oder Freiraum in Form einer Unterbrechung. Auch Widerstände können Pausenbedarfe ausdrücken. Wenn man das, um was es geht, nach einer Pause erneut anspricht, kann es auf ganz andere Weise auf Interesse und Bereitschaft in der Gruppe stoßen.*

Mit Klarheit über den Weg ermöglichen Liberating Structures eine Vielfalt an Fortbewegungsmitteln bzw. Umsetzungsmöglichkeiten im Prozess.

Relevanz

Ein weiteres Kriterium ist Relevanz. Die Motivation der Beteiligten für Teilnahme und Teilhabe im Prozess lässt sich durch Strukturmodelle unterstützen, die das Kohärenzempfinden der Einzelnen stärken: Verstehbarkeit, Bewältigbarkeit und Sinnhaftigkeit sind hier Schlüsselfaktoren. *Im Idealfall ist ein Strukturmodell in gewisser Weise selbsterklärend und vermittelt mit wenig Aufwand den Eindruck, dass es sich um ein gutes und logisches Vorgehen handelt. Wenn sich bei den Teilnehmenden angesichts einer einfach visualisierten Prozesslandkarte das Gefühl einstellt, alles, was es dafür braucht, zur Verfügung zu haben, sind sie offener, sich darauf einzulassen. Gegenteilig verhält es sich, wenn sie den Eindruck haben, den Anforderungen nicht genügen zu können und dass zu wenige Ressourcen zur Verfügung sind. Das Mitmachen sollte den Einzelnen als lohnend erscheinen – weil es nicht nur ganz im Allgemeinen, sondern für sie persönlich wichtig, sinnvoll oder emotional bedeutsam ist. Kohärenzempfinden der Ichs im Wir motiviert dazu, im Prozess Herausforderungen anzunehmen und sie zu bewältigen.*[153]

Ein weiterer Faktor für Relevanz ist der folgende Grundsatz im Umgang mit der Komplexität des Didaktischen Dreiecks (Kapitel 2): So weit wie möglich sind die Ebenen Ich und Gruppe ins Thema einzubeziehen. Mit Anknüpfungsmöglichkeiten werden die Teilnehmenden zur Beteiligung eingeladen, was es ihnen erleichtert, sich aktiv in den Prozess einzubringen. Bei der Auswahl einer prozessgestaltenden Struktur ist grundsätzlich zu fragen: Wie können wir damit möglichst weitgehend an Erfahrungswelt und Motivation der Teilnehmenden anknüpfen? *Wenn die Zielgruppe divers und die Erfahrungswelten offen sind, besteht ein Weg darin, dies als Situation zu erfassen und Möglichkeiten transparent zu machen. „Erzählen Sie sich gegenseitig Ihren persönlichen Bezug zum Thema: Was bewegt Sie wirklich, hier zu sein? Welche Hoffnungen, Fragen oder Herausforderungen verbinden Sie mit dem geplanten Prozess? Was muss passieren, damit unser gemeinsamer Prozess der Prozess ist, den Sie sich wünschen?“ Dies können Eingangsfragen in den Prozess sein, um eine individuelle Anknüpfung zu ermöglichen.*[154] Nicht zuletzt sei daran erinnert: Für ein Kohärenz- und Relevanzempfinden in der Gruppe ist es hilfreich, wenn die verschiedenen Wahrnehmungskanäle in der Darstellung und Ausgestaltung aktiviert werden. So können die Einzelnen in der Gruppe den Rahmen dadurch als organisch empfinden. Um eine Liberating Structure zu finden, sind unter den vielfältigen Möglichkeiten diejenigen auszuwählen und in einer Weise zu kombinieren, die dem Es im Globe Priorität einräumen: der Veränderung, der Konfliktlösung, der Teamentwicklung oder einem anderen zentralen Thema für den Prozess.

Gestaltungspotenzial

Als ein fünftes Kriterium ist hier auf das gestalterische Potenzial eines Modells zu verweisen. *Ein hochkomplexer Prozess lenkt genauso vom Eigentlichen ab wie ständige Diskussionen um den nächsten Schritt in einer Gruppe voller engagiert kommunizierender Menschen mit ihren unterschiedlichen Vorstellungen dazu.* Das Prozessdesign ist dann geeignet, wenn es vermag, den Prozess für alle vorstellbar zu gestalten: transparent, anschaulich, auch diesbezüglich barrierefrei oder zumindest barrierearm. In der Vorbereitung von allen für alle ist eine Liberating Structure gestaltgebend. Im Prozessverlauf wird sie begleitend wahrgenommen: Sie bietet einen Rahmen der Orientierung. Neben dem Bild der Landkarte (Kapitel 2.2 und 4) eignet sich hier auch das Bild eines Gefäßes, das für einen komplexen Inhalt formgebend ist.

Die einzelnen Kriterien lassen sich für eine Analyse zu berücksichtigender Faktoren im Einzelnen heranziehen. Anknüpfend ist hier noch auf die räumlichen Rahmenbedingungen (Kapitel 2.2) einzugehen: Sie sind in der Prozessgestaltung, aber auch zugunsten von Kompatibilität, Gruppendynamik im Sinne des Prozesses, Diversität und Relevanz zu berücksichtigen, um in einem breiten Fokus und grundsätzlich dem Ich-Wir-Es im Globe angemessen Gestalt zu geben. Entweder steht bereits ein Veranstaltungsort, manchmal auch das Setting, für den Prozess zur Verfügung. Oder Ort, Raum und Setting gehören zu dem, was im Sinne des Prozesses zu gestalten ist. Als äußeres Kriterium für die Auswahl eines Prozessdesigns ist relevant, inwiefern was vorgegeben oder frei zu wählen ist (Kapitel 2.1). Mit Blick auf die Gruppe gilt es zu analysieren, inwiefern eine Zirkulärkommunikation einzurichten ist. *Nehmen wir an, ein Thema ist Barrierefreiheit im öffentlichen Raum. Dazu sind 20 Menschen eingeladen, die als Nutzende öffentlicher Verkehrsmittel im Dialog ihre Mobilitätserfahrungen im Alltag mit Rollstuhl einbringen. In diesem Fall würden weniger Stühle und mehr Bewegungsraum benötigt. Anders sähe es bei einer Gruppe von 50 Personen aus, von denen 48 eine Sitzgelegenheit auf Augenhöhe benötigen und zwei ihren Rollstuhl mitbringen.*

Zur Gestaltung von dialogorientierten Prozessen gehört zudem, Medien, Methoden und aktionsorientierte Übungen mit Blick auf die Gruppendynamik und das Ermöglichen von Teilhabe der Einzelnen abwechslungsreich und zielorientiert einzusetzen. Partizipative Elemente wie Gruppenarbeit und Gruppendiskussion sind einzuplanen. Die konkrete, p.a.s.s.gerechte (Abbildung 38) Auswahl ist je nach Zusammensetzung der Gruppe und dem thematischen Kontext angemessen zu gestalten: Was passt zu den Menschen? Was passt zum Thema? Nicht zuletzt sind die Verfügbarkeit von Technologien und Gewohnheiten im Umgang mit methodischen Ansätzen in der Gruppe zu berücksichtigen. *Nehmen wir an, in einer Gruppe mit diversen sozio-kulturellen Prägungen der Einzelnen soll im „1-2-4-All“ (Kapitel 5.3) jede:r für sich (1) als ersten Schritt eine Selbstreflexion zum Thema durchführen. Hierbei ist zu berücksichtigen, dass nicht alle Menschen es gleichermaßen gewohnt sind, etwas über sich selbst zu sagen. Vielleicht ist es unter Berücksichtigung des „All models are wrong, but some are useful“*[155] *angemessener, mit Blick auf gleiche Möglichkeiten für alle die Aufgabe so zu formulieren: Stellvertretend für die Teilnehmenden ist eine Persona*[156] *mit dem auszustatten, über das reflektiert wird. In Kleingruppen zu zweit (2), zu viert (4) und letztlich im Plenum (All) kann die Persona dann mit Teilhabe von allen weiterentwickelt werden.*

5.3.2 Von der Kunst des Sammelns und Versammelns: „Klassische Tools“ für Dialog im System

In den letzten Jahren zeigt sich ein gesteigertes Interesse an Wegen dafür, wie Gruppen in intensiven und partizipativen Prozessen arbeiten können. In Deutschland wurden Globalisierung, Agilisierung, Demokratisierung, Co-Kreation und Partizipation zu zentralen Begriffen der Diskussion, ergänzend zu zweifelsfrei ebenso wesentlichen Themen wie Nachhaltigkeit und Klimawandel sowie mit Begriffen im Zusammenhang mit der technischen, demografischen und pandemischen Entwicklung. Die nachfolgend abgebildete „Lernkurve zur Entwicklung der Zukunft“[157] zeigt einen sich im Lauf der geschichtlichen Entwicklung verändernden Fokus, der auf die Relevanz der Betrachtung des Systems verweist:

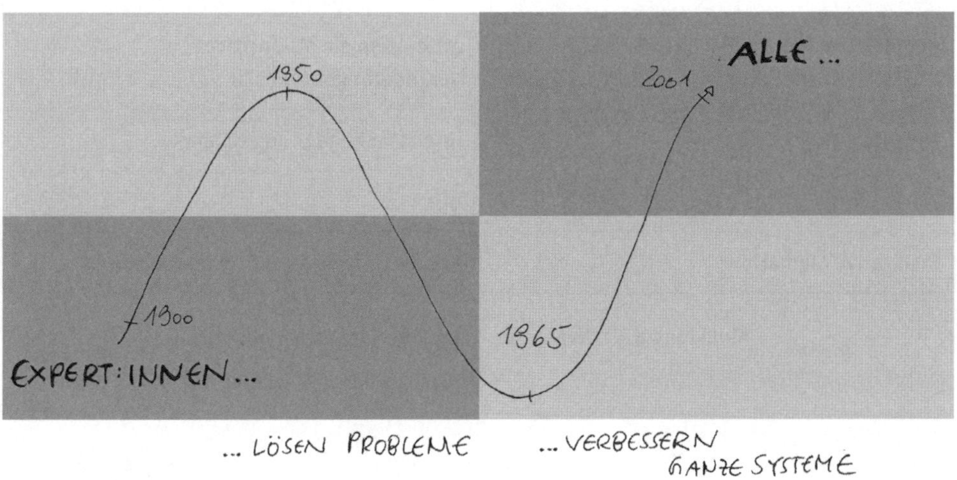

Abbildung 41: Lernkurve zur Entwicklung der Zukunft nach Marvin Weisbord (2012)

Das Bild lässt sich so interpretieren, dass Expert:innenwissen jeweils die Grundlage für die Beteiligung aller bildet. Und es lässt sich auch daraus schlussfolgern: Expertise auf einem Gebiet ist durch Teilhabe aller in einer Gesellschaft zu vervollständigen und umzusetzen. Im Zuge dieser Entwicklung wurden Verfahren gestaltet und etabliert, die Partizipation vielschichtig und vielfältig ermöglichen. Zu den Klassikern[158] aus der Facilitation-Landschaft zählen die Zukunftskonferenz (Future Search), Open Space, Real Time Strategic Change (RTSC; später: Whole Scale Change), Appreciative Inquiry (AI), The Circle Way, das World Café und Facilitative Mediation. Diese Ansätze nehmen zentral in den Blick, wie was mit wem zu ermöglichen ist. Sie werden hier als Varianten zum Prozessdesign beschrieben und sollen zudem beispielhaft für einen größeren Kontext als den dieses Buchs verdeutlichen, wie unterschiedlich Facilitation aussehen kann.[159] Mit unterschiedlichen Fokussierungen widmen sich alle Ansätze der Frage: Was lässt sich im System mit wem, in welchem Zusammenhang und mit welchen Effekten ermöglichen?

Ansatz	Fokus
Zukunftskonferenz	Zukunftsentwicklung in einem ganzen, offenen System
Open Space	offener Austausch
Real Time Strategic Change (RTSC)/ Whole Scale Change	Ermöglichung von Veränderung/ Organisation im Wandel
Appreciative Inquiry (AI)	gute Beispiele als positives Veränderungspotenzial
The Circle Way	intensive Begegnung teilen
World Café	offen
Facilitative Mediation	Konfliktlösung/Konfliktbearbeitung

Abbildung 42: Klassiker des Sammelns und Versammelns

Die Zukunftskonferenz

„Future Search" ist eine klassische Dialog-, Planungs- und Strategiemethode der Zukunftsentwicklung mit einer Großgruppe: Wer eine Zukunftskonferenz nach Marvin R. Weisbord und Sandra Janoff[160] bereits erlebt hat, blickt in der Regel auf mindestens zweieinhalb Tage zurück, an denen Leitgedanken und -ziele mit allen Teilnehmenden bestimmt und konkrete Handlungsansätze daraus abgeleitet wurden. Als Facilitation-Tool verfolgt die Zukunftskonferenz folgende Grundprinzipien: Das ganze, offene System wird in einen Raum geholt, um die Komplexität der Realität abzubilden und das Zusammenwirken der vielfältigen an dem Thema oder der Organisation beteiligten Interessengruppen zu ermöglichen. Während ein von allen Beteiligten angestrebter Idealzustand als Zukunftsvision entworfen wird, liegt die Konzentration auf der Zukunft statt auf Problemen. Es geht bewusst nicht um Konfliktbearbeitung, sondern darum, Gemeinsamkeiten zu finden. Informationen und Wahrnehmungen werden umfassend, aus dem gesamten Umfeld zusammengetragen. Dabei steigt „das Bewusstsein, dass die Zukunft anders sein wird als die Gegenwart und dass man dafür in Aktion gehen muss".[161] Erst wenn ein Konsens erreicht ist, werden Maßnahmen entwickelt.

Die Grundstruktur einer Zukunftskonferenz sieht eine grundlegende Einführung durch zwei Moderierende in das Verfahren und danach die selbstgesteuerte Kleingruppenarbeit vor. Die Einführung gibt Orientierung und Klarheit über die Prinzipien (Komplexität abbilden, Zukunft fokussieren, Gemeinsamkeiten finden, erst Konsens – dann Maßnahmen). Die Gruppenarbeit verläuft in sechs Phasen. Nach jeder Phase werden die Ergebnisse im Plenum geteilt: Sie werden vorgestellt und diskutiert. Der Grundgedanke ist: Beteiligte stehen klarer hinter Strategien, die sie selbst mit entwickelt haben. Idealerweise entstehen für jede Phase acht neu zusammengesetzte Gruppen mit je acht Personen. Eine Arbeitsphase, die mit homogenen Gruppen startet (Phase 1), ermöglicht den Einzelnen, dass sie zunächst ihre Erfahrungen mit grundsätzlich geteilten Alltagssituationen austauschen, reflektieren und daran anknüpfen. In den darauffolgenden Gruppensituationen (Phase 2 bis 5) lässt sich die Vielfalt im Raum durch möglichst bunt durchmischte Gruppen nutzen. In der letzten Phase (6), in der es um konkrete Maßnahmen geht, kann man den Kreis schließen und kommt auf die homogenen Gruppen vom Beginn zurück. Wenn erneut Menschen versammelt werden, die ihren Arbeitsalltag miteinander teilen und Umsetzungsmöglichkeiten von Ideen realistisch einschätzen können, unterstützt das einen handlungsbezogen und nachhaltig geplanten Praxistransfer.

Beispiel: In einer Fachkonferenz für Ausbilder:innen eines Fachverbands für Mediation soll die Entwicklung des Verbands im Vordergrund stehen. Wenn in der ersten Phase alle Mediationsausbilder:innen einer Region wie Berlin, Hamburg oder München versammelt werden, gibt dies allen Beteiligten die Gelegenheit, ihre bisherigen Erfahrungen mit regionalen Angeboten des Verbands zu reflektieren. Im Gespräch werden vermutlich verschiedenartige Perspektiven auf geteilte Erlebnisse sichtbar. Wenn die Gruppe festhält, was für die Zukunft vielversprechend und wichtig ist, kann dieses Resümee im weiteren Prozess um Erfahrungen aus anderen Regionen und um neu entwickelte gemeinsame Ideen einer idealen Zukunftsentwicklung erweitert werden. Zum Abschluss lässt sich die Vision einer blühenden Zukunft des Verbands mit dem Blick auf die regional geprägte Alltagssituation verbinden. Einige planen vielleicht ein offenes Netzwerktreffen, um die Mediationsinitiativen in der Region bekannter zu machen. Andere entwerfen ein Programm für ein Fachcolloquium, um den Stand der wissenschaftlichen Forschung zu mediativem Konfliktmanagement zusammenzutragen. Und eine weitere Regionalgruppe vereinbart ein monatliches Onlinefrühstück, bei dem alle Teilnehmenden – mit und ohne vollen Mund – über alles reden, was sie aktuell bewegt.

<table>
<tr><th>Tag</th><th>Phase</th><th colspan="3">Fokus</th><th>Gruppe</th></tr>
<tr><td>1[162]</td><td>1</td><td>Vergangenheit</td><td></td><td>Wo kommen wir her?</td><td>homogen: Blick auf den geteilten Alltag</td></tr>
<tr><td rowspan="3">2</td><td>2</td><td rowspan="2">Gegenwart</td><td>… im Außen</td><td>Welche Entwicklungen erreichen uns?</td><td rowspan="4">durchmischte Gruppen, um Vielfalt in den Antworten zu fördern bzw. abzubilden</td></tr>
<tr><td>3</td><td>… im Innen</td><td>Was können wir gut und was weniger gut?</td></tr>
<tr><td>4</td><td rowspan="3">Zukunft</td><td>Gemeinsame Vision</td><td>Was wollen wir gemeinsam erreichen?</td></tr>
<tr><td rowspan="2">3[163]</td><td>5</td><td>Konsens über Ziele</td><td>Was wollen wir gemeinsam tragen/verantworten?</td></tr>
<tr><td>6</td><td>Maßnahmenplanung</td><td>Was gehen wir an?</td><td>homogen: Blick auf den geteilten Alltag</td></tr>
</table>

Abbildung 43: Ablaufmodell einer Zukunftskonferenz (eigene Darstellung)[164]

Open Space

Open Space nach Harrison Owen[165] ist ein klassischer und beliebter Ansatz für einen offenen Austausch. Wie der Name schon sagt, schafft Open Space auch in einer sehr großen Gruppe einen offenen Raum – Raum für Offenheit: Das, was für alle Beteiligten zu einem Thema dazugehört, soll sich frei entfalten können. Nicht nur für eine Konferenz, auch in einem studiengangsübergreifenden Seminar, bei einem Gewerkschaftstreffen oder einem Fachtag eines Berufsverbands ist dies eine beliebte Methode. Umgesetzt kann ein Open Space so aussehen, wie es in Kapitel 2 anhand der exemplarischen Konferenz „Zukunft gestalten" beschrieben ist oder – in aller Offenheit natürlich – auch ganz anders. Die Facilitator:innenrolle ist eher „aufnehmend" und sammelnd: Meist werden zum gemeinsamen Einstieg zu einem Oberthema aus dem Plenum zentrale Fragen gesammelt. Gut sichtbar für alle werden sie aufgenommen und geclustert, also zusammengefasst und mit Überschriften versehen. Den einzelnen Überschriften werden Räume zugeordnet, und es wird ein zeitlicher Rahmen für eine in mehreren Runden ablaufende Untergruppenarbeitsphase festgelegt. Den Einzelnen wird dabei ermöglicht, Räume zu wechseln, um sich verschiedenen Themen zuzuwenden. Pro Raum wird ein Ergebnisprotokoll erstellt. Eine Person bleibt im Raum und führt, anknüpfend an die vorhergehende, in die nächste Diskussionsrunde ein. Die anderen gehen weiter, zu einem anderen Thema ihrer Wahl. Nach der Gruppenarbeitsphase treffen sich alle wieder im Plenum. Die Ergebnisse werden geteilt, aufbereitet, zusammengefasst und ergänzt – immer je nach Art und Ziel des Rahmens, in dem Open Space umgesetzt wird.

Real Time Strategic Change (RTSC) / Whole Scale Change (WSC)

Real Time Strategic Change (nach Kathleen D. Dannemiller)[166] bezeichnet eine Strategiekonferenz für Großgruppen: Wenn Veränderung (Change) ansteht, soll die aktive Mitwirkung aller Bereiche einer Organisation (aller Beteiligten) ermöglicht werden: in Echtzeit (Real Time) und strategisch ausgerichtet (Strategic). Später nannte man diesen Ansatz Whole Scale Change (WSC): Veränderung auf der ganzen Skala, in vollem Umfang.[167] Zentral ist hier die These, dass Unzufriedenheit der Motor für Neues ist. Wenn Menschen den aktuellen Zustand nicht als wünschenswert erleben, sind sie offener für anstehende Veränderungen. Sie suchen nach einer Verbesserung.[168] Mithilfe einer Formel wird dies veranschaulicht:

U(nzufriedenheit mit der Realität) **x** **V**(ision) **x** **E**(rste Schritte) **>** **W**(iderstand)

Abbildung 44: Veränderungsformel nach Gleicher & Beckhard[169]

Der Ansatzpunkt ist also die Konfrontation mit dem, was im aktuellen Zustand in der Organisation, im System, unter den Beteiligten Unzufriedenheit auslöst.[170] Auch hier wird das ganze System in einen Raum gebracht, um den Informationsstand anzugleichen und sich strategischen Fragen Schritt für Schritt im Dialog mit allen widmen zu können. Anders als bei der Zukunftskonferenz oder dem Open Space sieht dieser Ansatz vor, die hierarchischen Strukturen systematisch abzubilden. Die Teilnahme kann verpflichtend sein. Wer moderiert, der gestaltet und interveniert im Prozess, um folgende Schritte zu ermöglichen:

1. **Aufrütteln**[171]: Bewusstsein schaffen für den aktuellen Stand, eine gemeinsame Informationsbasis schaffen (Was ist die Realität? Was macht uns unzufrieden? Was brauchen wir in Zukunft? Wofür ist Wandel notwendig?)
2. **Aktivieren:** Zukünftige Vision, Ziele und Strategie (Wie kann über eine Identifikation mit Zielen, Werten, Programmen / Strategien eine tragfähige Basis hergestellt werden?)
3. **Partizipieren:** Wandel ressourcenorientiert gestalten, in Echtzeit und mit allen (Was braucht es zur Zielerreichung? Wie lassen sich Veränderung anregen? Wie lässt sich Partizipation der ganzen Organisation ermöglichen? Wie kann man eine Verbesserung der Kommunikation und Zusammenarbeit in der Organisation erreichen und wie gegenseitiges Verständnis, eigene Potenziale und Hoffnung auf eine positive Zukunft aktivieren? Wie übernehmen alle gemeinsam Verantwortung? Was kann Motivation durch Partizipation noch anregen?)
4. **Umsetzung:** Konkrete Maßnahmen entwickeln und planen (Was braucht es auf Handlungsebene zur Erreichung der Ziele? Was unterstützt das Lernen voneinander und von Externen? Welche Konsequenzen sind für das weitere Handeln abzuleiten? Welche Vereinbarungen sind in konkreten Maßnahmenplänen festzuhalten?)

Abbildung 45: Zusammenfassung von vier Schritten des RTSC / WSC-Formats[172]

Je nach Organisationskultur sind im Rahmen einer Konferenz für alle Mitarbeitenden meist runde Tische oder auch Stuhlkreise in einem großen Raum angeordnet. In einer hierarchischen Organisation können sich an den Tischen alle Hierarchieebenen wiederfinden: Jede Gruppe spiegelt als Mikrokosmos das Gesamtsystem. Wenn dies für die Themenstellung als sinnvoller erachtet wird, können die Tische auch homogen nach Anspruchsgruppen zusammengesetzt sein und zum Beispiel die Hierarchieebenen Tisch für Tisch abbilden – je nachdem, was für den Wandel strategisch als angemessen erachtet wird. Das mithilfe der runden Tische im Raum entstehende Bild verweist auf alle Beteiligten als Elemente des Ganzen. Der Ablauf eines RTSC / WSC-Formats ist individuell. Er kann beispielsweise so aussehen:

Tag 1	Tag 2	Tag 3
1. Unsere Geschichten 2. Die Sicht der Leitung 3. Die Diagnose des Netzwerks 4. Die Trends der Branche 5. Die Sicht von Nutzer:innen / Zielgruppen / Kund:innen	6. Präsentation eines Vorbilds 7. Feedback zwischen Bereichen / Abteilungen / Feldern 8. Neue ungeschriebene Spielregeln 9. Darstellung der Ziele, Werte, Programme; abends: Feedback der Teilnehmenden 10. Überarbeitung der Ziele, Werte, Programme durch die Leitung	11. Darstellung der überarbeiteten Ziele, Werte, Programme 12. Visionieren: Was ist in zwei Jahren realisiert? 13. Netzwerkweite Maßnahmen 14. Umsetzung in der Regional- bzw. Heimatgruppe

Abbildung 46: Ablaufmodell eines RTSC (i. A. a. Bonsen, in Weber 2008, S. 242)

Appreciative Inquiry (AI)

Übersetzt bedeutet Appreciative Inquiry (AI) „wertschätzendes Erkunden“[173], worunter zu verstehen ist, mit Blick auf Gemeinwesen und Organisationen gute Beispiele herauszufiltern oder aufzudecken. Kann man erkennen und verstehen, welches Aktivierungs- und Entwicklungspotenzial in der Wahrnehmung und Betrachtung guter Beispiele steckt, bildet dies die Basis von Kooperation, Gemeinschaft und positiv ausgerichteten Veränderungen. In der Arbeit mit Großgruppen bietet AI damit einen systemischen Ansatz werteorientierter Gemeinwesen- und Organisationsentwicklung.

Wie die anderen hier beschriebenen facilitativen Klassiker ist auch AI als Methode nicht losgelöst von einer entsprechenden Grundhaltung und Philosophie zu betrachten. Es basiert auf acht Prinzipien.[174] Das Prinzip des Konstruktivismus verweist auf die subjektive Konstruktion von Wirklichkeit: Unterschiedliche Perspektiven bestehen nebeneinander und sind im Dialog allparteilich wertzuschätzen. Wer ein Problem konstruieren kann, kann dies auch mit einer Lösung tun. Ganz anders als RTSC setzt AI also an positiven Beispielen an. Im Verweis auf Simultanität betont AI, dass Organisationen beständig im Wandel sind und von vielen Faktoren beeinflusst werden – von jeglicher Kommunikation, jeder Frage und jeder Untersuchung. Entsprechend wird in der Vorbereitung umfassend reflektiert, wie das Anliegen zu definieren und zu kommunizieren ist.

Ein weiterer Grundsatz ist Poetik: Demnach ist das System ein offenes Buch, das es zu lesen gilt. Und passend zu den im vorliegenden Buch beschriebenen sind weitere Schlüsselfaktoren des Ermöglichens das der Antizipation, des Positiven, der Ganzheitlichkeit, der Umsetzung und das Prinzip der freien Wahl. Die Grundannahmen für AI lassen sich wie folgt zusammenfassen:

Menschen und soziale Systeme entwickeln sich in die Richtung, worauf sie ihre Aufmerksamkeit konzentrieren und womit sie sich beschäftigen. [175] Richtet sich die erste Frage in einem Strategieworkshop beispielsweise auf Geschichten von Best Practice, positiven Momenten, größten Lernerfolgen, kooperativen Partnerschaften, so ermöglicht diese Perspektive dem System, seine Erfolge zu sehen und eine positive Vorstellung von der Zukunft zu entwickeln. […] Jedes Gemeinwesen oder jede Organisation verfügt über ungeahnte und ungenutzte positive Potenziale, die hin und wieder zum Vorschein kommen. Die Vergangenheit und Gegenwart des gemeinsamen Handelns bieten unerschöpfliche Ressourcen für Lernen und Entwicklung."[176] Der Ablauf eines Appreciative-Inquiry-Prozesses lässt sich in den folgenden fünf Schritten skizzieren:

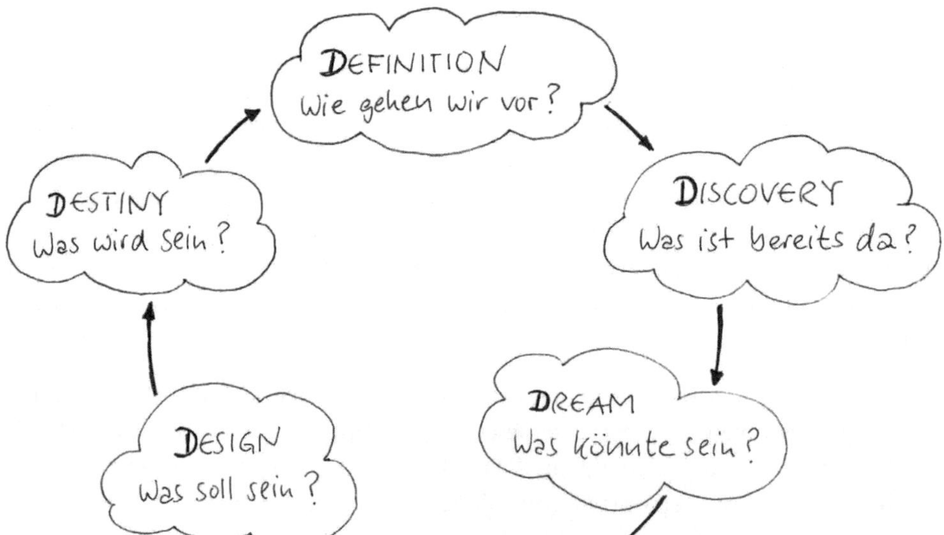

Abbildung 47: Der 5-D-Circle

The Circle Way

The Circle Way nach Ann Linnea und Christina Baldwin[177] ist ein Ansatz für Gesprächsprozesse in Gruppen, die – auf Augenhöhe – ein Miteinander, Beieinander und Aufeinander-ausgerichtet-Sein zu ermöglichen. Ein Redekreis bietet als klassische Form der respektvollen Begegnung Raum für Reflexion, Offenheit, absichtsvolles Reden, tiefes Zuhören und bewusstes Handeln. In Veröffentlichungen wird The Circle Way in seiner Umsetzung als dialogischer Ansatz beschrieben, aber auch als Basis dafür, dass sich für etwas eine Kultur entwickeln kann oder dass Gemeinschaften ermöglicht werden. Die Bestandteile des Circle (siehe in Abbildung 48) geben einer Begegnung Struktur, der Ablauf gestaltet sich situationsgerecht.

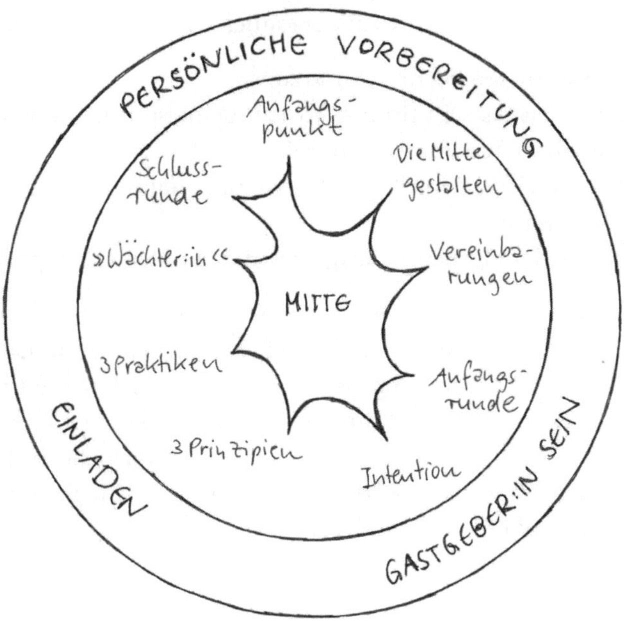

Abbildung 48: Bestandteile eines Circle[178]

Die Absicht wird klar definiert und kommuniziert: Wer wird eingeladen? Was ist die Intention? Wie lange dauert das Treffen? Welche Ergebnisse werden erwartet?[179] Zu Beginn des Treffens wird die Aufmerksamkeit auf das Wesentliche ausgerichtet, weg vom Small Talk hin zu wirklicher Begegnung im Kreis. Die Mitte des Kreises wird entsprechend der Intention der Gruppe gestaltet. Von den Teilnehmenden mitgebrachte Objekte, Blumen oder schöne Gegenstände erinnern daran, dass hier die Energie von allen zusammenwirkt. Ein „Check-in“ unterstützt Präsenz von allen im Kreis: In eine Anfangsrunde teilen alle einander etwas voneinander mit – zum Beispiel mit einer kurzen Geschichte oder einem persönlichen Gegenstand. Als Gesprächsbündnis in der Gruppe werden Vereinbarungen für einen sicheren Rahmen getroffen, wie sie hier bereits in Kapitel 5.2.1 beschrieben wurden: Vertraulichkeit, interessiertes und empathisches Zuhören und die grundlegende Verabredung, dass alle um das bitten, was sie brauchen, und das geben, was sie können.[180]

Drei Prinzipien prägen den Dialog im Kreis:
1. Alle teilen die Leitung der Gruppe; meist wird diese Aufgabe abwechselnd von allen Teilnehmenden wahrgenommen.
2. Alle teilen die Verantwortung für die Qualität des Circle.
3. Alle teilen miteinander, indem sie sich letztlich auf Inspiration, auf das Anliegen, auf „den Geist des Ganzen“ statt auf persönliche Vorhaben ausrichten.

Drei Praktiken unterstützen bei der Umsetzung:
1. Alle wahren ein Bewusstsein für die Absicht beim Sprechen und dafür, dass das Gesagte für das Gespräch im Moment relevant ist.
2. Aufmerksames Zuhören zeigt Respekt gegenüber dem Lern- und Entwicklungsprozess aller Beteiligten.
3. Sich der Wirkung der eigenen Beiträge bewusst zu bleiben, trägt zum Wohlergehen des Circle bei.

Ein:e Hüter:in (Guardian) wird auf Basis von Freiwilligkeit gewählt: Wer diese Rolle übernimmt, achtet auf die Wahrung von Augenhöhe, auf Energie und Bedürfnisse in der Gruppe, auf den zeitlichen Rahmen und darauf, dass der Gruppenfokus beibehalten wird.[181] Ein abschließender „Check-out“ ist das formelle Ende und bietet die Möglichkeit zu einem Sharing: In einer Abschlussrunde denken alle über das nach, was sie mitnehmen, und teilen es im Kreis.

Das World Café

Das World Café nach Juanita Brown und David Isaacs[182] nutzt die positive Assoziation mit der Atmosphäre eines Straßencafés, in dem Menschen miteinander in einen wirklichen Austausch kommen: zu Fragen und Themen, die für sie wirklich interessant und bedeutsam sind.[183] Das World Café ist eine beliebte Workshopmethode in Großgruppen: Aufeinander aufbauend werden mehrere intensive Diskurse in kleinen Kreisen mit je vier bis fünf Personen an runden Tischen geführt. Wie es für andere Ansätze bereits beschrieben wurde, wechseln die Teilnehmenden auch hier mehrmals Gruppen und bewegen sich von Tisch zu Tisch. So sind sie in unterschiedlichen Zusammensetzungen mit anderen Teilnehmenden im Austausch. Bewährt haben sich drei Durchgänge von 20 oder 30 Minuten Dauer. Das kann entweder vorab so festgelegt sein oder die Teilnehmenden entscheiden zu Beginn des Treffens selbst darüber. Ergebnisse und Notizen werden oft auf den „Tischdecken“ notiert. Zum Abschluss präsentieren meist die Teilnehmenden die Ergebnisse im Plenum.[184]

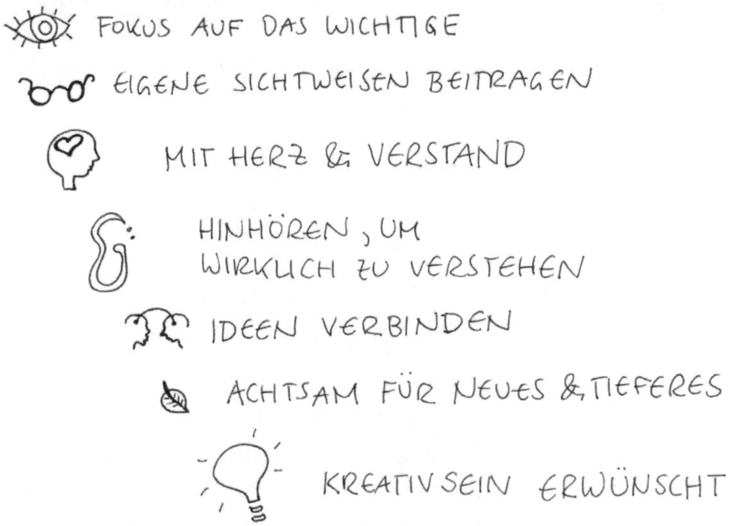

Abbildung 49: World-Café-Etikette

(Facilitative) Mediation

Als bewährte Methode gehört Mediation zu den facilitativen Klassikern, die Konfliktlösung in Gruppen ermöglichen. Wie beschrieben wurde Mediation in den 1980er-Jahren in den USA als Alternative zum Gerichtsverfahren, insbesondere im Bereich des Gemeinwesens, herangezogen und weiterentwickelt. In den folgenden Jahren erlangte das Verfahren in Deutschland zunächst im familiären Bereich Bedeutung, bevor es weiter etabliert und durch entsprechende rechtliche Regelungen standardisiert wurde.[185]

Zur Konkretisierung der jeweiligen Ausrichtung eines Mediationsangebots wird in der Fachdiskussion auf beschreibende Zusätze zurückgegriffen. Facilitative (bzw. fazilitative) Mediation bezeichnet Mediation nach dem amerikanischen Ansatz der 1980er-Jahre.[186] Je nach Quelle werden unterschiedliche Phasenmodelle beschrieben mit vier bis sechs Verfahrensschritten. Häufig herangezogen wird das Kreislaufdiagramm der Harvard-Schule:

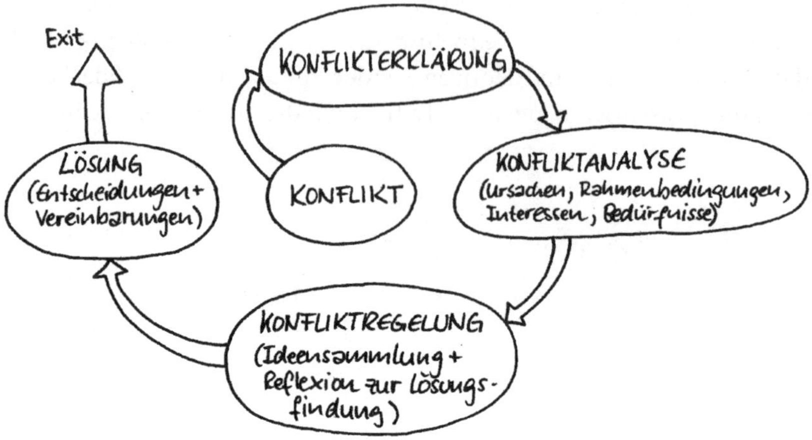

Abbildung 50: Kreislaufdiagramm der Harvard-Schule[187]

In der praktischen Umsetzung beginnt eine Mediation (Abbildung 2) klassisch mit dem Herstellen eines Sicheren Rahmens (Phase 1). In der Konfliktdarstellung (Phase 2) bekommen alle Beteiligten nacheinander die Möglichkeit, ihre Perspektiven zum Konflikt zu erläutern. Mediierende hören aktiv zu, fassen Aspekte auf Sach- und Gefühlsebene zusammen und sichern das Verständnis. Wurde in der Gruppe differenziert und priorisiert, welche Themen zuerst und welche im Weiteren besprochen werden sollen, folgt die Phase der Konflikterhellung (Phase 3): Zum gewählten Thema werden Bedürfnisse und Interessen hinter Positionen herausgefiltert und als Basis für die nachfolgende Ideensammlung festgehalten. Die vierte Phase beinhaltet die Lösungsfindung (Phase 4a) und das schriftliche Festhalten der vereinbarten Maßnahmen in einem Memorandum (Phase 4b). Die Lösungsfindung beginnt mit einer kreativen Methode wie einem Brainstorming, um Ideen für die Umsetzung der gesammelten Bedürfnisse und Interessen zu generieren. In einem nächsten Schritt werden realistische Lösungsmöglichkeiten ausgelotet und Maßnahmen unter allen Beteiligten vereinbart. Im Memorandum werden die Lösungen als Ergebnis festgehalten.

Unabhängig von den in den letzten Jahren in Deutschland konkretisierten gesetzlichen Regelungen zur Lösung von Konflikten wird diese Variante von Mediation nach wie vor auch in weiteren Zusammenhängen herangezogen. Wie beschrieben (Kapitel 1) ist hier zwischen dem methodischen Verwenden des Phasenmodells und der standardgerechten Durchführung eines Mediationsverfahrens zu unterscheiden. Dieses Buch greift den facilitativen Ansatz der Mediation auf und fokussiert die professionelle Mediative Kommunikation mit und in Gruppen.[188]

5.3.3 *Das Mediationsphasenmodell als Liberating Structure nutzen*

Wenn es im Facilitation um Konfliktlösungsprozesse geht, lässt sich das in Abbildung 51 dargestellte Mediationsphasenmodell als strukturierendes Angebot für das Vorgehen in der Gruppe nutzen. Das Kompetenzmodell (Kapitel 3) verweist in seiner Gesamtheit darauf, was für Ermöglichung und Umsetzung systemisch zu berücksichtigen ist: In einer Gruppe, die miteinander Konflikte klären und lösen möchte, ist sicherzustellen, dass alle Beteiligten einbezogen sind, die dabei sein sollten bzw. für eine umfassende und nachhaltige Klärung, Entscheidungs- und Lösungsfindung dabei sein müssen. Mithilfe der eigenen professionellen, mediativen Haltung leiten Facilitator:innen bedarfsweise zu einer mediativen Kommunikationskultur im Dialog an. Dazu halten sie ein Methodenangebot bereit, das der Diversität und Komplexität von beteiligten Personen und Themen in der jeweiligen Situation im Sinne des Prozesses möglichst gerecht wird.

Mediation als Verfahren außergerichtlicher Konfliktlösung und Mediation als Methode: Diese Unterscheidung wurde beschrieben. Hier geht es um Mediation als Methode, und dafür bietet das Phasenmodell eine Art Landkarte an. Es lässt sich leicht visualisieren, mit den vier Mediationsphasen als „Routenplan": einen für alle transparent vorgezeichneten Weg. Einer Gruppe gibt das Sicherheit, alle Beteiligten wissen, was auf sie zukommt. Sie können zu Beginn einen passenden Sicheren Rahmen vereinbaren und sich dann gemeinsam Phase für Phase im Prozess auf den Weg machen.

Wenn das Phasenmodell als Strukturelement im Facilitation eingesetzt wird, kann das wie in Tabelle 51 mit Blick auf die vier Kompetenzelemente zusammengefasst werden. Phase für Phase gilt es, mit Blick auf das System analytisch und synthetisch zu erfassen, was für einen gelingenden Prozess zu berücksichtigen ist (Systemfokus). Um den Dialog in der Gruppe zu begünstigen (Dialogfokus), eignet sich ein bewusstes Einnehmen mediativer Haltungselemente, um auf diesem Hintergrund die Kommunikationskultur in der Gruppe anzuregen. Ein auf die einzelnen Prozessschritte abgestimmtes Methodenangebot ermöglicht ein situationsgerechtes Intervenieren und den passenden Einsatz von Facilitation-Tools, die für einen nachhaltigen Prozess unterstützend sind. In Kapitel 5.4 gehe ich noch weiter auf dieses Thema ein und verweise auf Kriterien für die Auswahl von Interventionen. Zudem beschreibe ich mediative Tools, um den Dialog im Prozess moderierend, mediierend und multiplizierend zu begleiten (Kapitel 5.4.2).

Struktur	Systemfokus	Dialogfokus	Methodenangebot
Prozessphase 1: Sicheren Rahmen schaffen Gesprächsrahmen mit Vertraulichkeit, förderlicher Atmosphäre und Kommunikation	Analyse + Wer ist beteiligt bzw. zu beteiligen? Synthese + Welche Effekte und Konsequenzen für das große Ganze sollen angeregt werden? → Was kann die Dynamik in Gruppe und System im Sinne des gewünschten Prozesses und Ergebnisses begünstigen?	Mediative Haltung, z. B.: Verständnis ungleich Einverständnis; M.O.O.N.-Guide: Mensch und Problem getrennt betrachten Mediative Kommunikation auf Sach- und Gefühlsebene, die Stufen der Anerkennung	Moderationsmethoden; Mediationsmethoden; Visualisierungsmethoden
Zielstellung:	Gesprächsrahmen mit Vertraulichkeit, förderlicher Atmosphäre und Kommunikation ist mit allen abgestimmt		
Prozessphase 2: Situationsdarstellung	Im Gruppenprozess transparent alle für alle: eine Perspektive nach der anderen statt gemischt	Personzentriert, allparteilich und ressourcenorientiert von der Metaebene aus; Anregung zu auf Positivformulierungen[189] fokussierte Kommunikation	GFK / 4-Komponenten-Kommunikation, hier z. B. Fokus auf Interventionen, die helfen, Beobachtung und Bewertung zu trennen
Zielstellung:	Themensammlung → Klärende Zusammenfassung zeigt: Perspektiven sind umfassend (d. h.: so vollständig wie möglich) betrachtet, alle haben sich aktiv am Prozess beteiligt, fühlen sich so gesehen und verstanden, wie es möglich[190] ist		

Struktur	Systemfokus	Dialogfokus	Methodenangebot
Prozessphase 3: Herausfiltern von Bedürfnissen und Interessen	Im Gruppenprozess transparent alle für alle: Thema für Thema[191] statt gemischt	Ressourcenorientiert von der Metaebene aus; Anleitung zu einer Kommunikation, die auf Bedürfnisse und Interessen hinter Positionierungen fokussiert	Mediative Strukturierungsmethoden, z. B. zum Festhalten von Interessen und Bedürfnissen für alle (z. B. Gruppeneisberg); Interventionen klärender Kommunikation, GFK
Zielstellung:	Klarheit über Bedürfnisse und Interessen, für die in einer nächsten Phase Umsetzungsstrategien gefunden werden sollen		
Prozessphase 4: Situationsgerechte Lösung, Klärung, Entscheidungs- und / oder Ergebnisfindung Win-Win-Orientierung; kreativ vom Kompromiss zur Kooperation	Blick auf mögliche und erwartbare Mobile-Effekte; Analyse + Wer ist an der Umsetzung beteiligt bzw. zu beteiligen? Synthese + Welche Effekte und Konsequenzen für das große Ganze ergeben sich aus Ergebnissen / Entscheidungen? → Was kann die Dynamik in Gruppe und System im Sinne von Nachhaltigkeit und Umsetzbarkeit von Ergebnissen begünstigen?	Diversitätssensitive, ergebnisoffene Haltung; prozess-, ressourcen-, win-win- und ergebnisorientiert von der Metaebene aus: Anleitung zu sach- und menschengerechtem Verhandeln	Kreativmethoden; Methoden zur Ideenentwicklung und -auswahl, z. B. Brainstorming Klärende, differenzierende, systemische Fragetechniken Methoden zur Ergebnissicherung, z. B. Ziel- oder Maßnahmenformulierungen (schriftlich)
Zielstellung:	Abschluss des Prozesses mit schriftlich oder andersartig dokumentiertem Endstand, Formulierung nächster Schritte, Zielformulierung, Maßnahmenplan u. a. als Konsequenzen aus dem Prozess		

Abbildung 51: Anregungen zum Einsatz des Mediationsphasenmodells als Liberating Structure

Liberating Structures sind so wirksam als Facilitation-Tools, weil sie die komplizierte Welt einfacher erscheinen lassen. Komplexe Vorhaben werden überschaubar in einzelne Schritte unterteilt. Dies stärkt das Gefühl der Bewältigbarkeit und motiviert zum Losgehen. Sie helfen, in der Fülle des Möglichen Wesentliches zu priorisieren. Der Prozess wird für alle Beteiligten zu einem roten Faden. Sie erhalten damit Orientierung in Bezug auf die Frage „Was machen wir wann wozu?“ – und zwar vorab und auch für den Fall, dass dies im Prozess einmal aus dem Blick gerät. Verdeutlicht wurde das bereits anhand der Teamuhr, die visualisiert, dass das Erleben der Unterschiedlichkeit in einer Gruppe eine wichtige Basis ist, um in einem nächsten Schritt gemeinsam Normen festzuhalten, die allen in ihrer Diversität möglichst gerecht werden. *Auch im Phasenmodell der Mediation ist es für diejenigen, die in der zweiten Phase zuhören, hilfreich zu wissen, dass sie gleichwertig Raum bekommen, um sich mit der eigenen Perspektive als verstanden zu erleben. Wer erzählt, weiß, dass in der dritten Phase noch einmal vertieft nach dahinterliegenden Bedürfnissen und Interessen gefragt wird, und kann sich in dem Vertrauen, noch einmal zu Wort zu kommen, leichter gesehen fühlen – auch dann, wenn „noch so viel zum Thema gesagt werden könnte“.*

Die benannten Kriterien zur Auswahl geeigneter Strukturmodelle für einen geplanten Facilitationprozess sind anhand der jeweiligen Situation zu konkretisieren. Die hier aufgenommenen Varianten sind eine für den Rahmen dieses Buchs naheliegende Auswahl. Die Veränderungslandkarte als exemplarisches Prozessdesign, 4Mat, das „1-2-4-All“ und der Prozesskalender als Liberating Structure werden in den Kapiteln 6 und 7 anwendungsorientiert beschrieben. Das Angebot für Liberating Structures und Modelle, die durch entsprechende Modifikation zu solchen werden können, ist vielfältig und umfangreich.[192]

5.4 Methoden und Interventionen

Zum Einsatz von Interventionen im Facilitationprozess ist zu fragen: Wodurch kann ermöglicht werden, dass sich alles Wichtige flexibel und nachhaltig einbeziehen lässt? Dafür braucht es eine mit Blick auf das Ich-Wir-Es im Globe p.a.s.s.gerechte (Kapitel 5.3) Einschätzung, was in dem Ganzen des Prozesses entsprechend wichtig ist.[193] Zudem helfen Kriterien bei der Auswahl einer angemessenen Intervention. Methoden können punktuell und fortlaufend eingesetzt werden. Schritt für Schritt können wir mithilfe einer Methode in der Prozessbegleitung an etwas herangehen, etwas durchgehen, einem Inhalt nachgehen, vor- oder zurückgehen. Bestandteile lassen sich bündeln oder explorieren, konkretisieren, differenzieren und priorisieren. Perspektiven lassen sich erweitern oder auf den Punkt bringen. Sie helfen, um zu reflektieren und zu evaluieren und bei vielem mehr.

Das Kochtopfmodell: Interventionsrichtungen abwägen

In welche Richtung soll die geplante Intervention grundsätzlich gehen? Das abzuwägen gibt uns eine wichtige Entscheidungshilfe: Möchte ich im Prozess durch das Intervenieren vorbeugen oder behandeln? Wenn allen ermöglicht werden soll, Vertrauen in den Prozess zu gewinnen, ist Transparenz eine präventive Intervention; ebenso eine Erinnerung an die geplanten nächsten Schritte. Wenn Nebengespräche den Dialog in der Gruppe schwierig machen, ist eine kurative Intervention angebracht: Dies können Fragen sein, etwa nach Pausenbedarf, offenen Themen und anderen Dingen, die vielleicht zu klären sind.

Ob präventives oder kuratives Intervenieren: Zu entscheiden ist überdies, ob etwas intensiviert beziehungsweise eskaliert werden soll, oder ob es darum geht zu deeskalieren, Ruhe in einen Moment zu bringen, um sich dem, um was es geht, im wiederhergestellten Sicheren Rahmen widmen zu können.[194] Hier ist das Kochtopfbild eine hilfreiche Visualisierung, und es dient Prozessbegleiter:innen „im Hinterkopf" bei der Auswahl von Interventionen zur Versachlichung und Emotionalisierung.

Abbildung 52: Kochtopfmodell

Fortlaufend im Prozess verwendete Interventionen, wie sie in diesem Kapitel als Kurzinterventionen Mediativer Kommunikation beschrieben sind, unterstützen unter anderem dabei, je nach Bedarf die Gefühls- oder Sachebene stärker einbeziehen. Das Kochtopfmodell veranschaulicht: Nachfragen auf der Gefühlsebene wirken in der Regel „erhitzend“. Und ein Bezug auf die Sachebene hat meist eine „abkühlende“ Wirkung. Generell lässt sich zu allem, was köchelt, sagen: Deckeln führt dazu, dass es irgendwann einmal überkocht.

Zentral ist der Blick in den Topf, das mediative Betrachten dessen, was zu sehen ist, um sich erst dann entsprechende Gedanken zum Intervenieren in die eine oder andere Richtung zu machen. Dies gibt die Möglichkeit, allparteilich und auf der Metaebene zu bleiben. Die so gestaltete Perspektive auf den Prozess lässt sich in den Prozess zurückgeben: *„Ich habe den Eindruck, dass das vielleicht erst einmal sacken muss. Sollen wir eine Pause machen?“* Wer die Beteiligten in ihrem Expert:innentum für ihre eigene Situation und ihre eigene Teilhabemöglichkeit ernst nimmt, kann sie im Prozess verantwortlich auf Augenhöhe ansprechen: *„Was denken Sie, würde hier jetzt weiterhelfen?“* Die Antwort auf eine solche Frage lässt sich mediativ zusammenfassen: auf Sachebene und Gefühlsebene, ressourcenorientiert positiv formuliert im Sinne von „Sagen, was ist, statt was nicht ist“.

Theorien-Modelle-Interventionen

Wie in Abbildung 53 dargestellt, lassen sich Theorien, Modelle und Interventionen unterscheiden, was dabei unterstützt, die professionelle Haltung in Balance zu bringen mit der Auswahl von geeigneten Methoden in einem Prozessabschnitt und beim Intervenieren im fortwährenden Prozess. Kongruenz ist dabei wichtig, weil eine Methode von einer Gruppe leichter angenommen wird, wenn die Person, die sie anbietet, glaubhaft dahintersteht. Und im Prozess nacheinander eingesetzte Interventionen werden leichter verstanden oder als organisch empfunden, wenn sie einer grundlegenden Theorie entstammen. Oder wenn z. B. angekündigt wird, dass nach dem Blick auf das Systemische nun die einzelnen Menschen noch einmal Raum bekommen sollen.

Idealerweise sind Interventionen passend zum Modell auf Basis des theoretischen Ansatzes reflektiert auszuwählen und einzusetzen. Für dieses Buch ließe sich zusammenfassen:

KONTEXT: FACILITATION		
Intervention →	**Modell →**	**Theorie**
Was tue ich konkret?	In welchem „Rahmen-programm“?	Welcher „Denk- und Fach-globe“ steht dahinter?
Reflexion und Ausstattung des „Pools“, um mit Blick auf das System und den Dialog in der Gruppe Partizipationsprozesse zu ermöglichen	Kompetenzmodell: „The A.R.T. of Facilitation“	Mediation und Mediative Kommunikation als Ansatz für die Arbeit mit Gruppen
Auswahl von Tools: Liberating Structure und Methoden im Sinne des gewünschten Prozesses		

Abbildung 53: Kontext dieses Buchs

Vor allem in heterogenen Gruppen und bei komplexen Themen ist es schwer, Intuition und „Bauchgefühl“ allparteilich und umfassend im Sinne des Prozesses von allen für alle einzusetzen. Zu einer grundlegenden Orientierung kann beitragen, konkrete Interventionen auf den Rahmen von Modellen zurückzuführen, in denen sie wirksam werden. Wenn wir berücksichtigen, für welchen Anlass und mit welchem Ziel Interventionen entstanden sind, fällt es uns leichter, die situationsgerechte Anwendung prozessorientiert zu gestalten: Was ist im Sinne des Prozesses? Wofür ist diese Methode gedacht? In welchem Rahmen habe ich sie bisher als wirksam erlebt? Welchen Thesen und Ansätzen gibt sie Ausdruck? Was soll und kann sie jetzt im Sinne des Prozesses erreichen? Diese und weitere Reflexionsfragen regen an, das Spektrum der Möglichkeiten beim methodischen Intervenieren auszuloten.

Für Interventionen, die in diesem Buch vorgestellt werden, kann dies (siehe Abbildungen 53 und 54) in Form von vier tabellarischen Kategorisierungsangeboten gestaltet sein.[195] Als „Pools“ zur Auswahl von Facilitation-Tools lassen sich die Kontexte Systemische Theorie, Humanistische Theorie, Persönlichkeitspsychologie und Klinische Psychologie fokussieren. Die beschrieben Interventionen können im Zusammenhang mit folgenden Modellen und Theorien reflektiert und ausgewählt werden:

<table>
<tr><th colspan="3">KONTEXT: SYSTEMISCHE THEORIE</th></tr>
<tr><th>Intervention →</th><th>Modell →</th><th>Theorie</th></tr>
<tr><td>„Wer-mit-wem-in-welchem-System-Evaluation“[196]</td><td>Mobile-Bild</td><td rowspan="2">Holistisches Prinzip und Autopoiesis: „Das Ganze ist mehr als die Summe seiner Teile.“ + Selbstherstellung, Selbsterhaltung</td></tr>
<tr><td>Metakommunikation, z. B. zusammenfassen, was passiert und mit A-B-C-Priorisierung Entscheidungs-/Verantwortung klären oder mit Eisberg- oder Termitenhügelmodell erfragen, was im Dialog aktuell offen und verdeckt dazugehört oder eine Retrospektive durchführen</td><td>Metaebene (Bild des auf den „inneren Balkon Tretens“, der Dritten Position)</td></tr>
<tr><td>Mit Schneekugeln im Gespräch arbeiten</td><td>Glaskugelmodell</td><td rowspan="2">Konstruktivismus</td></tr>
<tr><td>Liberating Structure</td><td>Prozessdesign, Bild der Landkarte</td></tr>
<tr><td>Arbeitsbündnis</td><td rowspan="2">Rapport und stimmige Interaktion des Ich-Wir-Es im Globe</td><td rowspan="2">NLP & TZI</td></tr>
<tr><td>Pacing und Leading: vom Einfachen zum Zusammengesetzten, vom Leichten zum Schweren, vom Allgemeinen zum Speziellen, vom Konkreten zum Abstrakten, vom Nahen zum Entfernten, vom Individuellen zum Team</td></tr>
<tr><td>A-B-C-Priorisierung: Professionelles Verantwortungsbewusstsein</td><td rowspan="3">Beispiel Mikrosysteme[197]</td><td rowspan="3">Ressourcenorientierung bzgl. der Kontextabhängigkeit von Problemen</td></tr>
<tr><td>Ressourcenorientierte Gesprächsführung inkl. Problemetikettierung durch „Sagen was ist, statt was nicht ist“</td></tr>
<tr><td>Kontexte explorieren, Ausnahmen suchen, Perspektiv- und Ebenenwechsel, Reframing</td></tr>
</table>

KONTEXT: HUMANISTISCHE THEORIE / KONZEPTE VON SELBSTVERWIRKLICHUNG		
Intervention →	**Modell →**	**Theorie**
Fokus auf das Ich-Wir-Es im Globe richten (Aufmerksamkeitsebenen) und z. B. ein „1-2-4-All" zum Thema anleiten	Didaktisches Dreieck	Themenzentrierte Interaktion (TZI)
TZI-Prinzipien als Vorlage oder Angebot für Sicheren Rahmen in der Gruppe nutzen	Prinzipien Themenzentrierter Interaktion	
P.a.s.s.gerecht fragen / visualisieren, um ein „listen to learn"[198] im Gruppenprozess zu unterstützen	Teamuhr	Gruppendynamische Theorien zu Entwicklung und Veränderung
	Lewin'sches Drei-Phasen-Modell	
	„Stufen der Anerkennung"[199]	
P.a.s.s.gerechte Wahl von Überschrift und Prozessdesign, Format und Agenda („Die Überschrift ist das Programm")	Einheit von Inhalt und Form	Situationsansatz
Bedürfnispyramide[200] als Hilfestellung zum Erfragen von Bedürfnissen nutzen	Maslow'sche Bedürfnistheorie	Motivationstheorie
M.O.O.N.-Guide: die Prinzipien des Harvard-Konzepts in Win-Win-Perspektive anwenden[201]	Mediation und Mediative Kommunikation	Klientenzentrierte Gesprächsführung / Personzentrierung
Vier-Schritte-Bitte (GFK) nutzen: in der Gruppe allparteilich[202] Beobachtungen, Gefühle, Bedürfnisse, Wünsche bzw. Umsetzungsstrategien erfragen, zuhören, zusammenfassen		
Mediative Über-Setzungen, Positives Umformulieren, Zusammenfassungen im Sinne des Prozesses[203], z. B. als Von-Phase-zu-Phase-Phrase		

KONTEXT: HUMANISTISCHE THEORIE / KONZEPTE VON SELBSTVERWIRKLICHUNG		
Intervention →	**Modell →**	**Theorie**
Die „drei facilitativen M" im Prozess umsetzen: in Mediativer Haltung moderieren, mediieren und multiplizieren	Mediation und Mediative Kommunikation	Klientenzentrierte Gesprächsführung / Personzentrierung
Mediationsformel[204]		
Phasenmodell der Mediation verwenden		
Kochtopfmodell		
Expert:innentum der Beteiligten für eigene Situation im Arbeitsbündnis ansprechen	Augenhöhe	Hilfe zur Selbsthilfe
Sicheren Rahmen initiieren, an Selbstverantwortlichkeit erinnern, um aktive Teilhabe von allen zu fördern		
Workshop / MiniLabs / Kleingruppen mit Bild zur Zirkulärkommunikation einleiten		

KONTEXT: PERSÖNLICHKEITSPSYCHOLOGIE UND SOZIALE LERNTHEORIE		
Intervention →	**Modell →**	**Theorie**
Bewusstmachen der eigenen Belief-Systeme bzgl. der professionellen Rolle	Modell der Kontrollüberzeugungen: internale (Selbstwirksamkeit), soziale (andere Personen), transzendente (Gott, Glück, Universum, Schicksal)	Behavioristischer Ansatz
Reflexion und Klärung von Erwartungen (Ich-Wir-Es im Globe)		

KONTEXT: KLINISCHE PSYCHOLOGIE		
Intervention →	**Modell →**	**Theorie**
Grenzen des A.R.T. im Blick behalten und bei Krankheiten auf Fachkompetenz anderer Formate, Rollen, Personen verweisen	ICD-11	Diagnostik

Abbildung 54: Theorien – Modelle – Interventionen[205]

Hier ist daran zu erinnern, dass einige der benannten Facilitation-Tools als Methode und auch als Struktur verwendet werden können. Strukturen sind wirksame Gestaltungsmittel für einen umfangreicheren Gesamtprozess, Methoden werden als Werkzeuge für den punktuellen Einsatz gewählt. Um dies zu verdeutlichen, werden die im Zusammenhang der Strukturierungstools (Kapitel 5.3) als Liberating Structures eingeführten „1-2-4-All", die Retrospektive, das World Café und Open Space in diesem Kapitel ergänzend als im Prozessstrukturierungsmodell der Teamuhr eingesetzte Methoden beschrieben. Als Strukturen im Sinne von Liberating Structures können sie zum Beispiel auch in Facilitation-Meetings zur Gestaltung von 30 Minuten dauernden Teamsitzungen, von Klausurbesprechungen mit einem Zeitrahmen von ein bis drei Stunden oder anders variantenreich eingesetzt werden.

Zielstellungen zum Einsatz von Methoden für das Ich-Wir-Es im Globe

In der Praxis des Intervenierens in einer Gruppe, so wie sie bisher geschrieben wurde, erweist sich Folgendes als hilfreich: Das Methodenangebot kann dem Didaktischen Dreieck (Abbildung 11) entsprechend von den Einzelnen aufgegriffen werden und passt zur Gruppendynamik[206], zum Thema und zum Gesamtkontext (Globe). Auch mit Blick auf das, was Facilitator:innen in ihrem Methodenkoffer für den Prozess bereithalten können, lässt sich fragen: Was fokussiert die Ebenen Ich, Wir, Es und Globe? Es erscheint sinnvoll, die eigenen professionellen „Werkzeuge des Ermöglichens" so auszustatten, dass jede Ebene für sich und auch in der Interaktion mit den anderen Ebenen methodisch berücksichtigt werden kann (Abbildung 12):

Das Ich im Fokus

Zielstellungen des Methodeneinsatzes auf der Ich-Ebene können sein:

- Selbstreflexion, Wahrnehmung
- Selbstempathie
- Positionierung und Zielklärung

... und in der Interaktion des Ichs mit den anderen Ebenen z. B.:

- Perspektiverweiterung und Perspektivwechsel (Ich-Wir oder Ich-Thema)
- Empathie mit sich und anderen (Ich-Wir)
- Verortung als Ich im Wir und im Globe (Ich-Wir-Globe)

Das Wir im Fokus

Zielstellungen des Methodeneinsatzes auf der Wir-Ebene können sein:

- Gruppendynamische Interaktion
- Teambildung und -entwicklung

... und in der Interaktion des Wir mit den anderen Ebenen u. a. (z. B. durch systemische Aufstellung):

- Verortung der Ichs im Wir
- Verortung des Wir im Globe
- Einschätzung oder Bildung einer Wir-Perspektive zum Thema

Das Thema im Fokus

Zielstellungen des Methodeneinsatzes auf der Es-Ebene können sein:

- Anreicherung durch Expertise (z. B. mithilfe von Expert:innenbeiträgen)
- Information (z. B. durch fachlichen Austausch oder Erarbeiten von Inhalten in MiniLabs)

... und in der Interaktion des ES mit den anderen Ebenen u. a.:

- das Erfassen persönlicher Bezüge und Erfahrungen zum Thema (Ich-Es),
- das Verorten der Gruppe (Wir) als Repräsentant:innen des Globe zum Es

Der Globe im Fokus

Zielstellungen des Methodeneinsatzes auf der Globe-Ebene können sein:
- Ökocheck zur Überprüfung von umsetzungsrelevanten Faktoren im Umfeld

... und in der Interaktion des Globe mit den anderen Ebenen u. a.:
- Klärung von Verantwortlichkeiten (z. B. A-B-C-Priorisierung)

Abbildung 55: Methodische Zielstellungen

Kriterien zur Auswahl des methodischen Angebots

Ein wesentliches Kennzeichen einer professionellen Tool-Verwendung ist: Bevor wir intervenieren, beantworten wir die Frage nach dem Wozu. Nicht immer ist dies allein eine umfassende analytische Entscheidung. Oft spielen im Prozessverlauf auch Erfahrung und eine nicht immer einfach zu beschreibende Art professioneller Intention bei Entscheidungen eine Rolle.

Die in diesem Buch vorgestellten Auswahlkriterien sind als Anregungen gedacht, die Frage nach dem Wozu jeweils zu beantworten. Wenn für die Beteiligten das geplante Vorgehen transparent ist und sie Schritt für Schritt im Prozess ihren Weg zurücklegen, dann ist es im Zusammenhang mit dem Anliegen der Ermöglichung nicht verwunderlich, wenn auch alles Mögliche passiert. „Komplexität ist wie das Wetter. Es ist nichts Schlechtes daran. Es ist nur schlecht, nicht darauf vorbereitet zu sein."[207] Dieses eingängige Zitat bringt auf den Punkt, worum es hier gehen soll: um eine Orientierung in der Komplexität von Möglichkeiten. Darum, Souveränität zu unterstützen – in unvorhergesehenen Situationen im Prozess, bei diversen Reaktionen in der Gruppe sowie bei den daraus abzuleitenden Aktionen und Interventionen als Aufgabe von Facilitator:innen.

Bei der Begleitung des Prozesses und der Auswahl von Methoden sind folgende zentrale Faktoren zu berücksichtigen: der Bedarf aus der Situation heraus, der Bedarf der beteiligten Personen, das soziale Umfeld (der Beteiligten) und die Entwicklungen und Bedarfe aus dem Facilitationprozess heraus. Bedarfe im Prozess sind vom inneren Balkon aus situationsgerecht zu erfassen. Mit Blick auf die Umsetzung methodischer Entscheidungen sei für das Heranziehen von Hilfsmitteln in der Prozessbegleitung an folgendes Modell erinnert:

EinS.A.T.Z. von Arbeitsmitteln und Medien

Sparsam: Wähle aus, bleibe dabei (Abwechslung: im Sinne des Prozesses; Ablenkung: nein).

Abgestimmt auf die Inhalte: Mittel und Medien verdeutlichen, visualisieren.

Tipps und Tricks kennen, damit beim Einsatz alles klappt (sonst: Ablenkung vom Prozess).

Ziel- bzw. ergebnisorientiert: Was dient dem Prozess? Was ist z. B. jetzt für später festzuhalten?

Abbildung 56: EinS.A.T.Z. von Arbeitsmitteln und Medien

Die Teamuhr wurde bereits in Kapitel 5.1.2 als Facilitation-Tool eingeführt: Sie ermöglicht eine Orientierung, um die gruppendynamische Situation im Prozess zu berücksichtigen. Natürlich lassen sich weitere Modelle heranziehen: „Die Beschaffenheit des Pools prägt die Auswahl von Tools.“ An dieser Stelle ist die Auswahl durch das geprägt, woran sich aus den bisherigen Inhalten des Buchs anknüpfen lässt.

5.4.1 *Die Teamuhr als exemplarisches Tool für situationsgerechtes Intervenieren im Prozess der Gruppe*

Facilitator:innen kann die Teamuhr als Rahmen dienen, um die Auswahl und Wirkung von Interventionen einzuschätzen: Wann ist es an der Zeit für welche Inhalte, Fragen, Interventionsrichtungen oder Schritte? In der Kennenlernphase ist es zu früh für Methoden, die auf ein kooperatives und versiertes Miteinander in der Gruppe bauen. *Wenn die einzelnen Teilnehmenden im Storming ihre Unterschiedlichkeit erkunden und wenn Facilitator:innen dann so tun, als wären alle gleich und es gäbe keinerlei Konfliktpotenzial, stößt das wahrscheinlich auf Widerstand. Die Facilitator:innen macht es möglicherweise so unglaubwürdig, dass sie in ihrer Rolle als Gruppenbegleitende nicht mehr (voll und ganz) akzeptiert werden.* Diese und weitere Beispiele machen deutlich, dass situationsgerechtes Agieren zentral für einen Facilitationprozess ist. Es gibt vielfältige Varianten, im Rahmen der Teamuhr ermöglichend zu intervenieren:

Im Forming anknüpfen

Werden in der Phase des Formings alle dahingehend gefragt, warum sie wirklich am Prozess teilnehmen, ermöglicht dies Transparenz über Zielstellungen und Erwartungen. Es unterstützt ein Kennenlernen von Beweggründen der Einzelnen in der

Gruppe. Und wenn in der Gruppe sichtbar wird, dass Wünsche und vielleicht auch Befürchtungen sich überschneiden, stärkt das die Motivation, sich miteinander auf den Weg zu machen. Es unterstützt das Gefühl von Gemeinsamkeit, fördert Verständnis füreinander und schafft eine Basis für weitere Schritte.

Wie in Kapitel 5.2.1 beschrieben, könnte man damit beginnen, für die Gruppe Transparenz über die Agenda und das Arbeitsbündnis herzustellen. Dann kann ein im Zweiersetting umgesetztes „9 Whys" den Teilnehmenden Gelegenheit geben, miteinander in eine Reflexion zu gehen: Nacheinander fragen sie einander je neunmal „Warum lohnt es sich für mich, hier zu sein?" und gehen ressourcenorientiert immer weiter in die Tiefe der eigenen Beweggründe.[208]

An dieser Stelle ist die eingangs erwähnte MARKETHING-Agentur in Erinnerung zu rufen. Zu Beginn des Facilitationprozesses steht ein solches zu zweit umgesetztes „9 Whys". Die Gruppeneinteilung erfolgt mithilfe eines Memory-Kartenspiels: Frau A aus der Buchhaltung und Herr F aus der Marketingabteilung ziehen die gleiche Karte und bilden eine Zweiergruppe. Frau A fragt zuerst Herrn F. Dabei entsteht folgender Dialog: „Es lohnt sich, weil ich gern mehr Klarheit hätte." „Warum lohnt es sich für dich, mehr Klarheit zu haben?" „Es lohnt sich, weil ich dann im Alltag nicht immer überlegen müsste." „Warum lohnt es sich, nicht immer zu überlegen?" „Weil ich dann schneller wäre und mehr Zeit für anderes hätte." „Warum lohnt es sich, schneller zu sein und mehr Zeit für anderes zu haben?" „Weil ich mich danach sehne, mich den kreativen Sachen widmen zu können." „Warum lohnt es sich, wenn du dich den kreativen Sachen widmen kannst?" „Weil ich das als das Eigentliche meiner Arbeit empfinde." „Warum lohnt es sich, dieses Eigentliche zu machen?" „Weil nur ich das so machen kann, wie ich das eben mache." „Warum lohnt es sich, dass du das so machst, wie du das machst?" „Weil ich das Gefühl habe, damit eher einen Beitrag zum Ganzen zu leisten, und nicht so sehr damit, das richtige Formular auszufüllen." „Warum lohnt es sich, deinen eigenen Beitrag zu leisten?" „Weil ich dann meine ganzen, vielen Erfahrungen gewinnbringend einbringen kann." „Warum lohnt es sich, deine eigenen Erfahrungen einzubringen?" „Weil ich wirklich jede Menge Erfahrungen mitbringe, die für genau diese Arbeit wertvoll sind. Und ich denke, deshalb bin ich im Eigentlichen hier."

So oder ähnlich kann es aussehen, wenn immer wieder nach dem Warum gefragt wird. Eine solche Methode aktiviert Aspekte intrinsischer Motivation. Wenn wir daran anknüpfend wesentliche Beweggründe im Plenum aufnehmen und dann die Gruppe auffordern, miteinander einen Sicheren Rahmen zu vereinbaren, kann eine gruppendynamische Bewegung vom Forming zum Storming angestoßen werden. Wenn die Gruppe dann diskutiert, was für einen Sicheren Rahmen vereinbart werden soll, werden unterschiedliche Bedürfnisse und Vorstellungen deutlich.

Im Storming mediativ im Sinne des Prozesses intervenieren

Es folgen nun einige Kurzinterventionen Mediativer Kommunikation, die sich begleitend einsetzen lassen, wenn Teilnehmende im Storming ihre Unterschiedlichkeit erkunden. Damit wird ein Prozess ermöglicht, in dem die Gruppe herausfinden kann, was es braucht, um die Vielfalt im Miteinander letztlich als produktives, anregendes Zusammenwirken erleben zu können[209].

Norming begleiten

Wenn die Teilnehmenden einer Gruppe miteinander zu einer geteilten Kommunikations- und Arbeitskultur finden, lässt sich dieses Norming durch Kreativtechniken oder auch anregende Vorlagen begleiten. Hier können die TZI-Prinzipien (Abbildung 35) in beschriebener Weise Anregung geben.

Wenn wir mit einem Team arbeiten, das im Alltag bereits über eine bewährte Kommunikationskultur verfügt und bei dem es jetzt um eine entsprechende Gestaltung von Arbeitstreffen geht, kann z. B. die in Abbildung 57 gezeigte T.E.A.M.-Vorlage dabei unterstützen, für das jeweilige Meeting Tagesordnungspunkte (**T**OP), Ergebnisfokus (**E**), Aufgaben (**A**) wie Moderieren, Protokoll zu schreiben oder die Zeit im Blick zu behalten und Regeln für das Miteinander (**M**) gemeinsam auf den Punkt zu bringen.

Abbildung 57: T.E.A.M.-Vorlage zur Gestaltung von regelmäßigen Besprechungen

Vorlagen erfüllen an dieser Stelle einen bestimmten Zweck. Sie dienen als Beispiel, an dem die Gruppe sich orientieren kann, um schließlich zu vereinbaren, was gewünscht oder anders zu gestalten ist. Jede Vorlage ist also von den Teilnehmenden in einer gemeinsamen Version individuell zu konkretisieren. *Wenn die Gruppe eine Aversion gegen Akronyme hat, wird vielleicht anlässlich einer solchen Vorlage vereinbart, dass für jedes Treffen zu Beginn Fokus, Agenda, Regeln und Rollen festgehalten werden. Teams, die den Begriff „Regeln“ nicht mögen, wählen „Prinzipien“ oder hängen ihren „Sicheren Rahmen“ (Kapitel 5.2.1) zusätzlich und gut sichtbar für alle im Raum auf. Vielleicht entsteht eine Diskussion darüber, inwiefern Rollen im Alltag schon klar definiert sind.*

In unserer beispielhaften Beratungsorganisation liegt, einige Zeit nach der Konferenz, die T.E.A.M.-Vorlage bei einem Vorstandstreffen auf dem Tisch. Zu dem Treffen ist die Geschäftsführung mit eingeladen, die dann üblicherweise moderiert, Protokoll schreibt und auch inhaltlich zentrale Beiträge zu leisten hat. Bei diesem Treffen nun wird erstmals infrage gestellt, ob dies die vielversprechendste Vorgehensweise in der Zusammenarbeit ist.

Performing-Energie nutzen

Wenn es ein aktualisiertes Arbeitsbündnis für die Zusammenarbeit mit allen in der Gruppe gibt, ist oft Bereitschaft, manchmal auch Ungeduld spürbar, endlich loszulegen. Dieser Zustand leitet das Performing ein: Die Gruppe ist in der Lage, sich auf den geplanten inhaltlichen Prozess zu konzentrieren. Je nach Thema des Ganzen sind nun Interventionen ermöglicht, die sich auf ein produktives Ich-Wir-Es im Globe stützen.

Gerade in großen Gruppen braucht es zwischendurch Möglichkeiten, das Setting so zu gestalten, dass alle parallel an den Inhalten arbeiten und die Ergebnisse im Ganzen zusammenfließen. Beschrieben wurden bei den facilitativen Klassikern (Kapitel 5.3.2) das World Café und die Methode des Open Space, zudem das „1-2-4-All“ als methodischer Ansatz aus der Sammlung von Liberating Structures. Für eine Gruppe, die Kleingruppenarbeit zur intensiven Reflexion nutzt und deren Mitglieder sich ihre Ressourcen gegenseitig zur Verfügung stellen können und wollen, bietet sich z. B. Troika Consulting an – im Zusammenhang mit Liberating Structures eine Variante kollegialer Beratung.[210] Troika Consuting, auf das ich in Kapitel 6.4.2 noch eingehen werde, funktioniert folgendermaßen: *Jeweils drei Personen arbeiten zehn bis fünfzehn Minuten lang konzentriert zum Thema des Prozesses oder des jeweiligen Prozessschritts. Eine Facilitatorin führt in das Vorgehen ein. Dafür nutzt sie als humorvolle Visualisierung auf dem Whiteboard die Strichfiguren A, B und C: Jede:r ist einmal Klient:in (A), während die anderen beiden beraten (B und C). A überlegt eine Frage, ein Anliegen (1 Minute). A stellt die Frage, erörtert den anderen das Anliegen (1–2 Minuten). B und C stellen Verständnisfragen (1–2 Minuten). A dreht sich um und wendet den anderen den Rücken zu (online schaltet A die eigene Kamera aus). B und C unterhalten sich (nicht über A, sondern über die Frage beziehungsweise das an sie gerichtete Anliegen). Sie entwickeln Ideen und Vorschläge (4–5 Minuten). A wendet sich wieder B und C zu (oder macht die Kamera wieder an). A teilt den anderen mit, was für sie das Wertvollste an dieser Erfahrung war (1–2 Minuten).*

Zurück im Plenum werden in der Auswertung wesentliche Aspekte für das Ganze zusammengetragen: auf Zuruf, durch Statements der einzelnen Gruppen, auf zu beschreibenden Tafeln visuell für alle zur Verfügung gestellt oder andersartig. Die Ergebnissicherung ist zentral für das Erleben in der Gruppe, voranzukommen.

Adjourning unterstützen

Wenn die Gruppe kurz davor ist auseinanderzugehen, kann die Phase des Adjourning methodisch unterstützt werden: Wurde zu Beginn des Prozesses nach erwünschten Ergebnissen gefragt, ist es nun möglich, daran anzuknüpfen. Wenn etwas mehr Zeit zur Verfügung steht, bietet sich eine passende Variante der in Kapitel 4 bereits beschriebenen Retrospektive beziehungsweise ein Restrospective Meeting an. Ein anderes Facilitation-Tool nennt sich „Harvesting“[211]. Dieser englische Begriff beschreibt den Prozess der „Ernte“ und meint hier das Zusammenfassen und Sicherstellen der Ergebnisse eines Treffens oder Prozesses. Ein breiter Blick durch verschiedene „Brillen“ hilft dabei, neben den unmittelbaren kollektiven Ergebnissen (ein Plan, eine Entscheidung oder eine Ideensammlung) auch individuelle und nicht greifbare Ergebnisse und Wirkungen beschreibbar zu machen. Methodisch lässt sich dies beispielsweise mithilfe einer Vorlage für Rückmeldungen im Plenum (sieh Abbildung 58) gestalten:

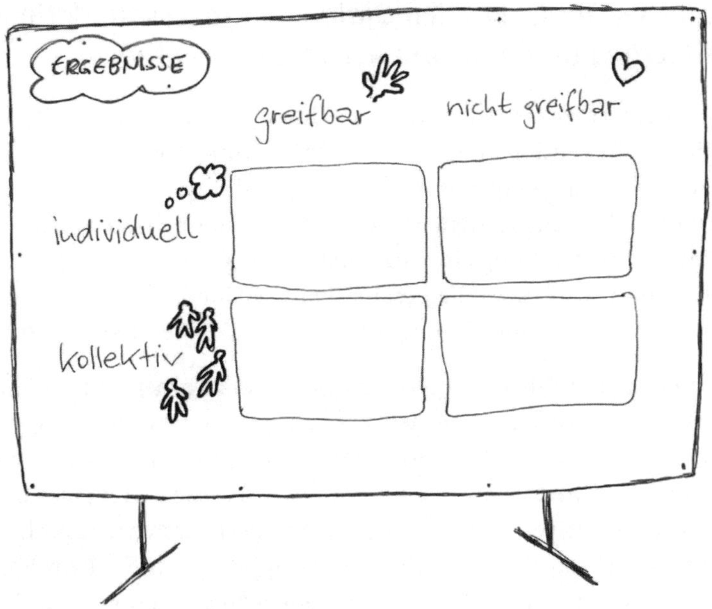

Abbildung 58: Beispielvorlage zum „Harvesting“

Die Teilnehmenden können auf den vier Feldern Ergebnisse des nun hinter ihnen liegenden Prozesses festhalten und im Plenum strategisch reflektieren: greifbare und nicht greifbare, individuelle und mit anderen geteilte Ergebnisse. Wie auch immer dies methodisch umgesetzt wird: Wenn die Prozessteilhabenden zum Abschluss Klarheit darüber erleben, was sie konkret für sich mitnehmen, unterstützt dies den Alltagstransfer und die Zufriedenheit im Hinblick auf die investierte Zeit und Energie.

Mit Blick auf das Kompetenzmodell, wie es für die Facilitator:innentätigkeit in Kapitel 3 festgehalten ist, schließt sich der Kreis mit dem sogenannten Ökocheck: Zum Abschluss erfolgt der gezielte Bezug von Ergebnissen des Prozesses auf den umsetzungsbezogenen Kontext im System. Erneut ist die Frage, wer mit wem in welchem System Ergebnisse umsetzen soll und kann. Die Evaluation erfolgt nicht nur in und mit der Gruppe, sondern auch mit Blick auf den Globe.

5.4.2 Mediative Tools, um den Dialog im Prozess moderierend, mediierend und multiplizierend zu begleiten

Um den Dialog im Prozess moderierend, mediierend und multiplizierend zu begleiten, helfen Kurzinterventionen Mediativer Kommunikation. Einige grundsätzliche Interventionen im Umgang mit Diversität und Konfliktpotenzial wurden bereits in Kapitel 5.2 veranschaulicht. Zudem wurde das Phasenmodell der Mediation als mögliche Landkarte zur Gestaltung eines Facilitationprozesses dargestellt (Kapitel 5.3.3). Mediative Kommunikation wurde beschrieben als eine Haltung und Arbeitsweise, die einen Dialog in der Gruppe ermöglicht und den sicheren Rahmen für alle hält.

Der Fokus lag bisher auf dem Initiieren eines Prozessrahmens zur Teilhabe von allen und dem Vermitteln zwischen den Ebenen im Didaktischen Dreieck. Für das Beschreiten eines mit der Gruppe festgelegten Wegs, für das praktische Erleben einer Liberating Structure zur Umsetzung des gewünschten Prozesses der Ermöglichung lässt sich mediatives Kommunizieren erweitert verstehen: als ein Vermitteln zwischen Landkarte und Weg, zwischen der Gruppe und ihrem Prozess. Das kann, unter der Prämisse eines allparteilichen, ergebnisoffenen Herangehens in Bezug auf Menschen und Themen, eine Herausforderung sein – nicht nur in der Phase des Storming, wenn es gilt, Konflikte zu bearbeiten, sondern im Verlauf des gesamten gemeinsamen Wegs. Damit dies leichter gelingt, können wir auf Kurzinterventionen aus dem Angebot Mediativer Kommunikation zurückgreifen, die nun ergänzend zu den bisherigen Inhalten ausgeführt werden. Konkret geht es um:

- Über-Setzungen, wie sie bereits als Formulierungen im Sinne des Prozesses beispielhaft beschrieben wurden;
- den Einsatz der (mit einem Augenzwinkern so benannten) Von-Phase-zu-Phase-Phrasen,
- mediative Ergebnissicherungen und Visualisierungen im Verlauf
- sowie Know-how zum grundsätzlichen Herangehen, wenn der Prozess ins Stocken gerät oder sich im Kreis zu drehen scheint.

All diese Kurzinterventionen ermöglichen und unterstützen als Tools zum Umgang mit Diversität und Konfliktpotenzial Flexibilität und Souveränität im Prozess. Sie regen an zum allparteilichen Umgang mit Themen und Ideen, bei deren Sammlung und Auswahl. Um den Dialog von allen mit allen zu fördern, lohnt eine Reflexion grundsätzlicher Faktoren im Zusammenhang mit Konflikten und Konfliktpotenzialen. Dem Basis-Know-how zu diesem Thema widmen sich andere Bücher ausführlich.

„Konflikte sind dynamisch." „Ein Konflikt ist ein komplexes Phänomen." „Einstellungs- und Verhaltensmuster in Konflikten können sehr unterschiedlich sein." „Zur Betrachtung von Konflikten gibt es verschiedenartige gesellschaftliche Positionen."

„Muster und Dynamiken zu erkennen, verbessert die Ausgangsposition.“ „Neurobiologisch betrachtet haben Konflikte das Potenzial, als Bedrohungssituation erlebt zu werden.“ „Professionalität beinhaltet, mit Grenzen des Formats und der eigenen Tätigkeit reflektiert umzugehen.“ – Diese Grundsätze (ohne Anspruch auf Vollständigkeit) lassen sich ergänzend in der Planung und Umsetzung von Facilitationprozessen berücksichtigen. Sie erinnern zum einen an grundlegende Aspekte und können zum anderen zur Reflexion anregen.

Die nachfolgenden Ausführungen zu Elementen Mediativer Kommunikation sollen an das anderweitig ausgeführte Potenzial mediativer Kompetenz erinnern. Sie lassen individuell zu ergänzen und mit Tools aus anderen Zusammenhängen kombinieren. Wer Mediative Kommunikation vertiefen möchte, kann beispielsweise mit dem gleichnamigen Buch (Klappenbach-Lentz 2024) arbeiten oder eine Ausbildung in Erwägungen ziehen, wie sie am Ende dieses Buchs erwähnt ist. Wer sich bereits im eigenen Pool facilitativer Kompetenz ausführlich damit befasst hat, kann die nun noch folgenden Abschnitte von Kapitel 5 querlesen und das, was in den eigenen Augen wichtig erscheint, in Gedanken modifizieren und ergänzen.

Best Practice: Merksätze zum mediativen Umgang mit Konflikten

Die Auseinandersetzung mit Konflikten – inneren wie äußeren, heißen wie kalten – ist grundsätzlich ein wesentliches Anliegen im Rahmen von Facilitation. Es braucht Klarheit und Kompetenz im Umgang mit Konflikten, damit eine Gruppe oder ein Team arbeitsfähig ist, intrinsisch wie auch extrinsisch motivierte Ziele erreichen, Probleme lösen, Entscheidungen treffen und eine Situation oder Tätigkeit optimieren kann.

Konflikte sind dynamisch.

Ein Konflikt ist ein komplexes Phänomen.

Einstellungs- und Verhaltensmuster in Konflikten können sehr unterschiedlich sein.

Zur Betrachtung von Konflikten gibt es verschiedenartige gesellschaftliche Positionen.

Muster und Dynamiken zu erkennen, verbessert die Ausgangsposition.

Neurobiologisch betrachtet haben Konflikte das Potenzial, als Bedrohungssituation erlebt zu werden.

Professionalität beinhaltet, mit Grenzen des Formats und der eigenen Tätigkeit reflektiert umzugehen.

Abbildung 59: Merksätze zum Umgang mit Konflikten

Konflikte sind dynamisch

Das bekannte Eskalationsstufenmodell nach Friedrich Glasl[212] beschreibt neun Stufen, über die sich ein Konflikt vom Win-Win zum Lose-Lose entwickeln kann. Für den Rahmen dieses Buchs lassen sie sich in drei Treppenabsätze zusammenfassen:

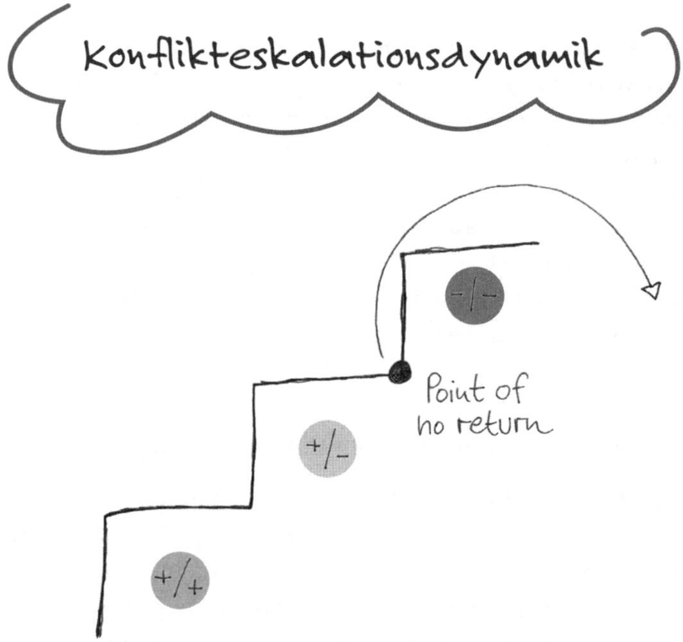

Abbildung 60: Treppenabsätze der Eskalation

Die Ampelsymbolik von Grün (+/+) über Gelb (+/-) zu Rot (-/-) versinnbildlicht hier: Die „Selbstheilungskräfte" der Beteiligten nehmen mit zunehmender Eskalation ab. Je schwächer diese werden, desto eher besteht Anlass für eine vorübergehende Kompensation mithilfe direktiver Interventionen, die sich beziehen können auf das Setting der Gesprächsführung, auf die Auswahl von Techniken beziehungsweise Methoden oder auch auf Konfliktinhalte. Ziel ist und bleibt dabei, dass die Beteiligten ihre Selbststeuerung zurückgewinnen. In einigen Situationen hilft eine Erinnerung an den gemeinsam vereinbarten Sicheren Rahmen. Bei einer weit fortgeschritten Eskalation steht infrage, ob ein Facilitationprozess der geeignete Rahmen für eine Konfliktlösung ist. Mit großer Wahrscheinlich braucht es eher etwas anderes, etwa ein Mediations-, Schlichtungs- oder Gerichtsverfahren oder ein formales Gespräch[213] im Unternehmen.

Ein Konflikt ist ein komplexes Phänomen

Ein Konflikt besteht oft aus mehreren Konflikten, die sich in der Eskalation auf jeweils verschiedenen Stufen (Abbildung 60) befinden können. Es braucht Raum und Zeit, damit Konflikte und Konfliktpotenzial identifiziert, Perspektiven und Gefühle anerkannt, Bedürfnisse und Interessen geklärt und verhandelt, Ziele, Strategien, Vorstellungen und Visionen der Einzelnen und der Kooperation der Beteiligten gefunden und erreicht werden können. Für eine nachhaltige Konfliktlösung braucht es ein Verfahren, das der jeweiligen Komplexität der Situation entsprechen kann. Und es braucht Interventionen, die passgerecht ausgewählt und angewendet werden. Im Kontext dieses Buchs erinnert dieser Merksatz daran, dass es die Komplexität von Konflikten ist, die anbietet, sich jeweils dem zuzuwenden, was gerade möglich ist.[214] In diesem Zusammenhang stellt sich also Facilitator:innen die Frage: Was kann hier und jetzt mit allen Beteiligten im Sinne des erwünschten Prozesses ermöglicht werden?

Zur Betrachtung von Konflikten gibt es verschiedenartige gesellschaftliche Positionen[215]

Prägend für Konfliktbearbeitungsprozesse und den Anteil von Aspekten wie Scham, Akzeptanz und Offenheit sind Perspektiven, die Konflikte eher als kritisch oder als positiv ansehen: Werden Konflikte als „pathologische“ Erscheinung betrachtet, soll Konfliktmanagement sie beseitigen und verhindern. Mit einem mediativen Ansatz kann die Hoffnung verbunden sein, dass z. B. Scham oder andere unangenehme Gefühle, die die Beteiligten mit einer Konfliktsituation verbinden, in einem vertraulichen Rahmen unter Beibehaltung von Selbstverantwortlichkeit im geschützten Setting „noch am besten aufgehoben“ sind. Gelten Konflikte als Signal für eine Dysfunktion, erwarten die Beteiligten meist, dass Strukturen analytisch betrachtet werden, zwecks Herstellung von Effizienz.[216] Mit Blick auf die integrative Funktion von Konflikten entstehen in einer Gruppe oft Erwartungshaltungen, sich mit dem Symbolcharakter des Konflikts im System ressourcenorientiert zu befassen.[217]

Es ist auch möglich, Konflikte als Förderer sozialen Wandels anzusehen, als Motor für Veränderung. Für Facilitation stellen sich Fragen wie: Welche Veränderung ist notwendig und im Interesse der Beteiligten beziehungsweise im Interesse des Systems?[218] Möglicherweise ist der Konflikt dann ein Signal für Veränderungsenergie: Es geht nicht darum, ihn zu bearbeiten, sondern darum, Veränderungsbedarfe wahrzunehmen. Die in Kapitel 5.3.2 beschriebenen Klassiker des Sammelns und Versammelns lassen sich mit diesem Merksatz noch einmal systemisch mit Blick auf den Globe und den „Pool“ reflektieren: Aus welcher Position heraus betrachten sie

Konflikte und Konfliktpotenzial? Besonders deutlich wird dies in der Gegenüberstellung der Ansätze Appreciative Inquiry und Real Time Strategic Change.

Einstellungs- und Verhaltensmuster in Konflikten können sehr unterschiedlich sein

Ob offen, emotional und direkt oder auch verdeckt, äußerlich beherrscht und indirekt: Die Bandbreite von Konflikten ist so groß, wie Menschen und Situationen divers sind. Wachheit und eine fragende Haltung erleichtern den Umgang mit dieser Realität. In der Denkweise eines humanistischen Menschenbilds können Typologien allenfalls „auf Ideen bringen“.[219] „Die Kernfrage ist: ‚Habe ich einen Konflikt?‘ – Oder: ‚Hat der Konflikt mich?‘“[220] Mit Blick auf Erleben und Möglichkeiten von den an einem Konflikt beteiligten Personen knüpft dieses Zitat an die Ausführungen an, die im Zusammenhang mit Konflikteskalation gemacht wurden. Wer Dialog ermöglichen will, braucht Verständnis und Geduld: Bei einer sich im Konflikt befindlichen Person kann dieselbe Frage erst „völlig unpassend“ und, fünf Minuten später erneut gestellt, „genau die richtige“ sein. Zum Ermöglichen von Gruppenprozessen ist es angesichts von Konfliktpotenzial hilfreich, auch Handwerkszeuge parat zu halten, die deeskalierend wirken. Oder – siehe Kochtopfmodell (Abbildung 52) – die Flamme herunterzudrehen.

Muster und Dynamiken zu erkennen, verbessert die Ausgangsposition

Um die Einzelnen dort abzuholen, wo sie stehen, und daran anknüpfend Interventionen umsetzen zu können, gilt im Facilitation wie in mediativen Verfahren das Prinzip: Erst kommt das Pacing, dann das Leading[221]: Die in Abbildung 33 ausgeführten fünf Stufen der Anerkennung verdeutlichen, wie durch ein „Schritt-für-Schritt-in-den-Schuhen-des-anderen-Gehen“ (Pacing) die Bereitschaft entstehen kann, sich weiterführenden Fragen oder anderen Perspektiven zu widmen.

Neurobiologisch betrachtet haben Konflikte das Potenzial, als Bedrohungssituation erlebt zu werden[222]

Auf Bedrohungen reagiert das Gehirn mit einer Stressreaktion, und betroffene Menschen passen ihr Handeln schnell an die Bedrohungssituation an. Einige wenden sich ab: Angst veranlasst sie zur Flucht in andere Themen oder dazu, einen Raum zu verlassen. Andere reagieren mit Ärger und fangen an zu kämpfen[223] – im Dialog um das letzte Wort, ihre Meinung oder eine Strategie. Und manche Menschen „frieren“ bei einem Konflikterleben ein: Sie „stellen sich tot“, dissoziieren oder haben einen Blackout. Solch eine Stressreaktion geht mit einer Einengung auf gedanklicher

Ebene einher[224]: Konflikte beeinträchtigen die Wahrnehmungsfähigkeit, die Art zu denken, das Vorstellungsvermögen und das Gefühlserleben. Im Konflikt kommt es zur Polarisierung von Innen- und Außenwelt, zu einer Abkapselung des Innen vom Außen. Diese Beeinträchtigung hat Konsequenzen für die Bewertung von Situationen und Möglichkeiten im Kontakt. Im Facilitation zeigt sich dies zum Beispiel, wenn Einzelne plötzlich für Dialogisches nicht zugänglich sind. Einfühlungsvermögen hilft: Mithilfe von Empathie lässt sich so intervenieren, dass, wie in den Stufen der Anerkennung (Kapitel 5.2) beschrieben, Inneres mit der Außenwelt Schritt für Schritt wieder verbunden werden kann.

Professionalität beinhaltet, mit Grenzen des Formats und der eigenen Tätigkeit reflektiert umzugehen

Wenn in einem Facilitationprozess an- und ausgesprochen wird, dass ein Konflikt vorhanden ist und seine Bearbeitung andere Rahmenbedingungen braucht, kann genau das eine p.a.s.s.gerechte Intervention sein. Wenn man die Gruppe fragt, wie damit weiter verfahren werden kann und soll, kann sich ergeben: Mit diesem Wissen um den Konflikt kann der Dialog im Sinne des Eigentlichen, des zu Ermöglichenden fortgeführt werden – die Kommunikation in der Gruppe kann sich in der Fortsetzung des Prozesses auf andere zentrale inhaltliche Aspekte beziehen. Wird im Weiteren der Konflikt tangiert, kann dies wahrgenommen werden. Das Schweigen gehört ebenso zu einem Dialog wie das Reden (Kapitel 3). Einen Inhalt aufzugreifen ist eine Möglichkeit im Prozess; ein Thema bewusst zur Seite zu legen, ist ein alternativer und genauso sinnvoller Schritt. Nach dem Kochtopfmodell (Abbildung 52) kommt dies einem Intervenieren auf kleiner Flamme in Richtung Prävention gleich: Der Konflikt wird nicht behandelt, und es werden vorbeugende Maßnahmen eingeleitet, dass er dem weiteren Dialog nicht im Wege steht. Möglicherweise kennzeichnet die Gruppe den Konflikt als solchen und geht dann, um ihn herum, weiter ihren Weg. Für den Hinterkopf eignet sich hier das Motto: „Wege entstehen dadurch, dass man sie geht."[225] Eine Gruppe, die sich entscheidet, trotz eines eskalierten Konflikts weiterzugehen, findet damit ihren weiteren Weg.

Ergänzen lässt sich hier: Die Praxis zeigt, dass Konflikte, die in einem Rahmen nicht gelöst werden können, oft verhindern, dass über etwas anderes gesprochen werden kann. Das ist meist dann der Fall, wenn sie unausgesprochen bleiben und der Gruppe den Blick verstellen, wie der sprichwörtliche Elefant im Raum. Der entscheidende Faktor für ein Intervenieren zugunsten aktiver Teilhabe von allen ist Transparenz, im Sinne von „Sagen, was ist, statt was nicht ist", und wertschätzend festzustellen, dass es hier einen Konflikt gibt. Dies ist möglich, auch ohne den Konflikt lösen zu müssen oder zu wollen oder infrage zu stellen, dass neben dem Konflikt noch anderes vorhanden ist.

Eine Facilitatorin erinnert sich in dieser Situation zum Beispiel an folgendes Bild aus ihrem eigenen Ausbildungskontext: Für die Gruppe stellt sich der Konflikt wie eine Grube auf dem Weg dar. Die Gruppe kann in diese Grube hineinspringen (Szenario 1), und daraufhin sitzen alle darin fest. Sie füllen sie aus und können nichts mehr sehen. Sie spüren die anderen um sich herum, die von dem wenigen verfügbaren Raum etwas (weg-)nehmen. Die Begrenzungen der Grube erleben sie als eindrücklich oder bedrückend. Als Szenario 2 bietet sich an: Die Gruppe geht um die Grube herum und ihren Weg weiter.

In der Erinnerung sieht die Facilitatorin, wie dieses Bild am Flipchart skizziert war: Dort war eine Grube gezeichnet worden, und es war der aus der Themenzentrierten Interaktion bekannte Grundsatz zu lesen: „Störungen haben Vorrang." Mit Blick auf die aktuelle Situation, die sie in der Gruppe erlebt, kommt sie zu einer Entscheidung in Bezug auf die Richtung ihrer Intervention: „Wenn ich im Prozess so interveniere, dass ermöglicht wird, die Störung an- und aussprechen, gebe ich ihr damit Vorrang vor dem, was sonst noch in der Situation gesagt werden könnte."

Wer diesen Grundsatz missversteht, lässt sich in dem Anliegen, flexibel sein zu wollen, in einer solchen Situation möglicherweise dazu verleiten, den Konflikt zur Überschrift zu erklären, wie es in Kapitel 5 zum Merksatz „Die Überschrift ist das Programm" beschrieben wurde. Ein solches Intervenieren ist dann wahrscheinlich nicht im Sinne des Prozesses. In Bezug auf das beschriebene Bild könnte das im schlimmsten Fall bedeuten, „die Gruppe anzuschubsen, in die Grube zu springen". Es wirkt dann nicht ermöglichend, sondern verhindert einen p.a.s.s.gerechten Umgang mit dem Konflikt. Und dieser wäre: transparent machen und da sein lassen; ermöglichen, dass die Gruppe sich dem widmet, was möglich ist. Je nach Situation und Auftrag kann dazugehören, die Beteiligten jetzt oder später (nach Abschluss des Facilitationprozesses) zu fragen, wann und wo das Gespräch über die angemessene Bearbeitung des Konflikts fortgesetzt werden könnte. Eine andere Möglichkeit ist, dieses Anliegen beispielsweise auf einem Themenparkplatz aufzunehmen. Eine solche Visualisierung bietet sich an, wenn ein Aspekt Raum braucht und es wichtig ist, dass alle sehen: Es ist geplant, sich ihm später wieder zuzuwenden.

Beim Intervenieren in der Gruppe erlebt die Facilitatorin, dass das Wann und Wie zu einer weiteren Diskussion führt, die den Fokus im Gruppenprozess auf sich zieht. Sie schätzt dies als eine Ablenkung vom Eigentlichen ein und möchte methodisch ermöglichen, dass diejenigen, die in ihrem Bild „noch unentschlossen vor der Grube stehen", jetzt um die Grube herum den Weg mit den anderen fortsetzen können. Sie schreibt auf zwei Moderationskarten „Wann?" und „Wie?".

An der Wand hängt ein Plakat mit dem visualisierten Prozessdesign, und sie deutet auf den Punkt, an dem sich die Gruppe aktuell befindet. Vom Themenparkplatz nimmt sie die Karte, auf der „Konfliktklärung" steht, und klebt sie wie eine Barriere auf die Stelle, an der sich die Gruppe im Prozessdesign verortet. In dem Wissen, dass der Konflikt in einem anderen Setting zu bearbeiten ist, fragt sie, was es braucht, um vom aktuellen Punkt aus, an dem die Gruppe derzeit steht, im Sinne des geplanten Prozesses weiterzugehen.

In ihre mediative Zusammenfassung baut sie die neu beschriebenen Moderationskarten ein: Sie klebt „Wann?" und „Wie?" an die Karte „Konfliktklärung" und ist bereit, noch weitere kleine Moderationskarten mit „Merkhilfen für das Später-darauf-Zurückkommen" zu versehen. Aus der Gruppe kommen keine weiteren Fragen.

Mit dem Einverständnis aus der Runde nimmt sie die Karte „Konfliktklärung" mitsamt den Ergänzungen „Wann?" und „Wie?" und klebt sie auf den Themenparkplatz. So gelingt es, dass alle in der Gruppe den Konflikt als etwas wahrnehmen und anerkennen, das noch zu besprechen bleibt.

In ihrer Reflexion dieser Situation kommt die Facilitatorin zu der Einschätzung: Damit diese Anerkennung von allen in der Gruppe erlebt werden konnte, war es wichtig, noch einmal Raum dafür zu geben. Danach war es möglich, dass auch die vom Konflikt spürbar betroffenen Teilnehmenden um die Grube herum und weitergehen konnten. Auf ihre Nachfrage in die Runde, ob alle bereit seien, im Prozess weiterzugehen, kam von allen ein Ja, und so ließ sich der Dialog in der Gruppe auch mit allen fortsetzen.

Mediative Über-Setzungen

Mediative „Über-Setzungen"[226] sind Formulierungen im Sinne des Prozesses und ein überaus wirksames Tool beim Mediieren und Multiplizieren. Wachheit beim Formulieren ist in der Prozessbegleitung vielfältig und umfassend gefragt, denn Negativformulierungen wirken sich dämpfend auf Motivation und Stimmung aus. Sie fördern Mutlosigkeit und Eskalation und eine Verengung der Sichtweise im beschriebenen Sinne. Wenn in einer Gruppe, die vor Ort zusammenkommt (und noch stärker bei einem Onlinetreffen), nicht in dem Sinne interveniert wird, dass Energie für den weiteren Dialog ermöglicht wird, können die Beteiligten in einen Negativkreislauf geraten: Resignation, Müdigkeit und Lustlosigkeit bestärken einander, und irgendwann verselbstständigt sich ein solcher Kreislauf. Schon beim Daran-Denken und Beschreiben kann dieses Potenzial fühlbar sein. *Seine Aufgabe, im Sinne eines ressourcenorientierten Entwicklungsprozesses ermöglichend zu begleiten, setzt ein Facilitator um, indem er die Gruppe unterstützt, aus dieser Situation auszubrechen und in einen Positivkreislauf einzusteigen (Abbildung 37). Hierzu nutzt er Übersetzung und Umformulierung als zentrale methodische Handwerkszeuge. Hinter seiner Entscheidung für diese Interventionsrichtung steht, dass er der Gruppe ermöglichen möchte, in einer im Negativkreislauf eskalierenden Situation nicht bis zum „Point of no return" (Abbildung 60) zu kommen. Er musste bereits die Erfahrung machen: Wenn an diesem Punkt Einzelne in der Gruppe für sich entscheiden, dass sie eine solche Atmosphäre nicht länger ertragen wollen, steigen sie innerlich aus oder sie gehen und bleiben auch dem nächsten Treffen lieber gleich fern.*

Ein großer Teil der Prozessbegleitung dreht sich um Übersetzungsarbeit: Verallgemeinerungen werden konkretisiert, Du-Botschaften in Ich-Botschaften, Klagen und Schuldzuweisungen in Bedürfnisse, Negativaussagen in Positivformulierungen umformuliert. Nach dem Motto „Sagen, was ist, statt was nicht ist", werden Unworte wie „nicht" oder „kein" als Anlass für Fragen genutzt wie: „Wenn nicht …, was dann?" Dies beinhaltet auch eine Einladung an die Gruppe zur Orientierung am Modell (Kapitel 5.2.3). Der Kommunikationsprozess lässt sich fördern, indem auch die Person, die den Prozess begleitet, konsequent über das redet, was ist. So ist sie beispielsweise auf Bedarfe und Wünsche im Raum konzentriert und nicht auf das, was „fehlt" und „nicht vorhanden" ist oder „wünschenswert wäre".

Die Von-Phase-zu-Phase-Phrase

In einem Prozess von Phase zu Phase zu begleiten, klingt einfacher, als es manchmal ist. Herausfordern können Fragen wie: Woran erkenne ich im Prozess, wenn eine Phase beendet ist? Wie ermögliche ich in der Gruppe einen sanften und effizienten Übergang? Ein professionell gestalteter, bewusster Phasenwechsel hilft dabei, dass alle miteinander den einen Schritt abschließen und sich auf den nächsten konzentrieren können. Es geht also nicht darum, wie genau eine Von-Phase-zu-Phase-Phrase gestaltet ist, sondern darum, mit ihrer Hilfe den Übergang zu markieren. *In der Praxis hat eine Facilitatorin immer wieder erlebt, dass es keine gute Idee ist, die Phrase einfach wegzulassen, weil „ja alle im Raum wissen, wo wir stehen". Sie reflektiert diese Erfahrungen und denkt: Wer redet, hört sich nicht unbedingt selbst zu. Und viele Beteiligte sind zwischendrin in ihrem eigenen „inneren Film". Der an die einzelnen Ichs in der Gruppe gerichtete Impuls, darüber nachzudenken, ob die Gruppe weitergehen kann, ermöglicht den einzelnen Beteiligten, ihren Fokus auf das Hier und Jetzt auszurichten. Wenn alle ausdrücklich bestätigen, dass sie weitergehen können, ist die Change groß, dass der nächste Schritt mit allen gemeinsam erfolgt.*

Eine Übergangsmöglichkeit von Phase zu Phase ist eine zusammenfassende Ergebnissicherung in Bezug auf den bisherigen Verlauf: In einer Serie begleitet uns „Was bisher geschah" von Folge zu Folge – und in einem Prozessverlauf von Phase zu Phase. Das aktuell bearbeitete Thema kann resümiert, abgerundet und – manchmal anteilig, manchmal ganz – mit der Gruppe verabschiedet werden. Im Rahmen unterschiedlichster Liberating Structures lässt sich Verständnis umfassend sichern, und ein allparteilicher Einbezug von Menschen und Inhalten lässt sich überprüfen: Sind alle gewünschten Themen bearbeitet? War jede Person am Prozessschritt beteiligt? Erkennen alle sich selbst, die vertretenen Interessen oder Standpunkte im bisherigen Ergebnis wieder? Eine Von-Phase-zu-Phase-Phrase, die alle im Prozess als Überleitungsangebot erkennen können, hilft dabei, das Wesentliche auf den Punkt zu bringen, bevor es weiter geht. Und auch bei der Überprüfung, ob der Fokus entsprechend der ursprünglichen Intention beibehalten wurde, hilft eine solche Priorisierung.

Die Ergebnisse aus einer Phase können zwecks weiterer Verwendung aufbereitet werden. Zum Beispiel so, dass sie gut sichtbar für alle in die Visualisierung eingebunden und im weiteren Verlauf des Prozesses leichter zu integrieren sind. Letztlich ist dabei zu überprüfen: Wurde eine Phase mit allen zum Abschluss gebracht? Können wir im Prozess nun einen Schritt weitergehen? Kommen alle mit? Oder fehlt noch etwas dafür? Das, was im Fünf-vor-zwölf-Effekt (Kapitel 5) zutage tritt, kann hier im Prozess bereits Phase für Phase abgeholt werden. Mit strategischem Blick auf den Abschluss des Prozesses lässt sich so bereits die Komplexität der Aufgaben verringern, und gegebenenfalls lassen sich Effizienz und Nachhaltigkeit in der Ergebnisfindung erhöhen.

Zwischenergebnissicherungen: Wenn der Prozess ins Stocken gerät

Beim Begleiten der Gruppe auf ihrem Weg intervenieren Facilitator:innen ressourcenorientiert. Dafür halten sie das, was sich bisher ergeben hat, als Zwischenergebnis fest – nicht nur beim Übergang in eine nächste Phase, sondern auch, wenn der Prozess ins Stocken gerät oder sich im Kreis zu drehen scheint. *Eine solche Ergebnissicherung kann (siehe Abbildung 61) folgendermaßen lauten:*

Im Prozess sind wir jetzt an dem Punkt, ...

In der Gruppe wurden zum Thema verschiedene Standpunkte betrachtet ...

Sie stimmen grundsätzlich darin überein, dass ...

Punkte, die Sie unterschiedlich betrachten, sind ... Es gibt dazu die Auffassung, ... und die Ansicht, ...

Wie möchten Sie auf Basis dieses Ergebnisses weiter vorgehen? (oder Hinweis darauf, wie es nun weitergeht)

Abbildung 61: Mediative Zwischenergebnissicherung

Visualisierungen im Prozess

Visualisierungen, die flexibel im Prozess erstellt und für alle sichtbar sind, sind eine weitere hilfreiche Kurzintervention, die mediativ und dialogorientiert im Prozess unterstützt. *Dies kann eine Sammlung der Themen oder gemeinsamen Interessen an einem Flipchart oder einer Pinnwand sein. Auch Markierungen mithilfe von Bodenankern*[227]*, die im Gespräch über zeitliche Abläufe eine Timeline entstehen lassen, sind eine Möglichkeit. An analogen oder digitalen Whiteboards lässt sich ein Bild, das im Dialog entsteht, zur Konkretisierung malen: Facilitator:innen, die nicht selbst malen wollen, können das von der Gruppe erledigen lassen.*

Ein weiteres Beispiel ist das Visualisieren von etwas Symbolhaftem. So könnte man bei einer Ambivalenz in Entscheidungssituationen zwei Waagschalen skizzieren und beim aktiven Zuhören auf sie deuten und dazu auffordern, sie mit Karten zu füllen. Die Karten könnte man anschließend wieder aus dem Dualismus „befreien", um neue Perspektiven im Umgang damit zu ermöglichen.

Visualisierungen ergänzen das Gesprochene um das Visuelle (VAKOG, Kapitel 5.3.1). Damit bündeln sie die Kommunikation im Sinne des Prozesses. Oder sie bewegen das Thema auf eine andere Ebene und lockern so eine möglicherweise festgefahrene Diskussion auf. Gerade bei emotionalen Themen und Prozessen kann die Visualisierung versachlichen. Sie trägt dazu bei, dass alle Beteiligten sich mehr mit den Inhalten des Prozesses identifizieren, und schafft eine gemeinsame Basis. Ein Grundsatz beim Visualisieren von Ergebnissen jeglicher Art im Prozess ist: Sie werden erst verschriftlicht, wenn alle der Formulierung zugestimmt haben. Damit die Zustimmung im weiteren Verlauf des Prozesses emotional und kognitiv erinnert wird, empfiehlt es sich, die ursprünglichen Visualisierungen möglichst weiterzuverwenden – im aktuellen und auch in Folgetreffen eines Facilitation.

Anregungen zum mediativen Umgang mit Themen und Ideen

Im Prozess einer kooperativen Lösungsfindung ist eine gemeinsame Themensammlung ein Signal der Gemeinsamkeit. Alles, was für die Beteiligten im Raum ein Thema ist, wird aufgenommen, dann geclustert und mit Überschriften versehen.

In vielen Prozessen hilft es, das, was aufzuschreiben ist, grundsätzlich im Sinne des Prozesses zu formulieren, wie es bereits beschrieben wurde. Hier gilt es, ein Feingefühl dafür zu entwickeln, dies so nah wie möglich an der Aussage der Teilnehmenden und gleichzeitig im Sinne des Prozesses zu tun. *Ein Facilitator hat sich folgendes Vorgehen angewöhnt: Bevor etwas geschrieben wird, sieht er grundsätzlich erst einmal die Person, die eine Aussage getroffen hat, an und auch die anderen Teilnehmenden in der Runde. Dann spricht er aus, wie er plant, die Formulierung aufzunehmen. Wenn es Einwände gibt, kann er das entsprechend im Prozess spiegeln und klären.* Grundsätzlich werden so als Ergebnis Formulierungen aufgenommen, die im Prozess von allen „getragen" werden – ob ihnen die Inhalte „schmecken" oder nicht. Die Formulierung ist eine Art „organische Verpackung", die für den Prozess und die Beteiligten passt. Dies hilft im Umgang mit dem „Bojen-Effekt", der besagt: Wichtige Themen – und auch Einwände – sind wie Bojen. An irgendeiner Stelle tauchen sie immer wieder auf. *Wenn etwas aufgeschrieben ist und eine der Personen innerlich Einwände hat, die nicht gesehen wurden, dann kann es passieren, dass zu einem späteren Zeitpunkt der ganze weitere Prozess „plötzlich"[228] infrage gestellt wird.*

Es gibt noch einen Effekt, dem die Vergewisserung vorbeugt, dass bei der Themen- oder Ideenauswahl wirklich alles aufgenommen wurde: Auch wenn etwas nicht eingebracht wurde, ist es da. *Nehme wir an, jemand hat sich nicht getraut, etwas anzusprechen. Womöglich verwendet diese Person mehr oder weniger Energie darauf, den geeigneten Moment auszumachen, es doch noch irgendwie einzubringen.* Wer noch einmal ausdrücklich eingeladen ist, Dinge anzusprechen, die noch nicht eingeflossen, aber dennoch wichtig sind, wird unterstützt, im Prozess mitzugehen und teilzuhaben:

> *„Bitte denken Sie bewusst noch einmal an die Selbstverantwortlichkeit im Sicheren Rahmen. Nehmen Sie sich einen Moment Zeit, um zu überlegen, ob Sie hier noch etwas beitragen können und wollen."*

Abbildung 62: Möglichkeiten nutzen, um zur Teilhabe im Prozess einzuladen

Wenn es eine Fülle an Themen gibt, ist die Frage, ob diese sich zu Schwerpunktthemen zusammenfassen lassen (Clustern). Dies sorgt für Übersichtlichkeit.

Angesichts der Komplexität im Prozess kann man die einzelnen Teilnehmenden bei der Themenauswahl unterstützen, indem man erwähnt, dass die Auswahl sich zunächst auf das an dieser Stelle geeignete Bearbeitungsthema bezieht: Alle aufgenommenen Themen sind wichtig und zu würdigen. Die Auswahl ist nicht gleichzusetzen mit einer Priorisierung. Es geht vielmehr um die Frage: Welches Thema soll zuerst behandelt werden? Wenn der Dialog zu diesem Thema abgeschlossen ist, werden die anderen Themen erneut herangezogen: Was verändert sich für diese Themen durch das Ergebnis im Dialog? Was hat sich zwischenzeitlich an den anderen Themen getan? *Eine Facilitatorin hat dafür die folgende Formulierung gefunden: „Die Auswahl eines Themas ist die Entscheidung der Teilhabenden, mit welchem Thema sie in den nächsten Schritt einsteigen. Nicht mehr und nicht weniger."*

Es gibt unterschiedliche Varianten, wie sich die Auswahl methodengeleitet unterstützen lässt. Zwei einfache Möglichkeiten dazu sind Punkten und Priorisieren. Wenn jede Person drei Klebepunkte hat und alle Teilnehmenden können einen Aspekt oder ein Thema mit einem dieser Punkte „bekleben", entsteht schnell ein Überblick, wo die Prioritäten liegen. Priorisieren lässt sich auch durch eine Nummerierung, die die Teilnehmenden hinter die Themen setzen. Das Punkten gibt vor allem in einer großen Gruppe schnell ein übersichtliches Bild, wenn die Punkte ergebnissichernd gezählt und die jeweiligen Ergebnisse neben die Themen geschrieben werden. Das Priorisieren gibt ein Stimmungsbild, wie relevant ein Thema ist oder wie dringend oder naheliegend es in der Gruppe zur Bearbeitung ansteht.

Mediation als Methode einsetzen

Das Phasenmodell der Mediation wurde bereits im Zusammenhang mit Facilitativer Mediation als Klassiker des Sammelns und Versammelns (Kapitel 5.3.2) und als Liberating Structure (Abbildung 51) beschrieben. Daran anknüpfend lässt sich hier ergänzen: Mediation lässt sich auch im Rahmen eines anderen Prozessdesigns als Methode heranziehen. Wichtig ist hier, die Klarheit zu wahren, dass dies kein Mediationsverfahren im rechtlich definierten Sinne ist. Nicht nur Konfliktklärung oder Konfliktlösung, auch beispielsweise Teamentwicklung kann im Rahmen von Facilitation ein geeigneter Anlass für den Einsatz von Mediation als Methode sein. Mit den vier Mediationsphasen „Sicheren Rahmen schaffen", „Konfliktschilderung", „Konflikterhellung", „Lösungsfindung" können Facilitator:innen in der Gruppe einen gemeinsamen Weg der Konfliktklärung und -lösung visionieren und visualisieren.

Mit Blick auf das Kompetenzmodell für Facilitator:innen ist beim Einsatz von Mediation als Facilitation-Tool zu fragen: Was ist im System zu ermöglichen, damit Konfliktbearbeitung mit allen am Konflikt beteiligten Personen oder Ebenen stattfinden kann? Was ist im Dialog zu ermöglichen, damit Konfliktbearbeitung stattfinden kann, und zwar unter Einrichtung und Wahrung von Allparteilichkeit, Ergebnisoffenheit und Vertraulichkeit? Mit einer mediativen Haltung, die sich in der Gruppe multiplizieren kann in Form von Empathie, Wertschätzung und Kongruenz im Kontakt? Zugunsten eines sicheren und offenen Gesprächsrahmens, in dem alle sich aktiv einbringen können und in dem jede Person für sich, die eigenen Gefühle, Bedürfnisse und Wünsche, das eigene Verhalten und daraus entstehende Konsequenzen Verantwortung übernimmt? Was ist strukturell, im gewählten Prozessdesign, zu ermöglichen, damit ausreichend Raum bleibt für die beschriebenen Aspekte, die kennzeichnend für den Umgang mit Konflikten sind? Was ist mithilfe von Interventionen im Prozess mediativ zu ermöglichen? Welche Techniken und Werkzeuge ermöglichen eine mediative Konfliktbearbeitung in der Kommunikation und Interaktion der Gruppe?

Zu beachten sind dabei im Besonderen der Sichere Rahmen und dass ausreichend Zeit zu Verfügung steht: Wenn Facilitation beispielsweise online mit einem Team zur Konfliktbearbeitung stattfindet und sich dabei Teammitglieder mit einem Klick (Kamera aus, Ton aus) „wegschalten" oder Familienmitglieder plötzlich auftauchen und zuhören können, dann sind dies keine geeigneten Bedingungen, um den im Phasenprozess benötigten sicheren, vertrauensvollen, allparteilich zur Verfügung stehenden Rahmen beizubehalten. Man könnte dann die Freiwilligkeit aller Beteiligten im Hinblick auf die Konfliktbearbeitung erfragen und anschließend mit dem Team einen geeigneten Sicheren Rahmen herstellen.

Wenn Mediation als Methode herangezogen wird, weil ein Konflikt im Lauf der Prozessbegleitung auftritt, braucht es einen angemessenen zeitlichen Rahmen. *Eine Facilitatorin klärt dann zunächst einmal die folgenden drei Fragen: Ist die verbleibende Zeit im Facilitation-Workshop ausreichend für die Konfliktbearbeitung? Soll es jetzt erst einmal um etwas anderes gehen, und soll das nächste Treffen komplett für die Konfliktbearbeitung zur Verfügung stehen? Soll und kann es eine Unterbrechung oder eine Verlängerung des aktuellen Termins geben?*

Ergebnisoffenheit praktizieren

Facilitator:innen brauchen Ergebnisoffenheit, um eine Gruppe Schritt für Schritt durch ihren Prozess begleiten zu können. Dabei hilft die Klarheit beziehungsweise Haltung, dass jeder Prozess ein Ergebnis hat: Es gibt keine gescheiterten Facilitationprozesse. Es gibt Erwartungen und Wünsche und Ergebnisse unterschiedlichster Art und Weise. Manchmal stehen am Ende eines Facilitationprozesses bekannterweise Ent-Täuschungen als Ende von Täuschungen. Auch dies ist ein Ergebnis. Es gibt immer ein Ergebnis. Das Ergebnis ist, was sich am Ende des Prozesses zeigt.

Die zentrale Herausforderung an Faciliator:innen besteht darin, initiierend und begleitend dazu beizutragen, dass Ergebnisse im Sinne des Prozesses formuliert werden: Zwischenergebnisse und Endergebnisse. Ziel ist, dass die Ergebnisse, so unterschiedlich sie auch sein mögen, Klarheit und Wertschätzung erfahren; dass im Umgang mit ihnen Konstruktivität und Nachhaltigkeit begünstigt werden. Ein grundlegender Bestandteil mediativen Herangehens ist, immer wieder im Prozess Ergebnisse zu sichern. Für die konkrete Umsetzung und Ausgestaltung kann man sich an den im Prozess erfahrbaren Vorlieben und bewährten Performingstrategien der Gruppe orientieren: Die Gruppe ist und bleibt Expertin für Inhalte, Ergebnisse und die Frage, was damit passieren soll. Auch ein Satz mit konkretisierenden

Unterpunkten oder eine „Hausaufgabe“, den Prozess zum nächsten Treffen nachzubereiten oder eine Absichtserklärung zu einem ersten Schritt zwecks Transfer in den Globe beziehungsweise in den Alltag können Formen der Ergebnissicherung sein. Oft lohnt es sich, in die Gruppe zu fragen, was Nachhaltigkeit im Umgang mit dem Ergebnis unterstützen kann.[229]

Dass „die Gruppe“ aus vielen einzelnen Ichs besteht, ist bis zur letzten Sekunde charakteristisch für den Prozess. Ergebnisse zu sichern, braucht Zeit, Raum und Energie von allen in der Gruppe. Dies zu berücksichtigen kann bedeuten: Man beginnt mit der Ergebnissicherung nach einer kurzen Pause, in der alle sich sammeln können oder leitet sie mit einem Methodenwechsel ein. Die Aufgabe, zum Abschluss Wesentliches zu bündeln und zu ermöglichen, und dass sich alle daran aktiv beteiligen können, ist Anlass zum Mediieren inmitten von Diversität und erinnert an den Merksatz „Die schwache Steuerung ist die aktivste Intervention“ (Abbildung 23).

6. Facilitation for Change: Veränderung mediativ ermöglichen und begleiten

Facilitation erfordert Flexibilität und Offenheit. Die Anwendung in der Praxis umfasst ein weites Feld – und deshalb hilft es, einen gut bestückten Methodenkoffer dabeizuhaben. An dieser Stelle sei noch einmal das Wortspiel aufgegriffen: „Die Beschaffenheit des Pools prägt die Auswahl der Tools" (Kapitel 3). Bisher wurden grundlegende Kompetenzen und Werkzeuge für Facilitation ausgeführt, und es wurde die Beschaffenheit des Pools Mediativer Kommunikation veranschaulicht. In den nun folgenden Kapiteln 6 und 7 geht es, ergänzend zu den bereits ausgeführten Beispielen, um zwei konkrete Anwendungsbereichen des bisher Beschriebenen: Veränderung und Teamentwicklung.

Mithilfe von Facilitation werden vielfach Veränderungen angeregt und begleitet. Kennzeichnend ist dabei der umfassende Blick auf alle Ebenen im System. Außerdem wird eine über das System hinausreichende Perspektive einbezogen. Veränderungen können vielfältiger Natur sein. Wie im gewählten Beispiel (Kapitel 6.1) dargestellt, können sie sich in Form von Maßnahmen oder auch Projekten, als Neugestaltung oder Zukunftsentwicklung im Auftrag und Inhalt eines Prozesses zeigen. Laut dem in Kapitel 5.1.2 eingeführten Drei-Phasen-Modell nach Lewin sind Veränderung, ein Prozess, der zunächst von einigen wenigen initiiert wird und sich dann ausbreitet (Abbildung 31). Unter den Beteiligten ist hier aktive Teilhabe zu ermöglichen – an einer als sinnvoll erlebten Entwicklung, die von allen getragen, umgesetzt und etabliert werden kann.

Inwieweit lässt sich hierzu Zirkulärkommunikation gestalten? Was konkret ist der Auftrag? Was ist zu ermöglichen? Steht das gewünschte Ergebnis der Veränderung bereits fest? Geht es um die Ermöglichung dessen, dass sich idealerweise alle dazu entscheiden, sich aktiv an dem Geplanten zu beteiligen, und sich auch in der Lage sehen, das zu tun? Oder geht es darum, dass in einer Situation Veränderung zu initiieren oder zu entwickeln ist? Wurde mit der Umsetzung einer Veränderung bereits begonnen? Stagniert dieser Prozess und soll wieder in Bewegung kommen? Diese und weitere Situationen können Anlass zur Prozessbegleitung sein. Im Interesse einer möglichst umfassenden Barrierefreiheit (Kapitel 2.2) ist hier Gründlichkeit in der Auftragsklärung und beim Etablieren des Arbeitsbündnisses mit und in der Gruppe angesagt. Dazu ist eine differenzierte Analyse der Lage erforderlich: Wo liegen die Möglichkeiten und Grenzen der Beteiligten, insbesondere bei Initiations-, Entscheidungs-, Kommunikations- und Umsetzungsprozessen? Eine Verortung im Prozess der Veränderung hilft, einen Ansatzpunkt zu finden.

Anhand des Fallbeispiels „Das Pilotprojekt" werden nun Möglichkeiten veranschaulicht, Veränderungsprozesse facilitativ zu begleiten. Es kommen hier zwei Modelle zum Tragen, die als Liberating Structures dienen: eine Veränderungslandkarte (Kapitel 6.3) und ein 4Mat-Modell (Kapitel 6.4).

6.1 Das Pilotprojekt: Wenn der Auftrag ist, Veränderung zu initiieren

Eine große medizinische Einrichtung ist mehr als voll ausgelastet: Am Empfang drängen sich die Menschen, die Termine vereinbaren oder nach einem Rezept für ein Medikament fragen wollen oder diverse andere Informationen benötigen. Darunter sind viele Angehörige von Erkrankten, die in der Einrichtung behandelt werden. Sie haben großen Informationsbedarf, sind in Sorge und wissen nicht, wie sie sich verhalten sollen.

Am Empfang ist es zu voll, um in angemessener Ruhe irgendetwas zu besprechen. Die Behandelnden sind vollauf beschäftigt mit Behandlungsvorgängen und können keine Informationen vermitteln. Die Behandelten selbst können oft keine Informationen aufnehmen oder damit umgehen. In dieser Situation wurde ein Pilotprojekt entwickelt. Über kurze Filme können wartende Angehörige grundlegende Informationen bekommen. Sie scannen dafür mit dem Handy einen QR-Code ein und können sich dann die Filme auswählen und ansehen, die ihrer Situation entsprechen.[230] *Damit diese Maßnahme nicht nur für zusätzliche Arbeit und Irritation sorgt, sondern langfristig zu einer wirklichen Verbesserung der Situation beitragen kann, müssen in die Umsetzung der Veränderung alle Beteiligten einbezogen sein.*

Es geht hier um eine Veränderung, die alle Ebenen des Ich-Wir-Es im Globe umfasst: Das Personal in der Einrichtung, ob Mitarbeitende am Empfang und in der Verwaltung, Pflegende, Behandelnde oder Leitungskräfte mit ihrem Blick auf das Gesamte sind einzubeziehen. Darüber hinaus gilt es, die unterschiedlichen Menschen, die am Empfang Informationen benötigen, zu aktivieren, damit die Maßnahme sich umsetzen lässt. Die Zielgruppe für diesen Prozess, der mit allen Beteiligten entwickeln soll, wie eine Veränderung vom Jetztzustand zur Umsetzung der Maßnahme funktionieren kann, ist also heterogen.

6.2 Best Practice: Was prägt in Veränderungsprozessen die Möglichkeiten zum Dialog im System?

In organisatorischen Veränderungsprozessen beeinflussen Faktoren der Organisations- und Kommunikationskultur den Dialog. Mitarbeitende einer Organisation, die im Rahmen eines Facilitationprozesses versammelt sind, sind ein System im System im System (siehe dazu Abbildung 27: das Mobile am Mobile). In unserem Beispiel bilden die unterschiedlichen Angestellten der medizinischen Einrichtung eine Gruppe (System 1) in einer Organisation (System 2), die durch politische, soziale, gesellschaftliche und fachbezogene Aspekte des Globe (System 3) geprägt ist. Veränderungen in der Gesellschaft wirken sich auf die Einrichtung und deren Mitarbeitende aus. Diese geben sie wiederum an Patient:innen und Kooperationspartner:innen weiter. Für alle Ebenen lässt sich postulieren: Akzeptanz für Vorhaben entsteht am ehesten, wenn sich die Beteiligten als einbezogen erleben. Und dafür müssen das Anliegen, die unterschiedlichen Rollen und Aufgaben, mögliche Ziel- und Interessenskonflikte sowie Strategien im Umgang damit für sie transparent sein. Für Kommunikation und Möglichkeiten zur Kooperation ist entscheidend, dass auf Ebene der Organisation Klarheit über Erwartungen und Strategien besteht. Genauso wichtig ist es, zu berücksichtigen, wie und wo die Einzelnen zum Geplanten stehen: Was wissen die Beteiligten? Inwiefern stimmen sie den Veränderungsbedarfen zu und auch der Entscheidung, dass eine Veränderung umzusetzen ist?

Begleitende, die in erster Linie ermöglichen wollen, was ermöglicht werden kann, können sich an den folgenden Merksätzen orientieren, um im Prozess wesentliche Aspekte zu berücksichtigen.

Veränderung ist ein aktiver Prozess.

Knüpfe intrinsische an extrinsische Motivation.

Anerkennung für Ablehnung und Akzeptanz ist keine Einbahnstraße.

Nicht mit Kanonen auf Spatzen schießen.

Baue kein Schloss, wenn ein Zelt reicht.

Die Dimensionen des Lassens umfassen Zulassen, Sein-Lassen, Loslassen.

Abbildung 63: Merksätze zum Initiieren von Veränderung

Veränderung ist ein aktiver Prozess

In vielen Situationen kommt der Anstoß zu einer Veränderung von außen. Bei solchen extrinsisch motivierten Veränderungen stellt sich allen Beteiligten zunächst die Aufgabe, sie als solche anzuerkennen. Der Merksatz „Veränderung ist ein aktiver Prozess" legt die These nahe, dass die Entwicklungen in Veränderungsprozessen mithilfe der Beteiligten zu vollziehen sind. Das trifft vor allem dann zu, wenn Veränderungen von Teilhabenden (Kapitel 2.3) befürwortet, getragen und erfolgreich umgesetzt werden sollen.

Ein chinesisches Sprichwort bringt es auf den Punkt: „Wenn der Wind der Veränderung weht, bauen die einen Mauern und die anderen Windmühlen." Facilitator:innen obliegt die Aufgabe, in Veränderungsprozessen damit umzugehen. Mit Blick auf das System (Globe oder Gruppe oder beides) ist die Frage, welche Umgangsweisen mit „Mauern" vorhanden sind und welche „Materialien zum Bau von Windmühlen" vorgehalten werden. Im Anliegen der Ermöglichung von und in Change-Prozessen ist deshalb Geduld ein wesentlicher Bestandteil dialogischer Kompetenz, denn: „Gesagt ist noch nicht gehört, gehört ist noch nicht verstanden, verstanden ist noch nicht einverstanden, einverstanden ist noch nicht angewandt, und angewandt ist noch nicht beibehalten."[231] Wer als Facilitator:in eine Gruppe in ihrem Prozess begleitet, braucht dafür ein strukturierendes Angebot, um so Veränderung als Prozess oder Prozesse innerhalb der Veränderung für alle Beteiligten gut nachvollziehbar werden zu lassen. Aktivität ist in Gruppen eine Frage der Energie. Liberating Structures haben hier die Aufgabe, Energie freizusetzen, damit sie den Einzelnen Aktivität im Veränderungsprozess ermöglicht. *Wer sich fragt, worum es eigentlich geht und was das Ganze soll und ob man nun besser als Nächstes über das Wie, Was oder Warum oder über die vielen Was-Wenns reden sollte, ist möglicherweise allein damit sehr beschäftigt. Vielleicht fragt er sich dann „Muss das eigentlich sein?" und beschließt, erst einmal gar nicht aktiv zu werden.*

Der Grundsatz „Veränderung ist ein aktiver Prozess" erinnert daran, Facilitation-Tools bereitzuhalten, die alle einbeziehen und aktivieren und darin unterstützten, aktiv am Ball zu bleiben.

Knüpfe intrinsische an extrinsische Motivation

Um den Grundsatz „Knüpfe intrinsische an extrinsische Motivation" erfolgreich zu verwirklichen, können wir die Stufen der Anerkennung (Abbildung 33) reflektierend und anleitend heranziehen. Sowohl eine extrinsisch motivierte Person selbst als auch die Initiator:innen der Veränderung und andere beteiligte Personen sind selbst verantwortlich für den Umgang mit einer solchen Situation. Fragen, die bei der Auswahl von Interventionen der Begleitung entsprechender Prozesse weiterführen, sind: Wenn die Motivation zunächst extrinsisch ist – wie kann intrinsische Motivation erfahrbar werden? Was kann selbstverantwortliches Handeln stärken? Ein erster Schritt könnte sein, die Beteiligten in ihrer Situation abzuholen. Die Klärung von Gefühlen, Bedürfnissen und Interessen schafft die Basis dafür, eigene Möglichkeiten und die Ermöglichungspotenziale anderer wahrzunehmen. Methoden der Selbst- und Fremdwahrnehmung bieten sich an, um die Perspektiven der Beteiligten aufzunehmen, anzuerkennen und zu erweitern. Eine umfängliche Betrachtung erleichtert den Einzelnen die Entscheidung: Wie möchte, kann, werde ich damit umgehen? Erst wenn alle Ichs in einer Gruppe diese Entscheidung für sich getroffen haben, ist der Weg frei für eine Konkretisierung auf Umsetzungsebene: Was sind die nächsten Schritte?

Anerkennung für Ablehnung und Akzeptanz ist keine Einbahnstraße

Dieser Satz fasst zusammen, was in der Umsetzung der Stufen der Anerkennung (Kapitel 5.2) deutlich wird: Wenn wir Anerkennung geben und ausdrücken, entsteht in einer Gruppe eine Atmosphäre, in der sich diese Wertschätzung in Gegenseitigkeit multipliziert. Als Zeitpunkt für ein wertschätzungsförderliches Gespräch über gegenseitige Anerkennung in der Gruppe nutzt man üblicherweise den Beginn des Prozesses, wenn der Sichere Rahmen vereinbart wird. Im Weiteren helfen Dialoggestaltung und Interventionen aus einer mediativen Haltung heraus (Kapitel 5.2.2).

Nicht mit Kanonen auf Spatzen schießen

Der Satz „Nicht mit Kanonen auf Spatzen schießen" knüpft an das Harvard-Konzept an, an das Prinzip der sich selbst erfüllenden Prophezeiung, das in der Empfehlung resümiert ist, „nicht die eigenen Befürchtungen zu Argumenten der Gegenseite zu machen".[232] Im Umgang mit Veränderungen lässt sich vielfach beobachten, dass Initiator:innen befürchten, beim Gegenüber auf Widerstand zu stoßen: *Dies zeigt sich beispielsweise, wenn gleich bei den einführenden Worten zu einer angedachten Veränderung verstärkend erwähnt wird, diese Maßnahmen seien verpflichtend und nicht mitzumachen habe Konsequenzen.* Das ist eine Konfrontation, quasi ein „Schuss vor den Bug". Wie das Gegenüber auf eine offener gehaltene Ankündigung einer geplanten Änderung reagiert hätte, ist nicht mehr auszumachen, denn der „Spatz" wurde voll von der Kanone erwischt.

Baue kein Schloss, wenn ein Zelt reicht

Dieser Merksatz bezieht sich auf den Umfang von Angeboten und auf energieraubende Strategien im Zusammenhang mit der Planung und Umsetzung von Veränderungen. Wenn in der Phase des Freezings schon ausführlich erklärt wird, welch großartige Vision mit der Veränderung einhergeht, baut man möglicherweise ein „Schloss", und zwar auf einer Basis, die nicht dafür gemacht ist, es wertzuschätzen und zu tragen.

Die Dimensionen des Lassens umfassen Zulassen, Sein-Lassen, Loslassen

In ihrer Umsetzung und Verwirklichung erfordern Veränderungen meist von allen Beteiligten Geduld und Bereitschaft, Engagement und Durchhaltevermögen. Damit sind etliche Herausforderungen verbunden, denen sich die Beteiligten stellen. Mit einem Augenzwinkern kann man den letzten hier erwähnten Grundsatz folgendermaßen kommentieren: *„Die Dimensionen des Lassens umfassen Zulassen, Sein-Lassen, Loslassen – nicht ablassen, herablassen oder den Raum verlassen."*

6.3 In der Struktur der Veränderungslandkarte intervenieren

Ergänzend zum bereits dargestellten Drei-Phasen-Modell nach Lewin werde ich im Folgenden im Sinne einer Liberating Structure das Modell zur Gestaltung einer Veränderungslandkarte nach Richard K. Streich (Abbildung 64) heranziehen.[233] Diese Landkarte kann man auch in Form einer Wanderung mit einzelnen Stationen gestalten, beispielsweise als Jakobsweg oder Team-Parcour. Die zentrale Bewegung durch einen Veränderungsprozess, wie sie hier entworfen ist, lässt sich vielfältig visualisieren: am Flipchart, auf der Pinnwand oder als Bodenanker im Raum. Wer an Veränderung beteiligt ist, erlebt in der Regel ein dynamisches Auf und Ab. Dies zu veranschaulichen hilft den einzelnen Ichs in der Gruppe, sich damit gesehen und verstanden zu fühlen. Der Fantasie sind dabei keine Grenzen gesetzt. Die hier dargestellte Variante zeigt einen in vier Phasen unterteilten Veränderungsprozess. In den einzelnen Phasen geht es darum, Klarheit zu schaffen (I), eine Vertrauensbasis zu herzustellen (II), Veränderung zu ermöglichen (III) und Kooperation unter den veränderten Bedingungen zu etablieren (IV):

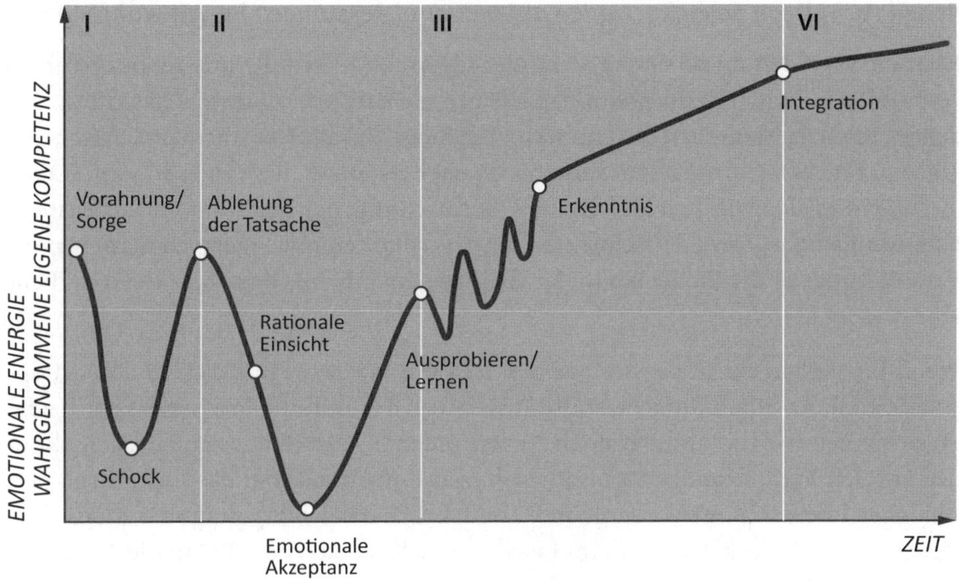

Abbildung 64: Veränderungsprozess nach Streich (1997)[234]

Mit diesen vier Phasen lassen sich die zentralen Fokusrichtungen und Kommunikationsziele in der Prozessbegleitung beschreiben. Die im Modell markierten emotionalen Stationen geben für Prozessgestaltung und Intervention Hinweise, wie die Beteiligten mit Blick auf das Ich-Wir-Es im Globe abgeholt und begleitet werden können. Auf dem Weg durch die vier Phasen sind mit Blick auf die Beteiligten, die den Veränderungsprozess durchlaufen, acht emotionale Stationen[235] gekennzeichnet: Vorahnung / Sorge, Schock, Widerstand / Ablehnung, Rationale Einsicht, Emotionale Akzeptanz, Ausprobieren / Lernen, Erkenntnis, Integration.

6.3.1 Klarheit schaffen

Vorahnungen und Sorge begegnen

Wenn Veränderungen anstehen, breitet sich in einem System oft die Vorahnung aus, dass der gewohnte Status quo nicht beibehalten werden kann. Nicht immer ist es wie in unserem Beispiel der klinischen Einrichtung, wo die Mitarbeitenden selbst unter der Situation leiden und auf eine Verbesserung hoffen. Oft gibt es im System Beteiligte, die vor allem mit Sorge reagieren. Ob die Veränderungen von den Beteiligten begrüßt werden oder nicht – der Verlust des Gewohnten ist eine Verlusterfahrung, die emotional zu berücksichtigen ist.

Beteiligte in ihren Schockgefühlen abholen und Ressourcen im Wir wahrnehmen

Klarheit über den anstehenden Veränderungsprozess ist (oft) mit Schockgefühlen verbunden, nämlich dann, wenn den Beteiligten deutlich wird, was das für sie bedeutet. Manche Menschen sind im wahrsten Sinne des Wortes starr vor Schreck und sagen gar nichts mehr. Andere äußern sich eher erstaunt: „Jetzt ist es so weit." Oder: „Jetzt geht es also wirklich los." In der Überraschung, der Irritation und einer mehr oder weniger ausgeprägten Schockreaktion, verbunden mit Fragen zu dem, was die Veränderung für die Einzelnen in der Gruppe persönlich bedeutet, ist die Ich-Ebene sehr präsent.

Wenn im Verlauf des Prozesses aus den Ichs ein Wir wird und sich in der Gruppe eine Stimmung von „Moment mal! Müssen wir das mit uns machen lassen?" oder „Was können wir tun, um das noch zu verhindern?" ausbreitet, stehen, als Reaktionen auf den Veränderungsimpuls an sich, Zusammenhalt und das Einbringen persönlicher Interessen im Vordergrund. Die Ich-Wir-Beziehung prägt dann den Dialog. Das TZI-Dreieck dreht sich im Eisbergmodell so, dass das „Es" in die Tiefen des Eisbergs gerät: Wenn eine Gruppe damit beschäftigt ist, auf die Tatsache zu reagieren, dass sich überhaupt etwas ändert, ist sie selten wirklich offen für inhaltlichen Austausch zum Wie der Veränderung.

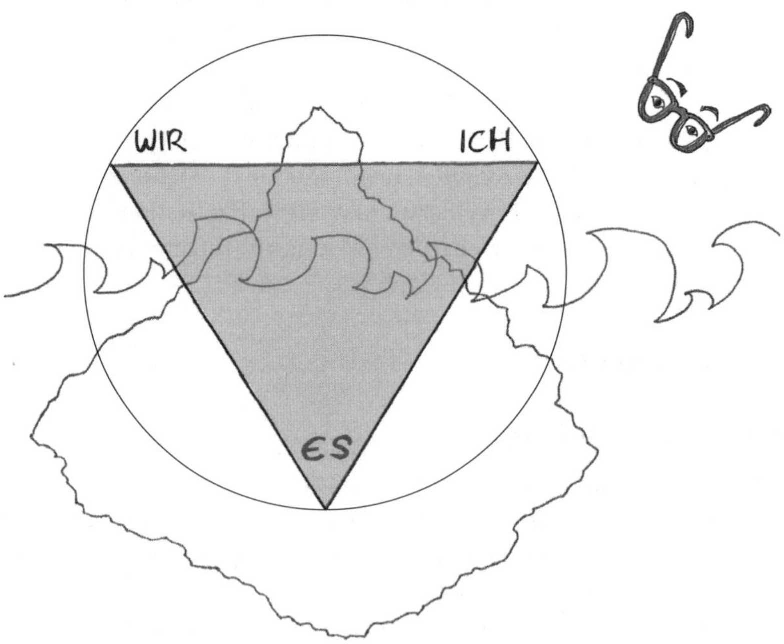

Abbildung 65: Das Thema (Es) in den Tiefen des Eisbergs[236]

6.3.2 Eine Vertrauensbasis herstellen

Im aktiven Begreifen dieser Situation wird den Beteiligten meist klar und präsent, dass die anstehende Entwicklung bedeutet, sich von dem Gewohnten zu verabschieden. Oft geht dies mit Verunsicherung und Unklarheit einher. In der Gruppe braucht es eine Vertrauensbasis, um damit umzugehen. Diese umfasst Vertrauen in sich selbst (Ich), Vertrauen in die Gruppe und / oder Vertrauen in das System (Wir) sowie Vertrauen in den Veränderungsprozess und dessen inhaltliche Anliegen (Thema).

Widerstand anerkennen und ihm mediativ begegnen

Sich von Vertrautem lösen zu wollen, zu sollen oder zu müssen führt meist zu Widerstand bzw. zum Ausdruck von Ablehnung. Prozessbegleitende, die mit grundlegendem Know-how und professioneller Reflexion darauf vorbereitet sind, können solch eine Entwicklung in der Gruppe als einen voranbringenden Prozessschritt erkennen, den sie markiert den Übergang von Phase I zu Phase II (Abbildung 64). Wenn in dieser Situation Aggressionen aufkommen, kann man sie wertschätzen: als Zuwachs an Energie und als Zeichen für aktive Teil-Nahme am Prozess[237] (Kapitel 2.3). Wenn wir mit Gelassenheit und Zuversicht an diese Entwicklung herangehen können, hilft uns das, die Gruppe aus einem Tiefpunkt (siehe Abbildung 64) heraus zu begleiten: aus einem Zustand niedriger emotionaler Energie und geringen Kompetenzempfindens. Wird er überwunden, dann entstehen Raum und Offenheit für den wirklichen inhaltlichen Einstieg in Aspekte, wie: Warum ist das (trotz allem auch) eine gute Idee? Was konkret ist geplant? Wie kann das in der Umsetzung aussehen? Was ist, wenn dies / das / jenes passiert? Wer im Hinterkopf behält, dass Widerstand die Phase einläutet, eine Vertrauensbasis zu schaffen, ist auf eine geduldige Herangehensweise eingestellt. Auf dem Weg sind die Einzelnen in der Gruppe an ihrem emotionalen Standpunkt abzuholen – Schritt für Schritt[238].

Gefühle abholen und Raum für rationale Einsicht ermöglichen

Eine Möglichkeit, emotionale Aspekte abzuholen, ist eine Gefühlsbilanz. Mithilfe von zwei Skalen, jeweils von 0 bis 10, kann man differenzieren, inwieweit mit Blick auf die anstehende Veränderung aktuell positive bzw. negative Emotionen im Raum sind. Wenn jede:r in der Gruppe auf jeder der Skalen einen Punkt setzt, entsteht ein Stimmungsbild.

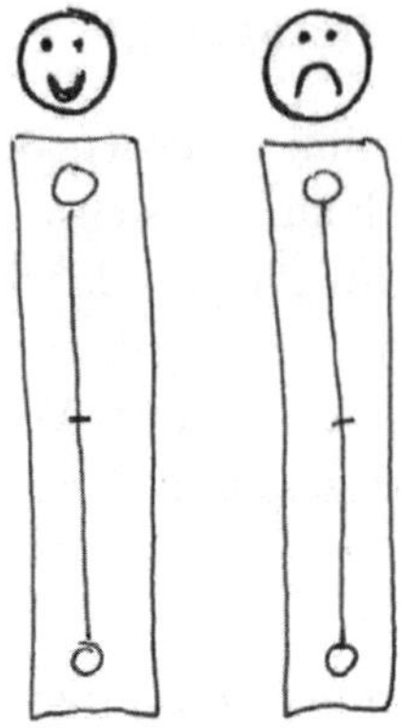

Abbildung 66: Gefühlsbilanz

Hier zeigen sich die Emotionen, wie sie sind. In der Runde kann man anschließend die Skalen zur Gefühlsbilanz genauer betrachten und besprechen: Was ist miteinander oder im Einzelnen zu verabschieden? Was wird zurückgelassen? Es kostet Energie, darüber zu sprechen. Die Emotionen im Raum werden mit Aspekten auf der Sachebene verbunden. Oft bewegt sich der Prozess in Richtung einer rationalen Einsicht, die eine gemeinsame Basis begünstigt, sich auf den Prozess einzulassen, den Initiator:innen von Veränderungsmaßnahmen zuzuhören oder in der Gruppe eigene Vorstellungen und Prinzipien loszulassen, beiseitezulegen und dabei zuzulassen, dass sich ein Entwicklungsprozess einstellen kann.

Den Aufwand emotionaler Akzeptanz wertschätzen und eine Pause machen

Oft wird emotionale Akzeptanz in Verbindung mit der Erschöpfung erlebt, sich umfassend mit dem auseinandergesetzt zu haben, was verloren und bedauert wird. Das liegt zwar nicht in den Möglichkeiten des eigenen Entscheidungs- und Handlungsspielraums und kommt trotzdem auf die Beteiligten zu. Wenn dieser Zustand abgeholt ist, bietet sich eine Pause an, damit alle in der Runde auftanken und wahrnehmen können: Ein Stück des Wegs haben wir bereits gemeinsam bewältigt. Wenn sich dieses Gefühlt in der Gruppe entfaltet, erleben die Beteiligten Verbundenheit: Alle haben mehr über sich selbst und die anderen in der Runde erfahren. Die Situation ist vielleicht für jedes Ich eine andere; dennoch teilen alle die Erfahrungen aus dem dialogischen Prozess.

Wenn die Gefühlsbilanzen zunächst für alle sichtbar im Raum aufgehängt sind, zeugen sie von der Komplexität und Widersprüchlichkeit der geäußerten Emotionen, die auf diese Weise Wertschätzung und Raum erhalten. Oder anders ausgedrückt:

Sie sind damit möglicherweise so gut aufgehoben, dass es im weiteren Prozess weniger Bezugnahmen darauf braucht. Es entsteht ein Rahmen, in dem Fragen in den Vordergrund rücken, wie: Was ist das, wofür es sich lohnt, die Veränderung umzusetzen? Warum lohnt es sich, sich zu beteiligen? Wozu lohnt es sich für die jeweiligen Beteiligten, Akzeptanz, Geduld und Energie aufzubringen? Auch an diesem Punkt kann „9 Whys“ (Kapitel 5.4.1) eine Methode sein, um Kohärenzempfinden in der Gruppe zu fördern. Eine Alternative ist die ausführlichere Betrachtung von Werten der Einzelnen und der Gruppe und von Werten mit Blick auf die Organisation[239].

6.3.3 Veränderung ermöglichen

Im Idealfall sind die Stufen der Anerkennung (Kapitel 5.2) an einem solchen Punkt im Prozess so weit vollzogen, dass die Vertrauensbasis steht und der Veränderungsprozess mit aktiver Beteiligung von allen in die Umsetzung gehen kann (Phase III). Möglicherweise gibt es konkrete Umsetzungsmaßnahmen, die bereits geplant und in der Gruppe zu kommunizieren sind. Als eine methodische Variante zur umfangreichen Betrachtung von veränderungsbezogenen Aspekten des Ich-Wir-Es im Globe lässt sich beispielsweise das 4Mat[240]-Modell heranziehen, wie es in Kapitel 6.4 beschrieben ist. Es unterstützt die Bearbeitung von vier praxisrelevanten Fragen zur Umsetzung von Veränderungen: Warum? Was? Wie? Was wenn?

Ausprobieren und Lernen unterstützen, Raum für Erkenntnisse ermöglichen

Facilitatives Moderieren, Mediieren und Multiplizieren ist in Phase III des Veränderungsprozesses nach Streich (Abbildung 64) auf konkrete Schritte ausgerichtet. Möglicherweise beinhaltet das, einen Workshop durchzuführen, um Neues auszuprobieren. *Dies kann sich weiter im Gruppensetting vollziehen, wenn beispielsweise die ersten QR-Codes in Kleingruppenarbeit ausprobiert und – mit Fallvignetten verbunden – getestet werden.* Ein solches Performen zugunsten eines erkenntnisfördernden Lernprozesses in der Gruppe ist im Miteinander dann ermöglicht.

Vielleicht geht es auch um Veränderungen, für die man erst Dinge im Alltag ausprobieren und Erfahrungen dazu sammeln muss. In diesem Fall gehen die Einzelnen in der Gruppe „ihrer Wege“ – versorgt mit grundlegenden Informationen über das Warum, das Was, das Wie, mit einigen Überlegungen zu „Was-Wenns“ und weiteren notwendigen Hilfestellungen[241].

Dies kann der Abschluss eines Facilitationprozesses sein, der eine Umsetzung von Veränderung in der Praxis durch die Beteiligten ermöglichen sollte.[242]

6.3.4 Kooperation etablieren

Wenn „der Blick auf die Teamuhr“ (Kapitel 5.1.2) zeigt, dass die Gruppe performt, Neuerungen probiert und dass Erkenntnisse gesammelt werden, besteht die nächste Phase des Prozesses darin, die Veränderung zu etablieren.

Integration begleiten

Im Anschluss an die Praxisphase kann ein Facilitationauftrag beispielsweise eine Evaluation in der Runde beinhalten. Um veränderte Bedingungen, Abläufe oder Alltagsprozesse zu etablieren und zu verstetigen, werden dazu erste Erfahrungen aus der Praxis miteinander ausgetauscht. Eine solche Pilotphase ermöglicht es, Erfolge und Misserfolge, Ergebnisse und Bedarfe in die weitere Planung und Umsetzung zu integrieren (Phase IV).

6.3.5 Anregungen zum Einsatz der Veränderungslandkarte als Liberating Structure

Die Arbeit mit einer Veränderungslandkarte ermöglicht allen Beteiligten Orientierung und Verortung, und zwar zu Beginn, im Verlauf und am Ende des Prozesses. Abbildung 67 fasst ergänzend einige Varianten zusammen, wie Facilitator:innen in Anwendung dieses Modells als Liberating Structure Schritt für Schritt verfahren können. Im Sinne einer Ergebnisoffenheit, wie sie in Kapitel 5.4.2 beschrieben wurde, lassen sich mit Blick auf den Abschluss der einzelnen Prozessphasen Ergebnisse fixieren, die die in der Tabelle aufgenommenen Bestandteile enthalten – unabhängig davon, wie diese inhaltlich aussehen.

Strukturelement	Systemfokus	Dialogfokus	Methodenangebot (Beispiele)
Prozessphase 1: Klarheit ermöglichen Umgang mit ... ... Irritation, Euphorie / Verwirrung ... Reaktion auf „Must-Change"-Situation ... Vorahnung / Sorge ... Freude / Schock	Analyse + Wer ist beteiligt bzw. zu beteiligen? Synthese + Welche Effekte und Konsequenzen für das große Ganze sollen angeregt werden? → Was kann die Dynamik in Gruppe und System im Sinne des gewünschten Prozesses und Ergebnisses begünstigen? (z. B. Kohärenzempfinden, Teilhabe / Partizipation am Prozess)	Arbeitsbündnis und Gesprächsrahmen schaffen Wer braucht welche Information (über die aktuelle und die geplante Situation, Ziele, Vorgehen ...)? Wie ist das Kohärenzempfinden bei den Ichs im Wir zum Es (= Change) im Globe? Wer kann wie am und im Change teilhaben? → Mediative Haltung, z. B.: Verständnis ungleich Einverständnis; M.O.O.N.-Guide: Mensch und Problem getrennt betrachten → Mediative Kommunikation auf Sach- und Gefühlsebene, Stufen der Anerkennung	Moderationsmethoden, Mediationsmethoden, Visualisierungsmethoden → Fokus: Information und Klarheit über den geplanten Prozess und wer sich wie dabei einbringen kann
Ergebnis:	Gesprächsrahmen mit Vertraulichkeit, förderlicher Atmosphäre und Kommunikation ist mit allen abgestimmt. Alle sind auf dem aktuellen Informationsstand und wissen grundsätzlich, wer sich wie einbringen kann.		

Strukturelement	Systemfokus	Dialogfokus	Methodenangebot (Beispiele)
Prozessphase 2: Vertrauen ermöglichen Umgang mit ggf. ... ... Frustration, Desillusionierung, Widerstand, Festhalten am Gewohnten ... Faktoren von Ablehnung, rationaler Einsicht und emotionaler Akzeptanz ... Widerstand, Grüppchenbildung, schädigendem Verhalten	Transparenz über ... ... Perspektiven von Ablehnung und Akzeptanz in der Gruppe als System im System: eine Perspektive nach der anderen statt gemischt Exploration von ... ... Chancen und Konsequenzen, ... Möglichkeiten und Grenzen mit Blick auf den Globe: Perspektiverweiterung	Dialog mit allen über ... ... Potenziale und Faktoren für Ablehnung und Akzeptanz (Ich und Wir zum Es) Personzentrierter, allparteilicher & ressourcenorientierter Fokus auf Ich und Wir zum Es auf Metaebene, Anleitung zu einer Kommunikation, die auf Positivformulierungen[243] fokussiert	Vier-Komponenten-Kommunikation / GFK; Interventionen, die Beobachtung und Bewertung, Sach- und Emotionsebene trennen helfen, die Bedürfnisse herausfiltern und Vertrauen auf Sach- und Emotionsebene (bzgl. Ich, Wir, Es, Globe) stärken; Mediative Strukturierungsmethoden (z. B. Gruppeneisberg) zum Festhalten von Interessen, Bedürfnissen für alle; M.O.O.N.-Guide für Verhandlungssituationen Widerstand vs. Akzeptanz (im Wir und im Ich)
Ergebnis:	Klärende Zusammenfassung zeigt: Perspektiven sind umfassend (d. h.: so vollständig wie möglich) betrachtet, alle haben sich aktiv am Prozess beteiligt, fühlen sich so gesehen und verstanden wie möglich[244]. Einzelheiten zum Veränderungsprozess ist allen grundsätzlich klar: Anliegen & Bedarfe, Hintergründe, Herausforderungen & Unterstützungsangebote, geplante Schritte, Möglichkeiten und Grenzen des Prozesses und der Beteiligung.		

Strukturelement	Systemfokus	Dialogfokus	Methodenangebot (Beispiele)
Prozessphase 3: Veränderung ermöglichen Im Umgang mit ... ... Zögern, Gummibandeffekt[245], Stimmungstief, den „Dimensionen des Lassens“ ... Wege öffnen ... ... für individuelle Beteiligung: Entscheidung für ... ... Probieren, Lernen, Gewinn von Erkenntnis	Wie wird die Gruppe zum Change-Projekt-Team? Wie können alle in die Lage zu aktiver Teilhabe versetzt werden? Was kann in der Gruppe den Prozess unterstützen, Lösungen zu finden? Braucht es Schulung/Training[246]? Im Gruppenprozess transparent alle für alle: Thema für Thema[247] statt gemischt	Facilitatives Multiplizieren im Dialog mit allen: Ressourcenorientierte Mediative Kommunikation, fokussiert auf Bedürfnisse und Interessen hinter Positionierungen von der der Metaebene aus anleiten	Mediative Strukturierungsmethoden, z. B. zum Festhalten von Interessen und Bedürfnissen für alle (z. B. Gruppeneisberg) Interventionen zu klärender Kommunikation, z. B. 4Mat, Vier-Komponenten-Kommunikation (GFK); nach Bedarf Kreativmethoden und Methoden zur Ideenentwicklung und -auswahl
Ergebnis:	Alle sind dazu eingeladen (und erleben sich auch so), sich für ihren eigenen Beitrag am Change zu entscheiden: zu Akzeptanz/Widerstand, zum Erkennen intrinsischer Aspekte bei extrinsischer Motivation, zu individuell angemessener passiver oder aktiver Beteiligung ... Möglichkeiten zum Ausprobieren und Lernen sowie für Erkenntnisgewinn sind geschaffen (z. B. ein Pilotprojekt).		

Strukturelement	Systemfokus	Dialogfokus	Methodenangebot (Beispiele)
Prozessphase 4: Kooperation etablieren Win-Win-Orientierung; kreativ vom Kompromiss zur Kooperation für situationsgerechte Lösungen, Klärungen, Entscheidungs- und/oder Ergebnisfindungen	Blick auf mögliche und erwartbare Mobile-Effekte; Analyse + Wer ist an der Umsetzung beteiligt bzw. zu beteiligen? Synthese + Welche Effekte und Konsequenzen für das große Ganze ergeben sich aus Prozessergebnissen und Entscheidungen? → Was kann die Dynamik in Gruppe und System im Sinne von Nachhaltigkeit und Umsetzbarkeit von Prozessergebnissen begünstigen? → Wie kann neue Routine gewonnen werden (für Ich, Wir, Es[248], Globe)?	Im Dialog mit allen diversitätssensitive, ergebnisoffene Haltung prozess-, ressourcen-, win-win- und ergebnisorientiert von der Metaebene aus multiplizieren: Möglichkeiten unterstützen, ... Engagement und Dankbarkeit allseitig sichtbar zu machen, ... positive Energie für Handlungsmöglichkeiten und Ideen im Sinne der Umsetzung zu fördern ... erste Erfolge sichtbar zu machen ... zukünftige Erfolge zu visionieren und zu feiern ... Erfolgskriterien mit Blick auf Umsetzbarkeit (Ich, Wir, Es, Globe) zu aktualisieren	Klärende, differenzierende, systemische Fragetechniken; Methoden zur Ergebnissicherung, z. B. zur Formulierung von Maßnahmen und Erfolgskriterien; Anleitung zu sach- und menschengerechtem Verhandeln
Ergebnis:	Abschluss des Prozesses, der Motivation, Leistungsbereitschaft und Kooperation mit Blick auf die Umsetzung fördert. Ergebnissicherung mit Blick auf nächste Schritte und mit gezieltem Ausblick auf Erfolge: mit Klarheit über Erfolgskriterien und für alle motivationsfördernden Möglichkeiten, diese als solche zu feiern.		

Abbildung 67: Im Veränderungsprozess begleiten

Sowohl in der Prozessbegleitung als auch in der strategischen Vorbereitung und in einem evaluativen Rückblick ist Phase für Phase mit Blick auf das System analytisch und synthetisch zu erfassen, was für einen gelingenden Prozess zu berücksichtigen ist (Systemfokus). Ein bewusstes Einnehmen einer mediativen Haltung unterstützt dabei, Umsetzungsmöglichkeiten auszuloten, anzubieten und zu realisieren, um den Dialog in einer Gruppe zu initiieren und auf Augenhöhe zu fördern (Dialogfokus). Passend zu den einzelnen Prozessschritten sind begleitend Methoden bereitzuhalten, um mit und in der Gruppe situationsgerecht zu intervenieren und prozessorientiert zu ermöglichen.

6.4 Ein Change-4Mat prozessorientiert gestalten und begleiten

„4Mat Learning System" – der ursprüngliche Name des Modells nach Bernice McCarthy zeigt: Das hier modifizierte 4Mat-Modell stammt eigentlich aus dem Kontext der Lernbegleitung. Es unterstützt dabei, umfassende Lernprozesse didaktisch umzusetzen. Auch in vielen Facilitationprozessen, wie sie in diesem Buch dargestellt werden, geht es darum, bei verschiedenartigen Beweggründen und Zielstellungen ein Voneinander-Lernen im Sinne eines „listen to learn" (Kapitel 5.2) zu ermöglichen – und das erklärt die Auswahl dieses Modells. Ursprünglich werden Why? What? How? What if? als vier Lerntypen beschrieben.[249] Mit Blick auf Facilitation geht es in diesem Kapitel darum, unterschiedliche Umgangsweisen und Bedarfe, die mit Neuem und Veränderung verbunden sind, zu betrachten.

Wer die vier Lerntypen als vier Perspektiven interpretiert, erhält ein einfaches wie umfangreiches Modell, das strukturell dafür sorgen kann, dass alle wesentlichen Aspekte wie in einer Agenda im Prozessverlauf Raum bekommen. Einer Logik folgend, die das Kohärenzempfinden der Beteiligten stärken kann, gibt das 4Mat-Modell eine Hilfestellung, um vier zentrale Aspekte einer Situation zu klären: Zunächst das Warum und damit die Ebene der Motivation. Darauf aufbauend erfolgt die Information: Das Was wird erläutert. Klarheit über das Warum und das Was ist eine geeignete Basis, um Fragen nach dem Wie anwendungsbezogen zu betrachten. Anschließend ist Raum, um sich mit Möglichkeiten des Was-Wenn auseinanderzusetzen.

6.4.1 *Vom 4Mat zur Liberating Structure*

Das 4Mat-Modell bietet sich als Vorlage für eine Liberating Strukture zugunsten eines Veränderungsprozesses mit einer Gruppe an, die im Dialog mit allen dazu eingeladen ist, aktiv teilzuhaben. Auch 4Mat lässt sich als eine Art Team-Parcour visualisieren, in dem es darum geht, alle Stationen erfolgreich zu belegen. *„Ich habe es nicht so mit der Malerei", sagt eine Facilitatorin zu ihrem Kollegen in der Vorbereitung. Sie schreibt die vier Fragen in entsprechender Reihenfolge auf Moderationskarten und bietet der Gruppe an, sie nacheinander auf die Agenda für heute zu setzen. Die Gruppe stimmt zu. Der Prozess beginnt: „Warum sind wir heute hier?" – So kann es auch gehen.*

Der Fokus auf das Warum begünstigt einen Einstieg, der alle in der Gruppe zur aktiven Teil-Nahme anregt (Kapitel 2.3). Es gilt, Motivationspotenziale mit Blick auf alle Ebenen des Ich-Wir-Es im Globe auszuschöpfen. Die Reihenfolge orientiert sich an dem, was im Sinne des Gruppenprozesses sinnvoll ist. Die Struktur unterstützt dabei, in der Gruppe den Fokus beizubehalten. Werden die vier Stationen nacheinander in und mit der Gruppe ergründet, soll das einen nachhaltigen Prozess ermöglichen.

ICH	ES	GLOBE (POOL)	WIR
„Listen to learn": „Lerntypen"[250]	Inhaltlich zu beantwortende Fragen	Beschaffenheit des Pools prägt die Auswahl der Tools für z. B.:	Den Gruppenprozess initiieren und begleiten durch:
↓	↓	↓	↓
			Hinführung
Why	Warum?	Persönlichen Bezug und Engagement, Herstellen von Verbindungen, Imagination, Fantasie, Beobachten, Emotion, Herstellen von Bedeutsamkeit und Sinn (Kohärenzempfinden)	Beteiligung, Assoziation, Anregung von Fantasie und Vorstellungskraft

			Motivation
What	Was?	Information, Fakten, Einsatz von Expert:innen, studieren von / Beschäftigung mit Inhalten, Analyse, Reflexion, Betrachten / Durchdenken / formulieren von Aspekten und Ideen	Analyse, Fakten, Klarheit
			Information
How	Wie?	Denken und Tun zum Sammeln von Erfahrungen, fürs Probieren, Experimentieren, für den Austausch, für Synergie	Anwendungsorientierung
			Übung
What if	Was, wenn?	Ermöglichung von Trial und Error (z. B. durch Etablieren einer förderlichen Fehlerkultur), Perspektiverweiterung, Varianten erkunden, Möglichkeiten erweitern, Anpassen und Optimieren	Dynamik von Entwicklungen einbeziehen, Probieren und Evaluieren
			Umsetzung
			↓ **Transfer**

Abbildung 68: Anregungen zum Einsatz des 4Mat-Modells als Liberating Structure in Change-Prozessen[251]

6.4.2 Im 4Mat mediativ intervenieren

Um den Dialog zum Veränderungsprozess auf Augenhöhe kooperations- und umsetzungsorientiert zu gestalten, lassen sich die Elemente Mediativer Kommunikation methodisch intervenierend und hilfreich integrieren. Weil der Prozess durch Fragen gegliedert ist, bietet es sich an, zum Übergang von einer zur nächsten Frage die in der Gruppe gefundene Antwort als Von-Phase-zu-Phase-Phrase in mediativer Haltung und Formulierung zusammenzufassen. Die Zielstellungen, Hinführung, Motivation, Information, Übung, Umsetzung und Transfer geben Hinweise auf das, was in der Gruppe noch ansteht, bis ausreichend Antworten vorhanden sind, um zur nächsten Frage weiterzugehen. Allparteiliche, ressourcenorientierte Über-Setzungen helfen, in der Vielfalt Wesentliches auf den Punkt zu bringen und den Prozessfokus beizubehalten.

Dem Warum begegnen

Um dem Warum zum gewünschten Prozess methodisch zu begegnen, lassen sich sowohl in einem Auftragsklärungsgespräch als auch mit einzelnen Eingeladenen und im Prozess mit der Gruppe Beweg-Gründe als Motor für den Prozess erfragen. Wenn umfangreich Zeit zur Verfügung steht, können alle Beteiligten mithilfe einer Liste oder aus einem Wertekartenset drei zentrale Werte wählen, die auch bei einer Veränderung für sie beibehalten werden sollten. Auch eine Methode wie „9 Whys" (Kapitel 5.4.1) kann helfen, Freiheit und Raum für eine Person oder auch eine Gruppe zu schaffen, um die tieferen Hintergründe eines Verhaltens, Wunsches, einer Vision, eines Vorhabens und dergleichen zu entfalten.

Wird 4Mat als Liberating Structure verwendet, eignet es sich für den hier ausgewählten Zusammenhang des Kennenlernens der Beteiligten in der Gruppe insofern, als dass es ermöglicht, Motivationen der Einzelnen als Ressourcen für den Prozess anzusprechen und gleich zu Beginn transparent in den Prozess einfließen zu lassen. Die Frage nach dem Warum erzeugt – ob gewollt oder ungewollt – in vielen Situationen eher Rechtfertigungsdruck als Entfaltungsmöglichkeiten für tiefere Beweggründe. Gerade im Dualismus „Warum" versus „Warum nicht?", der viele Diskussionen in Veränderungsprozessen prägt, kann dies für die Beteiligten ein Thema sein. Der gezielte methodische Einsatz im Sinne des Prozesses ermöglicht hier Reflexion: Nach dem Warum zu fragen kann als Methode angekündigt, durchgeführt und ausgewertet werden. Eine mediative Haltung wird begleitend und allparteilich beibehalten und in der Gruppe moderierend, mediierend und multiplizierend (wie in Kapitel 5.2 beschrieben) unterstützt.[252]

Ergänzen sei bemerkt: Für einige Situationen im Facilitation kann auch die gezielte Frage nach dem „Warum nicht“ sehr wertvolle Antworten im Prozess transparent machen – vor allem dann, wenn die Exploration in die Tiefe (Ergründung Richtung Purpose) statt in die Breite (Was so alles dagegenspricht) geht. Erfahrene Prozessbegleitende können die beschriebene Durchführung – mit Blick auf das Abholen aller Beteiligten – in Phase I und II des Veränderungsprozesses (Abbildung 64) in der Variante „9x Warum und 9x Warum nicht“ mediativ und ressourcenorientiert ertragreich umsetzen. Skeptische Perspektiven lassen sich damit ebenso gut abholen wie optimistische Perspektiven auf den Prozess. Beide Blickrichtungen mit der Gruppe als nebeneinanderstehend zu betrachten ermöglicht allen einen Überblick: Welche Aspekte bewerten wir als Chancen und welche als Risiken? Wie ist hier der Status quo? Dies ermöglicht in einer Gruppe, sofern es noch ansteht, eine Basis, um einen Gesprächsrahmen mit Vertraulichkeit, förderlicher Atmosphäre und Kommunikation mit allen abzustimmen.

Das Was auf den Punkt bringen

Der nächste Schritt ist dann die Beschäftigung mit dem Was als Gelegenheit für alle, den aktuellen Stand an Information zu teilen. Dabei lässt sich grundsätzlich in Erfahrung bringen, wer sich wie im Veränderungsprozess einbringen kann. An diesem Punkt werden manchmal Expert:innen hinzugezogen, um die Gruppe mit Informationen von außen zu versorgen. Oder es wird beispielsweise ein Open Space oder World Café umgesetzt, um mit dem Veränderungsprozess verbundene Fragen und Themen zu entfalten. In der Zusammenfassung lässt sich im Überblick für alle bündeln, womit (Was?) der Veränderungsprozess im Einzelnen verbunden ist. Aus dem Pool von Mediation und Mediativer Kommunikation sind hier vor allem Haltungsaspekte wertvoll, wie z. B. Allparteilichkeit und Wertschätzung im Umgang mit Menschen, Themen, Gefühlen und Sachaspekten, die konstruktivistische Perspektive sowie die Anerkennung des Expert:innentums der Beteiligten für ihre eigene subjektive Wirklichkeit sowie damit verbundene Herausforderungen und Möglichkeiten, Konflikte und Lösungen.

Die Frage nach dem Wie explorieren

In der medizinischen Einrichtung aus unserem Beispiel werden mithilfe eines Pilotprojekts Möglichkeiten zum Ausprobieren, Lernen und für Erkenntnisgewinn geschaffen. In anderen Zusammenhängen gliedert sich die Gruppe im Anschluss an die Informationsphase möglicherweise in MiniLabs[253]: Sie entwickelt zur Frage nach dem Wie Maßnahmen oder Lösungen. Dies kann ein produktives Vorgehen sein, wenn klar ist, was es braucht, um Veränderung zu ermöglichen (Abbildung 67, Phase 1 und 2). Die beste Voraussetzung dafür, dass es gelingt, ist: Ein Blick auf die Teamuhr (Kapitel 5.1.2) ergibt, dass die Gruppe miteinander umsetzungsbezogen performen kann (Abbildung 67, Phase 3).

Als eine Art Kompass bei der Auswahl von Interventionsrichtungen entwirft ein Facilitator zum Ich-Wir-Es im Globe folgende Idealbild: Am Ende dieses Prozessschritts sind die Perspektiven der Einzelnen (Ich) zum Ausdruck gebracht. Das, worin sich die Gruppe einig ist und wozu es unterschiedliche Ansichten gibt (Wir), ist visualisiert. Impulse, Möglichkeiten, Herausforderungen und Angebote mit Blick auf das Umfeld (Globe) sind betrachtet. Alle haben sich umfassend, so vollständig wie möglich und aktiv am Prozess beteiligt. Sie fühlen sich entsprechend der Möglichkeiten gesehen und verstanden. Einzelheiten zum Veränderungsprozess (Es) sind allen grundsätzlich klar: Anliegen und Bedarfe, Hintergründe (Globe und Ichs), Herausforderungen und Unterstützungsangebote, geplante Schritte, Möglichkeiten und Grenzen des Prozesses und der Beteiligung. Alle sind und erleben sich als eingeladen, sich für ihren eigenen Beitrag an der Veränderung zu entscheiden: zu Akzeptanz und Widerstand und Akzeptanz des Widerstands. Der Facilitator erinnert sich an entsprechende Inhalte seiner Ausbildung in Mediativer Kommunikation: Zum Erkennen und Fördern intrinsischer Aspekte bei extrinsischer Motivation liegt beim Moderieren, Mediieren und Multiplizieren ein Schwerpunkt auf Aktivem Zuhören mit Blick auf alle Ebenen – um zu ermöglichen, dass letztlich alle zu einer individuell angemessenen passiven oder aktiven Beteiligung finden können.

Den Ausblick auf die „Was-Wenns" ermöglichen

Im Interesses eines Prozessabschlusses, der Motivation, Leistungsbereitschaft und Kooperation mit Blick auf die Umsetzung fördert, braucht es in der Arbeit mit der Gruppe über das Wie hinaus einen Fokus auf das „Was, wenn?". Dazu gehören Fragen zur Konkretisierung und Umsetzbarkeit, die sich an die spezifischen Perspektiven der Einzelnen und ihren Kontext knüpfen. Hier ist das Mobile ein gutes Bild. Als Methode eignet sich zum Beispiel die in Kapitel 5.4.1 als „Troika Consulting"[254] bezeichnete Beratung zu dritt.

Im Facilitationprozess der medizinischen Einrichtung wird ein Troika Consulting so durchgeführt, dass sich in den Dreiergruppen Mitarbeitende aus unterschiedlichen Arbeitsbereichen begegnen können. Eine Mitarbeiterin aus dem Empfangsbereich stellt zum Beispiel eingangs die Frage: „Was ist, wenn das Internet ausfällt oder die Angehörigen kein Handy haben?" Sie erläutert ihre Skepsis hinsichtlich eines grundsätzlichen Vertrauens auf die Technik. Da habe sie schon sehr schlechte Erfahrungen machen müssen. Die anderen in der Gruppe sind eine Ärztin und ein Verwaltungsmitarbeiter. Beide unterhalten sich über ihre eigenen positiven und negativen Erfahrungen, über Lösungsideen und Vorschläge im Umgang mit der Frage, was passiert, wenn die technischen Grundlagen nicht ausreichend vorhanden sind. Alle drei kommen letztlich zu dem Ergebnis, dass es im Alltag womöglich technische Aussetzer geben könnte und man zudem nicht davon ausgehen könne, dass sich alle Angehörigen im Informationssystem selbstverantwortlich zurechtfinden. Sie empfinden es als ratsam, auch weiterhin auf bisherige, bewährte Informationssysteme in der Einrichtung zurückgreifen zu können. Im Plenum äußern sie ihren Eindruck, dass sie die Maßnahme des QR-Codes unter zwei wesentlichen Voraussetzungen begrüßen: Zum einen braucht es auch Lösungen für technische Schwierigkeiten. Und zum anderen muss sichergestellt werden, dass die Technik nicht plötzlich als Personalsparmaßnahme die Anzahl der vorhandenen Menschen reduziert. In der Runde werden diese und weitere Anliegen kommuniziert und festgehalten, und es zeigt sich, was der Grundsatz „Nach dem Prozess ist vor dem Prozess" bedeutet. Viele Was-Wenns knüpfen sich an ein Warum und führen wiederum zu einem Was und Wie. Eine abschließende Ergebnissicherung eröffnet den Blick auf nächste Schritte und den gezielten Ausblick auf Erfolge. Es besteht Klarheit über Kriterien für Erfolge, und für alle bestehen motivationsfördernde Möglichkeiten, diese als solche zu erleben.

6.4.3 Varianten zum Einsatz des Modells

Es gibt zahlreiche Varianten, das 4Mat-Modell für die Ermöglichung und Begleitung von Prozessen und Prozessschritten zu verwenden. Das Modell lässt sich strukturell leicht und universell in ein anderes Prozessdesign einbinden, und im 4Mat als Rahmen lassen sich andere Modelle integrieren und beispielsweise als Kommunikationsleitfaden verwenden – etwa die Vier-Schritte-Bitte oder der M.O.O.N.-Guide (Kapitel 1).

Wie 4Mat in die Veränderungslandkarte integriert werden kann

Schauen wir uns am Beispiel der in diesem Buch verwendeten Veränderungslandkarte an, wie die Integration des 4Mat aussehen kann: Wenn die Gruppenatmosphäre spiegelt, dass emotionale Akzeptanz für den Veränderungsprozess hergestellt ist, kann das Warum noch einmal abgeholt und mediativ zusammengefasst werden. Alle Beteiligten können die Veränderungslandkarte betrachten und sich dort persönlich verorten. Sind dann alle bereit, erneut in die Phase des Ausprobierens und Lernens einzusteigen, ist ein guter Zeitpunkt erreicht, sich dem Was und Wie zu widmen. Die Bereitschaft, sich damit zu befassen, ist in der Regel eine andere als zu Beginn des Prozesses, wenn die Gruppe im Umgang mit der anstehenden Veränderung erst einmal grundsätzlich Klarheit und Vertrauen gewinnen muss. Mit aktiv an der Veränderung Teil-nehmenden, die Beweg-Gründe kennen und vielleicht sogar neugierig sind und Interesse an dem haben, was sich entwickeln wird, kann man intensiv und motiviert an Fragen arbeiten wie: Was ist konkret zu verändern? Was ist zu probieren? Wie genau kann das aussehen?

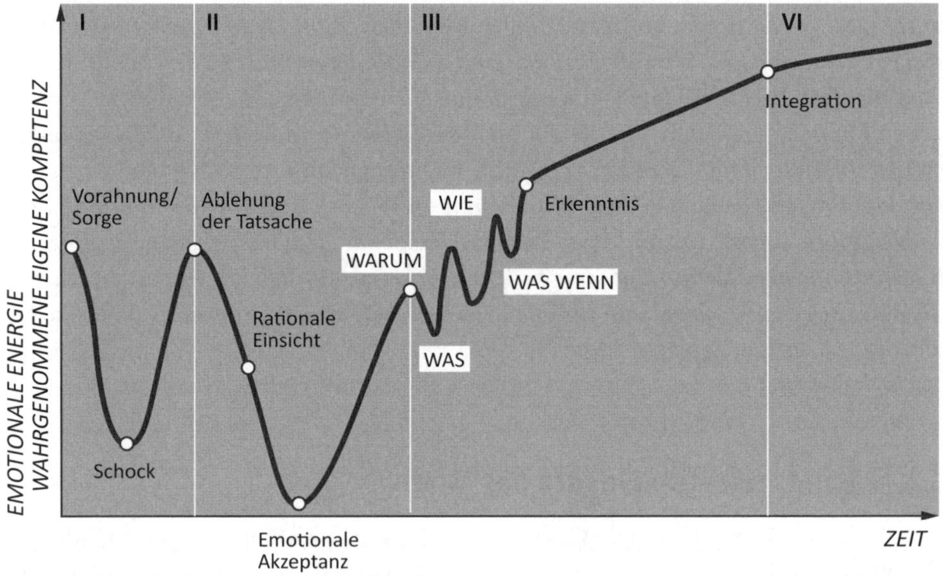

Abbildung 69: 4Mat in der Veränderungslandkarte

4Mat als Kommunikationsleitfaden

Das 4Mat-Modell eignet sich als Kommunikationsleitfaden für Facilitator:innen beim Intervenieren im Prozess. Im Facilitation lassen sich Beteiligte durch Fragen entsprechend unterstützen. In der Begleitung der Einzelnen in der Gruppe kann ein Vorgehen im 4Mat Kohärenzempfinden und Veränderungsbereitschaft abholen und ermöglichen. Es hat sich ebenfalls bewährt, die einzelnen Aspekte (Warum, Was, Wie, Was-Wenn) als Fragen oder Satzanfänge zu visualisieren (z. B. auf einem Flipchart) und sie dann im Dialog von allen mit allen zu vervollständigen. Im Sinne des Multiplikationseffekts können die Teilnehmenden schließlich das Modell in ihren

Alltag mitnehmen: zum Etablieren von Kooperation oder um es anderweitig in die Gesprächskultur einfließen zu lassen. Facilitator:innen sind – das ist deutlich geworden (Kapitel 2.1) – weder Leitende noch Gurus oder Magiker:innen, die Methoden und Möglichkeiten für sich behalten, um sie effektvoll auf einer Bühne vor der Gruppe einzusetzen. Die Methoden sind für alle da. Dies ist ein Aspekt der Arbeit auf Augenhöhe und gerade in Veränderungsprozessen ein Faktor für Erfolg und Nachhaltigkeit. Die Fallbeispiele sind hier schlicht gehalten, weil sie im Kontext des Buchs eine Veranschaulichung ermöglichen sollen. Die Komplexität der Realität lässt sich nicht in einem Fallbeispiel, in einem oder mehreren Büchern oder in einem Facilitationprozess erfassen. Facilitation beinhaltet, Multiplikationseffekte zu ermöglichen und zu erleichtern – damit Veränderung und auch andere Anliegen eines Prozesses umfassender ermöglicht werden. Das, was sich in der Situation mit der Gruppe entwickeln und erfahren lässt, setzt sich systemisch betrachtet fort – wie eine Bewegung in dem Bild des Mobiles oder der Kreis, der beim Eintauchen eines Kiesels ins Wasser entsteht und sich vervielfältigt.

Frau X ist Leitung einer Praxis für Allgemeinmedizin in Berlin. Sie macht derzeit eine Ausbildung in Mediativer Kommunikation und übt gerade, die „Vier-Schritte-Bitte" aus der Gewaltfreien Kommunikation in ihrem Alltag so einzusetzen, dass sie Klarheit in der Kommunikation unterstützt. Die Alltagsatmosphäre in ihrer Praxis ist angespannt. Es ist zum Normalzustand geworden, dass alle Beteiligten auf allen Ebenen zu viel zu tun haben und es ihnen kaum möglich ist, Fachliches und Mitmenschliches, medizinische Maßnahmen und Kommunikation so zu realisieren, wie es ihrem professionellen Anspruch entspricht.

Frau X überlegt, wie sie in der im Fallbeispiel (Kapitel 6.1) skizzierten Veränderungssituation das geplante Pilotprojekt an eine Mitarbeitende am Empfang kommunizieren kann und nutzt vorbereitend in einer imaginierten Situation das 4Mat-Modell. Zuerst bringt sie das Warum auf den Punkt. „Ich höre, wie Sie beschreiben, dass Sie in der Situation als Empfangskraft überlastet sind. In dieser Woche haben sich fünf Personen bei mir über den – O-Ton – ‚unfreundlichen' Empfang beschwert. Ich habe Mitgefühl für Sie und habe es auch für diejenigen, die sich bei mir beschwert haben. Gleichzeitig sorge ich mich um das Ansehen und die Reibungslosigkeit von Abläufen in unserer Einrichtung. Mein Anliegen ist es, an dieser Stelle zur Wahrung der Reputation der Einrichtung und zur Entspannung der Situation für alle Beteiligten beizutragen." Frau X wendet das, was sie neu lernt, gern auch gleich praktisch an und freut sich darüber, hier gleich eine Vier-Schritte-Bitte integriert zu haben. Dann konzentriert sie sich auf das Was: „Ich bitte Sie um Unterstützung bei einem Pilotprojekt, das die Angehörigen zusätzlich mit Informationen versorgt." Mit Blick auf das Wie, damit ihre Kollegin am Empfang gleich erkennen kann, dass es sich hier um eine machbare Aufgabe handelt, differenziert sie: „Bitte versehen Sie Eingang, Empfang und Website mit diesem QR-Code." Sie stellt sich vor, dass sich auf dem Gesicht ihrer geschätzten Kollegin grundsätzliche Zustimmung zeigt, und fährt fort: „Bitte probieren Sie diesen Zugang zum Informationsfilm für Angehörige selbst aus, damit Sie wissen, was die Angehörigen über den Link erfahren können." Und weil sie weiß, dass bestimmt Was-Wenns in der Umsetzung auftauchen werden, fügt sie hinzu: „Wenn Sie mir bei unserer nächsten Besprechung Rückmeldungen geben, wie das Projekt läuft, freue ich mich, gemeinsam mit Ihnen herausfinden, was wir noch unterstützend für die Erleichterung des Arbeitsalltags tun können." Das morgige Gespräch ist in ihren Augen jetzt gut vorbereitet, und sie ist gespannt darauf, wie es verlaufen wird.

Frau X möchte später mit den anderen aus ihrer eigenen Ausbildungsgruppe im Sicheren Rahmen mit Vertraulichkeit darüber reflektieren, wie das gelaufen ist. Auch deshalb hat sie sich bei der Vorbereitung einmal schriftlich Notizen gemacht. Weil sie gern Übersichten erstellt und ihr die Ausbildungsinhalte gerade noch durch den Kopf gehen, erstellt sie für den Austausch in ihrer Intervisionsgruppe das folgende Bild (Abbildung 70). Die im 4Mat zur Anwendung gebrachten Elemente Mediativer Kommunikation ordnet sie den einzelnen Aspekten zu. Sie nimmt sich vor, mit den anderen in der Gruppe weitere Verknüpfungen und Möglichkeiten zu diskutieren, die ihr helfen werden, sich die nächste passende Herausforderungssituation im Alltag zu erleichtern.

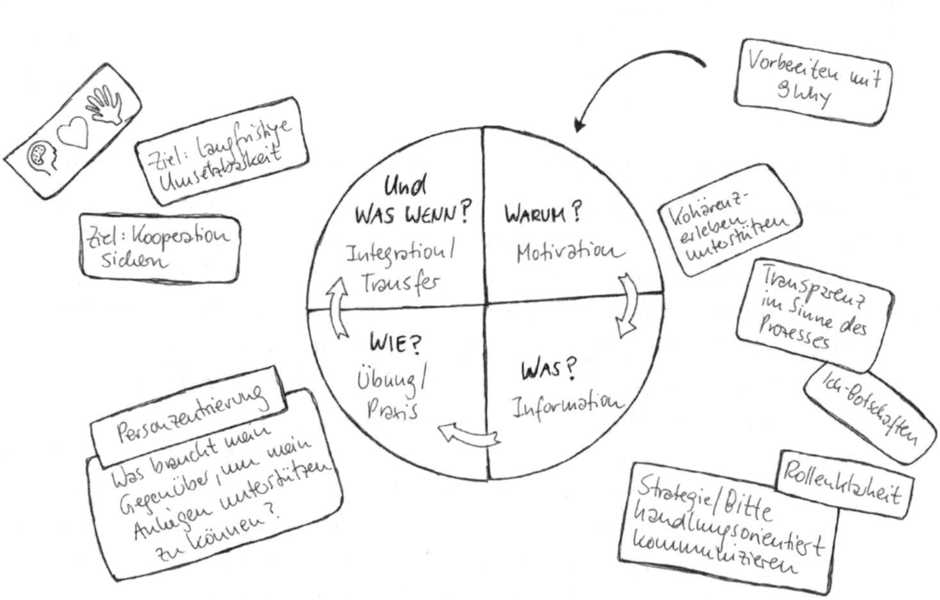

Abbildung 70: Elemente Mediativer Kommunikation im 4Mat

7. Von der Gruppe zum Team – Teambildung und Teamentwicklung als Auftrag für Facilitation

Eine Gruppe wird zu einem Team, wenn ihre Mitglieder als verbindendes Element im Wir eine gemeinsame Teamidentität gebildet haben. Eine solche Teamidentität umfasst das Was, das Wer, das Warum und das Wie. Auf dem Weg von einer Gruppe zum Team werden Leitgedanken entwickelt, die grundlegend orientieren über Sinn und Beitrag der Teilhabe der Einzelnen, und zwar im Zusammenwirken als Team (das Warum). Das bedeutet: Es gibt ein Leitbild, eine Vision oder Mission der Zusammenarbeit sowie damit verbundene Wertvorstellungen. Zunächst braucht es eine Klarheit über den Teamauftrag (das Was). Das Wer orientiert sich an diesem Auftrag: Wer sind die geeigneten Personen, um dieses Was umzusetzen? Oder: Wie bilden die Mitglieder in einer bestehenden Gruppe ein Team, das seinen Auftrag erfüllen kann? Die Frage nach dem Wie ist die nach einer Teamkultur, die alle miteinander dabei unterstützt, ihren Auftrag im Ich-Wir-Es im Globe umzusetzen.

Teambildung und Teamentwicklung sind weitere „klassische" Anlässe für Facilitation. Oft sind Veränderung und Teamentwicklung miteinander verbunden, und auch hier können wir das Mobilebild heranziehen, um zu verdeutlichen: Wenn sich in einer Organisation etwas verändert, sind auch die an sie „geknüpften" Menschen von der Veränderung betroffen. Change-Prozesse geben also Anlass dazu, dass sich Teams verändern müssen und können. Entsteht aus einer Gruppe ein Team, bedeutet dies auch Veränderungen im System. *Wenn sich plötzlich die Belegschaft in einem Wirgefühl für Interessen der Mitarbeitenden einsetzt, ergibt sich in einer hierarchischen Organisation für die Leitungsebene eine veränderte Situation im Führungsalltag.*

Mit Blick auf das Gruppensystem wurden in Kapitel 5.1.2 bereits zwei Tools beschrieben, die auch in der ermöglichenden Gestaltung und Begleitung von Teambildungs- und Teamentwicklungsprozessen genutzt werden können: die Teamuhr (Abbildung 32) und das Lewin'sche Drei-Phasen-Modell (Abbildung 31). Letzteres wurde im Vorhergehenden im Zusammenhang mit dem Anlass Veränderung aufgegriffen und weiter ausgeführt. Das Modell der Teamuhr werde ich in diesem Kapitel weiter ergänzen, und zwar im Zusammenhang mit dem Merksatz „Willst du auf den Prozess vertrauen, solltest du auch auf die Teamuhr schauen" (Kapitel 7.2). Auch das in Kapitel 5.3.1 eingeführte „1-2-4-All" ist eine von vielen weiteren Möglichkeiten des facilitativen Herangehens an Teambildung und Teamentwicklung. Man kann es als Team-Parcour gestalten; mehr dazu s.u., in Kapitel 7.1. Eine alternative

Strukturierungsmöglichkeit zur Gestaltung eines Teamentwicklungsprozesses bietet außerdem der in Kapitel 7.4 ausgeführte Prozesskalender.

7.1 Teamentwicklung bei MARKETHING – ein Fallbeispiel

Erinnern wir uns an die Situation der Berliner Agentur MARKETHING: *Nach dem Generationenwechsel möchte die Agentur neu durchstarten. Die Chefin, Frau D, betont dies gern – nach außen und nach innen. Frau D ist die Tochter des inzwischen 80-jährigen Firmengründers, der bis vor zwei Jahren noch täglich in der Agentur anzutreffen war.*

In der Belegschaft gibt es unterschiedliche Ansichten. Frau A, Herr B und Frau G sind schon lange in der Agentur angestellt. Sie finden, dass sich nicht alles ändern müsse, schließlich sei auch Frau D ja nicht erst seit gestern da. Zu viert seien sie seit Jahren ein gutes Team, und die Kund:innen schätzten ihre bisherigen Arbeitsergebnisse. Wer aufmerksam zuhört, wie die drei die aktuelle Situation schildern, der nimmt vielleicht wahr, dass etwas mitschwingt, wie: Bestünde die Agentur aus diesen vier Personen, wären sich alle einig und könnten sich auf ihre Arbeit konzentrieren, statt mit vermeintlichem Neuerungsbedarf alles durcheinanderzubringen.

In den letzten Jahren sind viele Mitarbeitende in Rente gegangen, und neben den vier Personen, die schon lange dabei sind, besteht die Belegschaft aktuell aus mehreren neu dazugekommenen Einzelpersonen und Grüppchen, die zuvor woanders gemeinsam gearbeitet haben. Bei den meisten der „Neuen" stößt Frau D mit ihrem Vorhaben auf Bereitschaft und Anerkennung. Wie jedoch ein „Durchstarten" aussehen kann, dazu haben alle unterschiedliche Ideen. Ein Facilitation-Prozess mit der MARKETHING-Belegschaft soll ermöglichen, dass alle ein Gesamtteam bilden und sich, in Synergie ihrer kreativen und weiteren Stärken, gemeinsam der Zukunft der Agentur widmen.

Im Gespräch über das Arbeitsbündnis formuliert Frau D als Auftraggeberin für den Facilitationprozess die Zielstellung „Teambuilding, damit MARKETHING neu durchstarten kann". Zur Vorbereitung des Prozesses wird die Facilitatorin eingeladen, an einer Sitzung in der Agentur mit den folgenden Mitarbeitenden teilzunehmen:

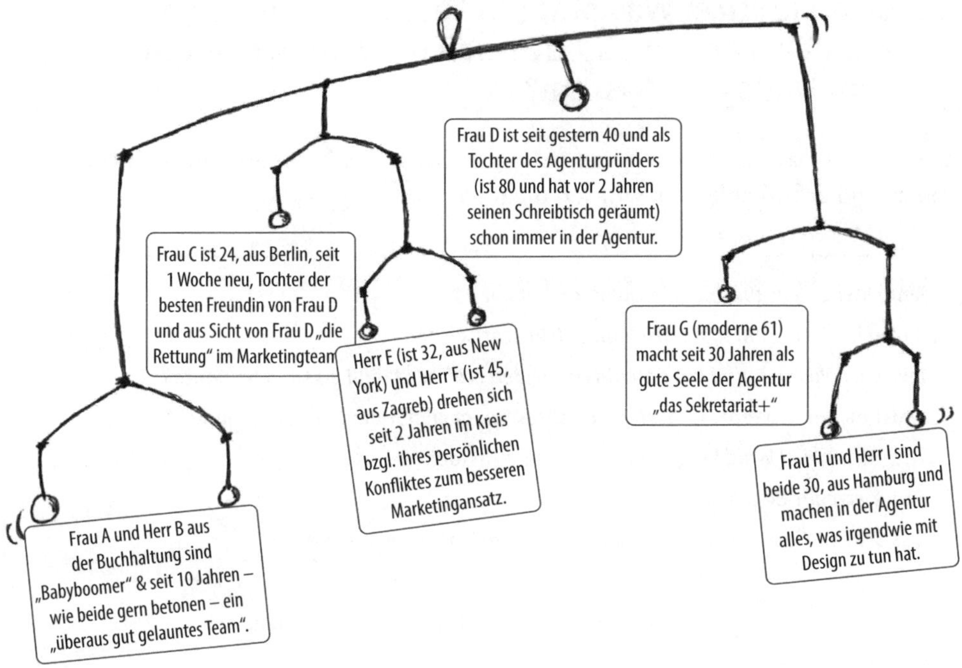

Abbildung 71: Die Belegschaft von MARKETHING

Im Verlauf der Sitzung bestätigt sich das Bild mehrerer Grüppchen in der Belegschaft, und die Mitglieder jedes dieser Grüppchen arbeiten gut zusammen. Im Gespräch ergibt sich das Anliegen, im Sinne des Ganzen daran zu arbeiten, gemeinsam ein Team zu bilden. Die Idee kommt auf, in einem Prozess mit allen zu ermöglichen, ein Leitbild zu erstellen, in dem sich alle wiederfinden und das „MARKETHING in eine erfolgreiche Zukunft neu durchstarten lässt" (Zitat Frau D).

7.2 Best Practice: Was prägt in Teambildungs- und Teamentwicklungsprozessen die Möglichkeiten zum Dialog im System?

Aus der Fülle an Merksätzen, die sich zum Thema Teambildung und -entwicklung finden und erfinden lassen, wurden die folgenden ausgewählt:

„Team steht nicht für: Toll, ein:e andere:r macht's."

„Rollen im Team sind systemisch und nicht statisch."

„Zwischen Position und Rolle zu unterscheiden eröffnet Möglichkeiten im Kontakt."

„Willst du auf den Prozess vertrauen, solltest du auch auf die Teamuhr schauen."

„Wie man in den Wald hineinruft, so schallt es heraus."

„Druck erzeugt Gegendruck."

„Das Seilende loslassen, statt Einladungen zum Tauziehen annehmen."

Abbildung 72: Merksätze für die Teamentwicklung

Team steht nicht für: Toll, ein:e andere:r macht's

Ähnlich wie das Sprichwort „Viele Köche verderben den Brei" drückt dieser Merksatz aus, was im Teamalltag oft als frustrierend erlebt wird: Man erlebt die Tatsache, dass mehrere Personen mit einem Thema, einer Arbeit oder einem Projekt betraut sind, nicht unbedingt als einen Prozess, in dem viele Zahnräder ineinandergreifen und sich dabei wunderbar ergänzen. Nach langen Besprechungen über das Warum, Was, Wie und Was-Wenn stagnieren die Prozesse. Maßnahmen werden nicht realisiert, Wesentliches findet nicht statt, weil jede:r denkt, eine andere beteiligte Person sei verantwortlich für die Umsetzung. In prozessbegleitenden Formaten wie Facilitation verweist dieser Grundsatz auf die Notwendigkeit, jeweils klar festzuhalten, wer was wann wie mit wem bis wann erledigt und wie und wem das Ergebnis zu kommunizieren ist.

Rollen im Team sind systemisch und nicht statisch

Autopoiese gilt auch in Team: Die Gruppe beziehungsweise das Team ist ein System, dass sich selbst reguliert. Wer viel mit Gruppen arbeitet, kennt wahrscheinlich den Eindruck, dass mehr oder weniger immer die gleichen Charaktere in der Runde vertreten sind; wenn eine Rolle frei wird, scheint sie durch jemand anderen ersetzt zu werden. Es gibt unterschiedliche psychologische und soziologische Modelle, in denen Gruppen- oder Teamrollen kategorisiert werden.[255] Für eine breite Perspektive auf potenzielle Teilnehmende in der didaktischen Entwicklung und Reflexion von Konzepten oder zur Anregung und Orientierung in der Praxis mögen Rollenmodelle so naheliegend wie dienlich sein. Mit Blick auf die Einzelnen, die für eine Teamentwicklung zusammenkommen und denen es möglich sein soll, aktiv teilzuhaben, sind Zuschreibungen eher begrenzend als förderlich. Für Prozesse der Ermöglichung braucht es Flexibilität und Offenheit. Von statischen Rollen auszugehen ist eine Vorannahme, die in Form einer Definition begrenzt. Sie kann den Blick für das, was sonst noch wahrzunehmen ist, einengen und die Allparteilichkeit erschweren. Mit dem Merksatz *„Rollen im Team sind systemisch und nicht statisch"* ist zudem an den Mobile-Effekt zu erinnern: Alles ist systemisch in Bewegung. Zuschreibungen prägen Ausstrahlung und Verhaltensweisen; sie fördern einschränkende oder ermöglichende Auswirkungen im System. Grundlegend für einen professionellem Umgang damit sind Reflexion und Selbstreflexion.

Zwischen Position und Rolle zu unterscheiden eröffnet Möglichkeiten im Kontakt[256]

Dieser Merksatz erinnert hier insbesondere an die Situation von Teilnehmenden, die aufgrund ihrer Position im Unternehmen im Alltag bestimmte Rollen einnehmen. Wenn zwischen Position und Rolle unterschieden werden kann, dann ist die Frage, ob dies auch im Facilitationprozess so beibehalten wird. *Beschrieben wurde eine entsprechende Situation für die Vorstandsvorsitzende (Kapitel 3 und 4), die im Open Space als solche in ihrer übergeordneten Rolle oder aber als Gesprächspartnerin auf Augenhöhe wahrgenommen werden kann. Letzteres kann unterstützt werden, wenn sie im Prozess wie alle anderen auch mit einem Arbeits-Du angesprochen und dadurch den anderen gleichgestellt wird.* Orientierung kann hier geben, die Frage „Sind wir in symmetrischer oder asymmetrischer Beziehung zueinander?" formell und informell betrachtet zu stellen und klar zu beantworten oder beantworten zu lassen. Solange diesbezüglich keine Klarheit besteht, lenkt das Fragezeichen im Raum vom Inhaltlichen ab: *Sätze werden energieraubend umformuliert, um einer direkten Anrede aus dem Weg zu gehen. Womöglich gehen sich die Beteiligten lieber ganz aus dem Weg, weil die Begegnung durch diese Unklarheit als unangenehm empfunden wird.*

Nicht nur für Facilitator:innen – wie in Kapitel 4 beschrieben –, sondern auch für viele Teilnehmende stellen sich die Fragen: Wie kann ich meine Rolle im Sinne des Prozesses ausfüllen? Wann will oder muss ich welchen Anforderungen entsprechen? Welche Auswahl von Erwartungshaltungen[257] kann ich treffen? Der hier formulierte

Merksatz erinnert Facilitator:innen daran, mit Blick auf das System und den Dialog in der Gruppe Transparenz darüber herzustellen, diese Unterscheidung situationsgerecht anzubieten und Klarheit zu ermöglichen – ob im Vorgespräch, im Text der Einladung oder beim Einstieg in den Prozess.

Willst du auf den Prozess vertrauen, solltest du auch auf die Teamuhr schauen

Bereits in Kapitel 5.1.2 wurde ausgeführt, inwiefern und wie ein Auf-die-Teamuhr-Schauen Teamentwicklung ermöglicht. Hier ist zu betonen: Eine Gruppe, die in ihrem Prozess Schritt für Schritt vorangeht, ist entsprechend zu begleiten – auch Schritt für Schritt. Hieraus ergibt sich, wie man mit Tempo und Energie umgeht, aber auch, welche Methoden und Interventionen man auswählt – und ob man bei dieser Auswahl bleibt oder doch wechselt. Welche Inhalte sind einzubeziehen, und wie sind sie zu portionieren? Welche Möglichkeiten gibt es, Gefühle und Emotionen abzuholen oder zu explorieren? Situationsgerecht heranziehen lassen sich Tools wie die Trichtervisualisierung (Kapitel 4) und das Kochtopfmodell (Abbildung 52): *Wenn hitzig diskutiert wird, ist dies der falsche Zeitpunkt, um die Diskussion anzuheizen. Gleichzeitig ist es keine gute Idee, den Deckel draufzuhalten, denn dann besteht Explosionsgefahr. Vielversprechender ist es, die wesentlichen Gesprächsinhalte auf Gefühlsebene anzuerkennen, und wichtig ist auch ihre Verbindung mit der Sachebene. Wenn gerade Klarheit gefragt ist, schalten sich die Teilnehmenden möglicherweise aus, wenn mit einem neuen komplexen Thema der Trichter zum Explorieren aufgemacht wird. Erst müssten die bisherigen Inhalte in den Trichter hineingeworfen und auf den Punkt gebracht werden.*

Auf den Prozess zu vertrauen beinhaltet einerseits, zu vertrauen: In professionellen Zusammenhängen ist dies eine aktive Entscheidung dafür, eine professionelle Haltung im Umgang mit Gruppendynamik einzunehmen und dagegen, sich assoziiert im Prozess mittreiben zu lassen. Gleiches gilt für Konfliktdynamik oder Dynamiken von Veränderungsprozessen, wie sie hier beschrieben wurden. Andererseits bedeutet es, den Prozess als einen solchen anzuerkennen und Interventionen situations- und, wie in Kapitel 5.3 beschrieben, p.a.s.s.gerecht einzusetzen.

Die bisherigen Ausführungen zur Teamuhr lassen sich an dieser Stelle ergänzen, um mit Blick auf die verschiedenen Fokusebenen System, Dialog, Struktur und Methoden einige Varianten facilitativen Herangehens in Forming, Storming, Norming, Performing und Adjourning zusammenzufassen. Die Tabelle (Abbildung 73) ist als Anregung gedacht und lässt sich individuell ergänzen. Sie erinnert an einige Aspekte von Teambildung und Teamentwicklung, die im Weiteren nicht vertieft werden.

Teamentwicklungsphase	Systemfokus	Dialogfokus	Angebot an Tools	
			Struktur	Methoden
Forming: Grundlegende Information, (weiteres) Kennenlernen der Beteiligten, der Situation und ihrer Bedingungen Sicheren Rahmen für den Facilitationprozess schaffen Gesprächsrahmen mit Vertraulichkeit, förderlicher Atmosphäre und Kommunikation	Analyse + Wer ist beteiligt? Gibt es Personen, die darüber hinaus zu beteiligen sind? Wo stehen die Einzelnen? Synthese, welche Effekte und Konsequenzen fürs große Ganze sollen angeregt werden? → Was kann die Dynamik in Gruppe und System im Sinne gewünschter Prozesse und Ergebnisse begünstigen?	**Facilitatives moderieren** Allparteiliche Exploration in mediativer Haltung Mediative Kommunikation auf Sach- und Gefühlsebene Stufen der Anerkennung gehen, Rahmen für einen Dialog mit allen einrichten bzw. aktualisieren und etablieren	Fokus auf Information: z. B. 4Mat, T.E.A.M. als Struktur mit Agenda Fokus auf Kennenlernen von Situation, Bedingungen, Anliegen: z. B. 1-2-4-All, Troika Consulting Fokus auf Verortung: z. B. Teamuhr, Timeline	Moderationsmethoden, Mediationsmethoden, Visualisierungsmethoden z. B. „Wer-mit-wem-in-welchem-System-Evaluation", Positionieren, Punkten oder andere Markierungen in der Teamuhr oder Arbeit mit Bodenankern[258], Methoden systemischer Teamaufstellung
Ergebnis:	Gesprächsrahmen mit Vertraulichkeit, förderlicher Atmosphäre und Kommunikation ist mit allen abgestimmt. Alle kommen in der Runde zu Wort, die Position der Einzelnen im Team wird sichtbar, Wünsche und Zielstellungen sind besprochen.			

Teamentwicklungsphase	Systemfokus	Dialogfokus	Angebot an Tools	
			Struktur	Methoden
Storming: Die Unterschiedlichkeit im Team erkunden – mit Blick auf den Auftrag, das Thema oder zu Fragen wie: Wer sind wir? Was macht uns als Team aus?	Im Gruppenprozess alle transparent für alle: eine Perspektive nach der anderen statt gemischt betrachten	**Facilitatives Mediieren** Personzentriert, allparteilich und ressourcenorientiert von der Metaebene aus; Anleitung zu auf Positivformulierungen[259], fokussierte Kommunikation und Wertschätzung von Diversität	Z. B. The Circle Way, Vier-Schritte-Bitte, M.O.O.N.-Guide oder Mediationsphasenmodell	Facilitatives Moderieren, Mediieren und Multiplizieren, z. B. Kurzinterventionen Mediativer Kommunikation mit Fokus auf Herausfiltern und Festhalten von Interessen und Bedürfnissen für alle (z. B. Gruppeneisberg), GFK[260] / Vier-Komponenten-Kommunikation
Ergebnis:	Die Gruppe hat sich als Versammlung ihrer Ichs in ihrer Unterschiedlichkeit umfassend wahrgenommen und ressourcenorientiert reflektiert. Sie erlebt, dass aus den diversen Ichs ein Wir entsteht oder entstehen kann. Eine klärende Zusammenfassung zeigt: Perspektiven sind umfassend (d. h.: so vollständig wie möglich) betrachtet, alle haben sich aktiv am Prozess beteiligt, fühlen sich so gesehen und verstanden, wie es möglich ist.			

Teamentwicklungsphase	Systemfokus	Dialogfokus	Angebot an Tools	
			Struktur	Methoden
Norming:	Im Gruppenprozess alle transparent für alle, Thema für Thema[261] / Schritt für Schritt, Bedürfnisse und Interessen der Ichs im Wir berücksichtigen	**Facilitatives Mediieren und Multiplizieren** Diversitätssensitive, ergebnisoffene Haltung ressourcen- und win-win-orientiert von der Metaebene aus; Anleitung zu einer auf Bedürfnisse und Interessen hinter Positionierungen fokussierten Kommunikation; Pacing und Leading, Exploration und Bündelung nach dem Trichtermodell	Trichtermodell / Double Diamond; Appreciative Inquiry / World Café / Open Space / Mediationsphasenmodell; T.E.A.M. als Vorlage nutzen; mit 4Mat Klarheit herstellen; Entwicklung als Veränderungsprozess wahrnehmen (z. B. Veränderungslandkarte visualisieren), GFK, M.O.O.N.-Guide zum Aushandeln und Formulieren von Normen	Mediative Strukturierungsmethoden, z. B. zum Festhalten von Interessen, Bedürfnissen, Werten, Leitbildern, Formulierungsideen für alle (z. B. Gruppeneisberg, „1-2-4-All"); Interventionen zu klärender Kommunikation, z. B. GFK / Vier-Komponenten-Kommunikation; Methoden systemischer Teamaufstellung (z. B. Soziometrische Aufstellung, Tetralemma)
Ergebnis:	Gruppenzusammenhalt ist entstanden. Klarheit über Bedürfnisse und Interessen, über wesentliche und im Gesamten zu berücksichtigende Werte gibt den Beteiligten Orientierung im Miteinander. Normen, Regeln, Leitbilder für Teamkultur, Zusammenarbeit und ggf. das in der Gruppe vertretene System sind gemeinsam erstellt und festgehalten.			

Teamentwicklungsphase	Systemfokus	Dialogfokus	Angebot an Tools	
			Struktur	Methoden
Performing *Wertschätzung von Diversität, Win-Win-Orientierung, Kreativität,* situationsgerechtes Herangehen an Projekte, Aufgaben, Vorhaben, Entscheidungs- und Ergebnisfindung umsetzbar, fragfähig, nachhaltig ermöglicht	Blick auf mögliche und erwartbare Mobile-Effekte; Analyse + Wer ist an der Umsetzung beteiligt bzw. zu beteiligen? Synthese + Welche Effekte und Konsequenzen ergeben sich aus Prozessergebnissen und Entscheidungen für das große Ganze, wenn die Gruppe performt? → Was kann die Dynamik in Team, System und Globe bzgl. Nachhaltigkeit und Umsetzbarkeit begünstigen?	**Facilitatives Multiplizieren** einer diversitätssensitiven, ergebnisoffenen, mediativen Haltung; prozess-, ressourcen-, win-win- und ergebnisorientiert von der Metaebene aus: Anleitung zu sach- und menschengerechtem Verhandeln in Zirkulärkommunikation	Selbstverantwortliche Arbeit z. B. in MiniLabs, Open Space; Pilot- / Projektphase; Liberating Structures, z. B. 4Mat zur aufgabenbezogenen, ergebnisorientierten Bearbeitung konkreter Inhalte oder Vorhaben	Umsetzungsbezogenes Angebot von Methoden zur Ideenentwicklung und -auswahl (Brainstorming, Denkhüte, andere Kreativmethoden) Klärende, differenzierende, systemische Fragetechniken, M.O.O.N.-Guide
Ergebnis:	Das Team erlebt produktive und kooperative Zusammenarbeit. Es kann die geplanten Vorhaben effektiv und effizient umsetzen.			

Teamentwicklungsphase	Systemfokus	Dialogfokus	Angebot an Tools	
			Struktur	Methoden
Adjourning	Mobile-Effekte einbeziehen, Ergebnissicherung für Team, System und Globe ermöglichen → Was kann die Dynamik in Team, System und Globe bzgl. Nachhaltigkeit, Erfolgserleben und eines „runden Abschlusses" begünstigen?	**Facilitatives Multiplizieren** Zirkuläre, Mediative Kommunikation in der Gruppe, Perspektiverweiterung anregen, Dankbarkeit ressourcenorientiert und situationsgerecht herausfiltern	Evaluation und Retrospektive, z. B. Retrospective Meeting, 1-2-4-All; Troika Consulting + anschließendes Sharing im Plenum	Mediatives Intervenieren und Methoden zur Ergebnissicherung, z. B. schriftliche Ziel-/Maßnahmenformulierungen; zum Rückblick auf Umsetzung der im Norming festgehaltenen Standards, Vorlagen zur Qualitäts- und Ergebnissicherung (Abgleich mit Erfolgs-/Qualitätskriterien); zur Auswertung, z. B. Gruppeneisberg, Art of Harvesting; Abschlussritual
Ergebnis:	Zum Abschluss des Prozesses halten die Teilhabenden schriftlich oder anders dokumentiert den Endstand, außerdem nächste Schritte, Zielformulierung, Maßnahmenplan oder andersartige Konsequenzen in Händen. Sie haben ihre Erfahrungen im Prozess abgeschlossen und evaluiert und sind bereit, auseinander- und weiterzugehen.			

Abbildung 73: Anregungen für facilitatives Herangehen in den Phasen der Teamuhr

Die in der Tabelle aufgenommenen Anregungen stellen Bezüge her zwischen Entwicklungen der Gruppendynamik und Fokusrichtungen mit Blick auf System und Dialog. Teamphasen werden mit dem Verweis auf strukturelle Angebote, Methoden und Interventionen verknüpft. Wer im Prozess mediativ vorgeht, baut Leading in Form von weiterführenden Fragen oder Methodenangeboten grundsätzlich auf ein Pacing auf: Er holt die Beteiligten im Prozess jeweils dort ab, wo sie gerade stehen – mittels einer mediativen Zusammenfassung (Kapitel 5.4.2), aktivem Zuhören oder einer ergebnissichernden Visualisierung. Der „Blick auf die Teamuhr" hilft bei einer Standortbestimmung – ähnlich der, die anhand einer Verortung auf der Veränderungslandkarte (Kapitel 6.2) ausführlich beschrieben wurde. Ob im Hinterkopf als Angebot oder zusammen mit den Teilnehmenden in der Gruppe unter Zuhilfenahme einer Visualisierung (wie in Abbildung 39): Auf diese Weisen lassen sich Wahrnehmung und Anerkennung der aktuellen Situation sowie Vertrauen in den Prozess allparteilich und ergebnisoffen unterstützen.

Wie man in den Wald hineinruft, so schallt es heraus

Dieser Merksatz erinnert noch einmal daran, dass Gruppen Energie spiegeln und reproduzieren: Was angestoßen wird, vervielfältigt sich. Wer müde in einen Raum hineinkommt und entsprechend zu moderieren beginnt, macht meist die Erfahrung, dass die Teilnehmenden gähnen. Ähnlich verhält es sich mit Unsicherheit, schlechter Laune, latenter Aggression oder Hoffnungslosigkeit. Ein Teil der professionellen Haltung von Konfliktbearbeitenden ist Konfliktpositivismus – um Möglichkeiten ressourcenorientiert zu eröffnen und im Bewusstsein des eigenen Anteils Entwicklungen im Sinne des Prozesses zu ermöglichen.

Online ist hinsichtlich dieses Effekts zu beobachten: Die Wahrnehmung ist insofern reduziert, als dass positive oder negative Energie weniger differenziert wahrgenommen wird. Die Teilnehmenden reagieren auf eine online übertragene Abbildung – ein Teil der motivierenden Energie geht anscheinend auf dem Weg von Sendenden zu Empfangenden verloren. Die Erfahrung zeigt, dass (vereinfacht ausgedrückt) sehr positive Energie als positiv, positive als neutral und neutrale als negative Energie ankommt. Selten erzielt ein erwünschter Prozess im Facilitation Negativenergie und Negativergebnisse. In diesem Zusammenhang stellt sich vielen Facilitator:innen die Frage nach den eigenen authentischen Möglichkeiten, Positives in den Prozess hineinzugeben.

Wer ermöglichen möchte, dass das, was da ist, wachsen kann, tut dies auf Basis einer umfassenden Selbstreflexion: Er sorgt aktiv dafür, dass er selbst in einen guten Zustand kommt, bevor er vor Ort oder online in eine Gruppe geht. Dies kann unterschiedlich aussehen, jede:r Facilitator:in hat eigene Strategien dafür. Manche meditieren, um bei sich selbst anzukommen. Andere machen progressive Muskelentspannung oder spielen ein aufregendes Computerspiel und bauen so ggf. ihre Anspannung ab. Wer ausreichend Schlaf und einen guten Kaffee braucht, reist vielleicht bereits am Vorabend zu einem Workshop an und wählt sorgfältig eine geeignete Unterkunft aus. Oder er integriert die frühere Anreise in seine Arbeitsweise, indem er Prozesse mit einem Auftakt am Nachmittag beginnt. Und viele Facilitator:innen haben für zwischendurch ihr eigenes „Notfallköfferchen“, mit Schokoriegeln, einer Nussmischung oder einem persönlichen Riechsalz. Anderen hilft ein bestimmter Schal, das Arbeitsjacket oder ein kleiner Spaziergang in der Pause. Sich zu reflektieren, sowohl in der eigenen professionellen Haltung als auch im Herangehen an und Hineingehen in den Gruppenprozess, ist Teil des Jobs. Um zu ermöglichen, was ermöglicht werden kann, ist es – zu Beginn und im Verlauf oder nach einer Unterbrechung – ein zentraler Faktor, dass sich Facilitator:innen auf ihre Gegenüber im Kontakt entsprechend einlassen und einstellen.

Druck erzeugt Gegendruck

Dieser Merksatz knüpft an die Ausführungen zum Vorhergehenden an. Insbesondere Zeitdruck oder Leistungsdruck sind weitverbreitet. Wer darauf stark reagiert oder ihn als „eigenen Senf“ selbst mitbringt, kann auf diese Weise Prozesse schnell und erfolgreich unterbinden. Vielleicht wird er damit diesem Druck gerecht, aber er tut dies nicht im Sinne der Ermöglichung des Gewünschten und Eigentlichen, um das es geht.

Eine Facilitatorin übt sich im mediativen „Sagen, was ist, statt was nicht ist“. Sie hat die Erfahrung gemacht, dass „alles sowieso immer länger dauert, als man denkt“, und ist deshalb zunächst geneigt, so etwas zu sagen wie: „Nein, wir machen heute bestimmt nicht früher Schluss.“ Dann widersteht sie diesem Impuls situationsgerecht und formuliert aus ihrer Sicht p.a.s.s.gerecht zur Situation: „Wir haben ein Zeitfenster für den Fall der Fälle, der bei Planung absehbar war. In den nächsten Stunden gestalten wir ja zusammen die Realität. Und wenn wir den Prozess nachher beenden, beenden wir ihn.“

„Druck erzeugt Gegendruck“ erinnert daran, dass direktive Formulierungen Widerstand hervorrufen können: *Auf ein „Nein“ folgt ein „Doch“, auf „Geht nicht“ folgt „Das wollen wir erst mal sehen“*. Als ein non-direktiver Ansatz zur Gestaltung von Dialog ermöglicht Mediative Kommunikation Über-Setzungen von Beiträgen in der Gruppe, die personzentriert und prozessorientiert auf den Punkt bringen, um was es geht. Das nimmt Druck heraus. Wo Druck als solcher abzuholen ist, kann die Übersetzung entsprechend ergänzt werden: „Und das macht Ihnen Druck?“

Das Seilende loslassen, statt Einladungen zum Tauziehen annehmen

Dieser Merksatz zeigt einen Ausweg – aus einem Kreislauf von Druck und Gegendruck sowie aus Machtkämpfen diverser Art, die sich in Gruppen und Teams untereinander und in Interaktionen mit Außenstehenden abspielen können. Es gibt viele Situationen, in denen Prozessbegleitenden für ein sprichwörtliches Tauziehen „ein Seilende in die Hand geworfen wird".

Mediativ Kommunizierende nehmen das, was da ist, erst einmal in einem Pacing auf. Dies geht mit aktivem Zuhören und einer mediativen Zusammenfassung. Die Vorstellung „das Seilende in der Mitte des Dialogs abzulegen", hilft dabei, es dann bewusst loszulassen, statt „daran zu ziehen". „Das Tauende einen Strick sein lassen" ist eine Möglichkeit, auf Augenhöhe zu agieren, statt in ein Kräftemessen einzusteigen und sich dadurch von den eigenen Aufgaben als Facilitator:in im Prozess abzulenken.

Teilnehmende kann man beim Loslassen unterstützen, indem die Situation transparent gemacht wird. *In solch einer Situation mit einer Gruppe, deren Mitglieder humorvoll umgehen können, sagt ein Facilitator beispielsweise: „Mensch, da haben Sie aber ein ordentliches Tau angeboten." Sein Gegenüber in der Gruppe versteht den Wink und muss lächeln. Wenn es nicht versteht und fragt: „Was denn für ein Tau?", sagt er vielleicht „Entschuldigung – jetzt habe ich damit abgelenkt. Ich schreibe mir auf, dass ich nachher darauf zurückkommen will. Gehört habe ich von Ihnen eben Ärger über … und die Frage an …" und formuliert eine prozessorientierte Über-Setzung. Denn es geht ja nicht ums Tauziehen, sondern um den Anlass für das Angebot, beispielsweise um Ärger oder Frustration – manchmal auch um eine Form von Mut, wie Übermut, Hochmut oder den Mut, etwas anzusprechen.*

7.3 Teambildung bei MARKETHING: Leitbildentwicklung im 1-2-4-All

„1-2-4-All" wurde als Liberating Structure in Kapitel 5.3.1 beschrieben. Dieses methodische Herangehen ist so beliebt, weil es sich in den unterschiedlichsten Situationen verwenden lässt. Das Prinzip ist leicht: Erst Einzelarbeit, dann Zweiergespräch, dann Austausch zu viert und dann wird auf dieser Basis mit allen im Plenum weitergemacht. Jede:r ist einbezogen. Der Diskurs ist vielfältig und in einen machbaren zeitlichen Rahmen zu bringen. Die Ergebnisse werden mit allen geteilt. Es lassen sich Erfahrungen einbinden und auswerten, Ideen entwickeln und Aufgaben erledigen und vieles mehr. An dieser Stelle wird „1-2-4-All" als Liberating Structure herangezogen, um in der beschriebenen exemplarischen Situation bei MARKETHING unter den Mitarbeitenden auf der Werteebene Kennenlernen, Verständnis und Verbindung zu schaffen. Dies soll das Wirgefühl stärken und es der Belegschaft als Gruppe ermöglichen, zu einem Team zu werden. Für die Agentur bietet der Prozess eine Chance, mit einem gemeinsamen Leitbild – für die Zusammenarbeit in der Firma und nach außen – in die Zukunft zu gehen.

Bei MARKETHING geht es zunächst um eine Leitbildentwicklung mit dem gesamten Team. Sich auf eine gemeinsame Basis in der Zusammenarbeit zu verständigen soll helfen, zusammenzuwachsen und die Ressourcen der einzelnen Grüppchen miteinander in Synergie zu bringen. Die Mitarbeitenden von MARKETHING erleben das „1-2-4-All" als eine anschauliche Wegbeschreibung für einen gemeinsamen Prozess, der ihnen Entwicklung ermöglicht:

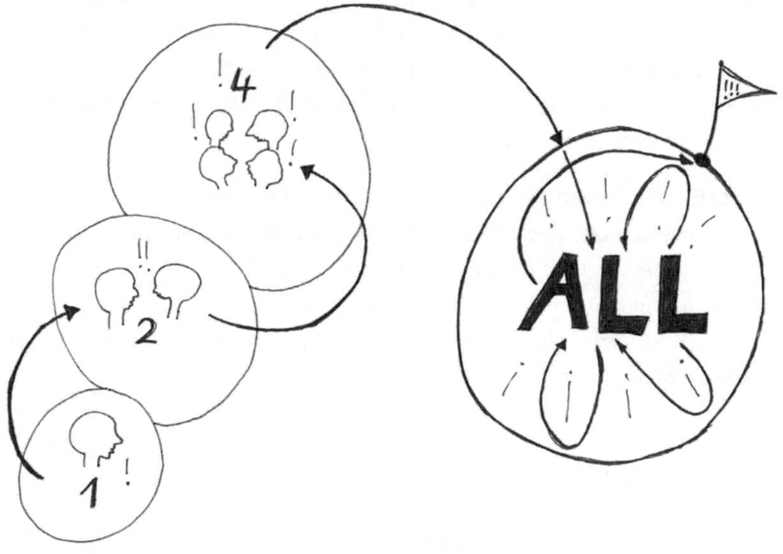

Abbildung 74: 1-2-4-All-Team-Parcours

„1": Besinnung auf Werte

Alle Beteiligten werden in einem ersten Schritt gebeten, sich mit den Werten zu befassen, die sie für die Arbeit bei MARKETHING als besonders wichtig empfinden: mit Blick auf die Zusammenarbeit im Team und mit Kund:innen, nach innen und nach außen gerichtet. Dafür wird allen eine Liste mit 30 Werten ausgehändigt. Sie ziehen sich für fünf bis zehn Minuten zurück, um sich für drei Werte zu entscheiden. Sollte ein passender Begriff auf der Liste fehlen, fügen sie ihn hinzu.[262]

Aus einem Stapel von Wertekarten, der alle Werte der Liste enthält, wählen die Teilnehmenden ihre drei Favoriten aus. Der Liste hinzugefügte Werte werden auf freien Karten notiert und so ergänzt. In der Mitte des mit einer Papierdecke versehenen großen Besprechungstischs, an dem jetzt alle wieder versammelt sind, entsteht eine Galerie an Werten: Dieses Werte sind in der Gruppe wichtig und für alles Weitere als wesentlich zu berücksichtigen.[263]

„2“: Austausch über wertebasiertes Alltagshandeln

Im nächsten Schritt finden sich die Teilnehmenden zu zweit zusammen. Weil es neun Personen sind, gibt es auch eine Gruppe mit drei Personen. In den Kleingruppen tauschen alle miteinander Beispiele aus, wo im Alltagshandeln sich die Werte, die den jeweils Beteiligten am wichtigsten sind, ausdrücken. Sie stellen sich dazu Fragen wie: Woran erkennen wir und andere, dass Nachhaltigkeit ein wichtiger Wert unserer Arbeit ist? Wie zeigt sich, dass Zusammenhalt in unserem Team besteht? Wie zeigt sich in unserem Alltag, dass wir den Wert Authentizität als wichtig erachten? Dann formulieren sie als Antworten kurze Sätze.

Die Auswertung im Plenum beinhaltet eine Sammlung der Ergebnisse auf der Tischdecke: Die Mitarbeitenden von MARKETHING haben ihre Beispiele auf Post-its festgehalten und kleben sie nun zu den Werten.[264] *Als alle fertig sind, nehmen sie die Tischdecke vorsichtig ab und bringen sie zur weiteren Bearbeitung an der Wand an. Alle bekommen Zeit, um sich die Sätze in Ruhe durchzulesen, ihre Verständnisfragen zu stellen und zu beantworten.*

„4“: Leitsätze bilden

In zwei Vierergruppen und eine Fünfergruppe eingeteilt bekommen die Beteiligten die Aufgabe, sich – je nach Anzahl der Auswahl – einen Wert oder mehrere wesentliche Werte und Formulierungen oder Cluster vorzunehmen und Leitsätze zu bilden. Sie bearbeiten die Entwürfe so, dass die Formulierungen nachfolgend in der Gruppe als Angebot für das gemeinsam zu erstellende Leitbild genutzt werden können. (Nicht nur) hier erweist es sich als vorteilhaft, dass alle Teilnehmenden die einzelnen geplanten Prozessschritte kennen.

Auf einer Art Marktplatz im Raum werden die Ergebnisse aus der Gruppenarbeit den anderen vorgestellt. Das Team von MARKETHING ist klein genug, um nacheinander darauf eingehen zu können. In größeren Gruppen lässt sich dies beispielsweise so gestalten, dass je eine Person aus der Gruppe beim Ergebnis bleibt, es anderen erklärt und für Fragen zur Verfügung steht. Die anderen gehen von Angebot zu Angebot und informieren sich.

„All“: Leitbilder gemeinsam entwickeln

Nach einer Pause geht es im Plenum weiter. Alle bekommen die Aufgabe, die Sätze in einem Gruppeneisberg (Abbildung 75) so zu positionieren, dass diejenigen, die ins Leitbild aufgenommen werden sollen, über der Wasseroberfläche angeordnet sind. Dies ist symbolisch gemeint: Was soll in unserer Außendarstellung durch das Leitbild für alle sichtbar gemacht werden? Wenn nötig, kann auch die zugehörige Wertekarte hinzugefügt werden, um später nachzuformulieren.

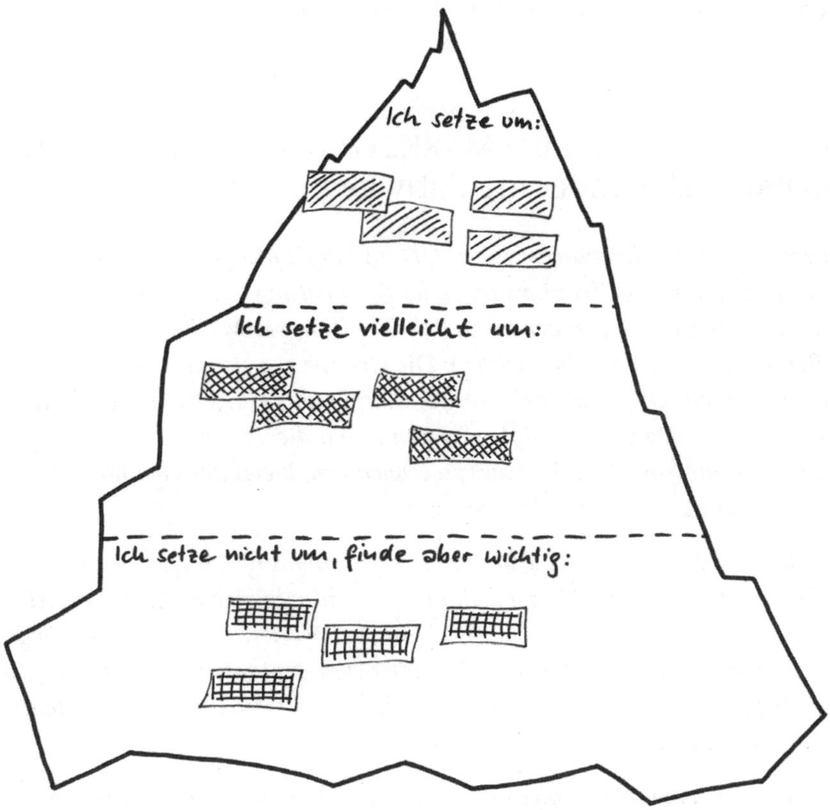

Abbildung 75: Gruppeneisberg[265]

Es entsteht eine klare Priorisierung mit Blick auf ein zu veröffentlichendes Leitbild für die Agentur: An der Spitze landen auf diese Weise die Aspekte, die für alle deutlich thematisiert (Es-Ebene) werden sollen. Die anderen sind nicht weniger wichtig; sie beziehen sich möglicherweise auf die Teamkultur (Wir-Ebene) oder auf das, was die Einzelnen in der Agentur wahren und beitragen (Ich-Ebene).

Wenn dies – wie bei MArKETHING – im Teambildungsprozess gewünscht ist, lässt sich in den Eisberg (Beispiel in Abbildung 65) ein Dreieck integrieren. Die Leitsätze beziehungsweise Werte können den einzelnen Ebenen zusortiert und nacheinander im Dialog fokussiert werden. *Das MARKETHING-Team erstellt am ersten Tag des Facilitationprozesses eine Vorlage für das Leitbild. Am nächsten Tag wird das TZI-Dreieck so gedreht, dass die Wir-Ebene über der Wasseroberfläche erscheint. Für die Betrachtung der Teamkultur (Wir-Ebene) wird die nachfolgend in Abbildung 76 ausgeführte Struktur angeboten und miteinander vereinbart.*

7.4 Teamentwicklung bei MARKETHING: Vier Jahreszeiten im Prozesskalender mediativ begleiten

Das am ersten Tag durchgeführte „1-2-4-All" und der Entwurf eines Leitbilds für die Agentur ermöglichten dem Team, mithilfe der Betrachtung wesentlicher Werte, einander besser kennenzulernen. In der speziellen Situation bei MARKETHING lässt sich dies als Teambildungsprozess bezeichnen: Die Gruppe hat sich auf den Weg gemacht, ein Team zu werden. Der Gruppeneisberg enthält bereits einige zentrale Werte für die Zusammenarbeit.[266] *Daran anknüpfend vereinbaren die Teilnehmenden nun für den weiteren Prozess ihr Vorgehen. Um dies zu erleichtern, bietet der Facilitator eine mögliche, ermöglichende Strukturvorlage an.*

Ein Rückblick auf die Vorbereitung des Prozesses (Abbildung 24) erklärt an dieser Stelle die Auswahl des Angebots: Der Facilitator ist ein begeisterter Leser von Abenteuerromanen. Für den Auftrag, Teamentwicklung bei MARKETHING zu ermöglichen, erscheint ihm, nach dem ersten Gespräch über den geplanten Prozess, das Erklimmen eines Gipfels als naheliegendes Sinnbild dafür, dass die Belegschaft miteinander, Schritt für Schritt, eine Aussicht in die Zukunft gewinnt.

Ein Leitfaden aus seiner Coachingausbildung dient ihm als Anregung für eine Vorlage für sein Angebot zum Prozessdesign: In Phase I des Leitfadens geht es darum, einen sicheren Rahmen, das passende Setting einzurichten. Nach allem, was der Facilitator zur Situation bei MARKETHING gehört hat, kommt er zu dem Ergebnis, am ersten Tag den Fokus auf Teambildung und am zweiten Tag auf Teamentwicklung zu rich-

ten. Fragen zum Sicheren Rahmen, zum Arbeitsbündnis mit und in der Gruppe und zu dem, was das Setting für alle passend macht, sind Inhalte des ersten Tages mit der Gruppe. Hier geht es – wie bereits zu lesen war – um Fragen der Teamidentität und der Teamkultur bei MARKETHING.

Phase II im All-Models-Are-Wrong-But-Some-Are-Useful-Prinzip – das als Leitfaden für die Vorlage herangezogenen wird – widmet sich ausführlich der Zielklärung und Zielorientierung, wie es für Coaching kennzeichnend ist. „Wo wollen wir gemeinsam als Team hin?“ schreibt der Facilitator auf die frisch aufgeblätterte Seite seines Notizblocks. Bis auf ein kleines „Tag 2“ in der oberen rechten Ecke war diese bis eben noch leer. „Das ist ein p.a.s.s.gerechter Startpunkt für den Teamentwicklungsprozess.“ In diesem Gedanken malt er eine Eins vor die eben notierte Frage und umrundet sie bestätigend mit seinem Stift. „Ja: Das Soll ist gemeinsam zu klären, um dann mit Blick auf den Ist-Zustand eine Bestandsaufnahme zu machen: Was sind Herausforderungen? Was sind Potenziale?“ Er ergänzt diese Punkte in seiner Skizze für das Prozessdesign und blickt nachdenklich auf seinen Coachingleitfaden. In Phase III geht es darum, Veränderungsprozesse anzuregen, Perspektiven zu erweitern und Ressourcen zur Zielerreichung zu aktivieren. Der Facilitator quetscht zwischen „Wo wollen wir gemeinsam als Team hin?“ und die Frage nach Herausforderungen noch das Wort „Ist“ in die Skizze, schreibt eine Zwei davor und dann eine Drei vor „Was sind Herausforderungen?“. Vor „Was sind Potenziale?“ kommt eine Vier. Er umkringelt die Zahlen und ist zufrieden.

Phase IV im Coachingleitfaden aus seiner Ausbildung beinhaltet Zielumsetzung, Ökocheck und Praxistransfer. Passend zu dem, was aus seiner Sicht „The A.R.T. of Facilitation“ (Kapitel 2) ausmacht, fügt er seiner Skizze als zwei weitere Punkte hinzu: „Zusammensammeln, was wir brauchen“ (5) und „Auf Kurs bringen“ (6).

Auch wenn er das Bild des gemeinsam zu erklimmenden Gipfels immer noch ansprechend und an sich auch passend findet, verwirft er an diesem Punkt seiner Vorbereitung die Idee, es in der Gestaltung des Prozessdesigns weiter zu verwenden: „Wer weiß, was in der Gruppe für Bilder vorhanden sind und welche im Prozess noch entstehen?“ Mit dem Gedanken an die Belegschaft der Agentur entscheidet er sich dafür, sein Angebot eines Prozessdesigns möglichst schlicht zu halten. Nachdem er seine Skizze überarbeitet hat, entsteht die folgende Strukturvorlage für den Prozess im Team von MARKETHING:

1. UNSER ZIEL

Was soll werden und sein? Wo wollen wir gemeinsam als Team hin?

↓

2. DAS IST

Wo stehen wir jetzt? Was ist unsere Ausgangssituation?

↓

3. UNSERE HERAUSFORDERUNGEN

Was steht uns dabei im Weg, unser Ziel zu erreichen?	Was fehlt noch, um dorthin zu kommen?

↓

4. POTENZIALE UND RESSOURCEN

Was ist schon da an Ressourcen, Stärken und Potenzialen, um uns bei der Zielerreichung zu unterstützen?

↓

5. WAS KÖNNEN WIR NOCH ZUSAMMENTRAGEN?

Welche anderen Ressourcen und Ideen können uns noch unterstützen, unser Ziel zu erreichen?

↓

6. COMMITMENT: WIE GESTALTEN WIR MITEINANDER UNSEREN WEG?

Welche Schritte wollen wir gemeinsam gehen?	Welche Vereinbarungen wollen wir miteinander treffen?

Abbildung 76: Angebot eines Prozessdesigns

In einem Projekt arbeitet das Team gerade an einem Kalender und möchte lieber das Kalenderbild nutzen. „Oooh-kay", denkt der Facilitator, konzentriert sich auf das Pacing und darauf, Transparenz herzustellen über das, was bereits an Wünschen für die Fortsetzung des Prozesses deutlich geworden ist. In der folgenden halben Stunde entsteht im Team aus der Vorlage und dem MARKETHING-Kalenderprojekt eine Struktur für den Prozess in Form eines Kalenders. Orientiert an der Vorlage sucht die Gruppe passendere Überschriften als die Stationen zum Analysieren und Navigieren.

Der Kalender bietet als Struktur die Jahreszeiten an: „Frühling bedeutet loszulegen." „Ja, und im Sommer hilft die Sonne bei allem: Da kann man gut Herausforderungen beleuchten, und wenn es dann heiß wird, Potenziale und Ressourcen angucken. Das ist immer motivierend." „Im Herbst können wir dann die Früchte sammeln …" „… und Marmelade kochen!" „Gut! Im Winter gibt es die Raunächte. Da ist Einkehr angesagt." „Und startklar machen für den nächsten Frühling."

Der Facilitator ist mindestens so erstaunt wie begeistert: „Wahnsinn!", entfährt es ihm. Er zeigt sich hier authentisch als Fan des Teams, mit dem er gerade arbeitet, und dessen Mitglieder reagieren entsprechend mit Stolz.

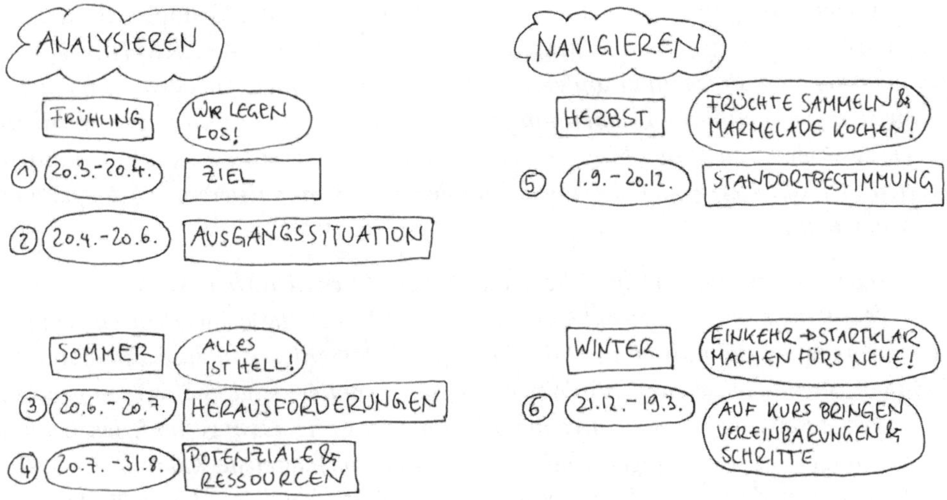

Abbildung 77: Teamprozesskalender – vier Saisons: Frühling, Sommer, Herbst und Winter

Das MARKETHING-Team identifiziert sich mit der selbst entwickelten Struktur viel besser als mit einer fertigen Vorlage. Alle haben sich in den letzten Wochen anlässlich des Kalenderprojekts intensiv mit den vier Jahreszeiten beschäftigt und suchen hier nach einem gemeinsamen Nenner. Und es ergibt sich als „organisch" im Prozess, das jetzt anhand dieses Bildes zu tun – nicht als Ergebnis für das Kalenderprojekt, sondern als Strukturmodell für den Teamentwicklungsprozess. Und wenn das wirkt wie ein Pilotprojekt für den Kalender: umso besser. Freude, Motivation und Energie sind deutlich im Raum zu spüren.

Der Facilitator denkt, dass umfängliche Hinführungen, wie sie zum morgendlichen Einstieg gern verwendet werden, eine solch kreative Atmosphäre nicht besser hätten wachrufen können. Das MARKETHING-Team performt. Alle sind aktiv dabei. In Anknüpfung an die Ergebnisse des ersten Tages können – auf Basis des bereits in der geteilten Kommunikations- und Arbeitskultur etablierten Sicheren Rahmens – alle miteinander und ohne weitere Vorbereitung die erste Saison „betreten".

7.4.1 Frühling: Loslegen

Saison 1: Unser gemeinsames Ziel

Für die Frage „Wo wollen wir gemeinsam als Team hin?“ können die Wir-Aspekte im Gruppeneisberg herangezogen und ergänzt werden. In der Gruppe wird der Dialog darüber angeregt, was das gemeinsame Wollen ist. *Das MARKETHING-Team beantwortet diese Frage unter anderem mit dem gemeinsamen Anliegen, dem am Tag zuvor erstellten Leitbild im gemeinsamen Tun nach innen und nach außen Ausdruck geben zu wollen. Nicht nur Frau D möchte „in eine erfolgreiche Zukunft neu durchstarten“. Die anderen wollen dies auch. Und sie wollen konkretisieren, wie das genauer aussehen kann.*

Die Frage, wie „in eine erfolgreiche Zukunft neu durchzustarten“ konkret aussehen kann, gerät in den Mittelpunkt des Prozesses. Alle Beteiligten werden eingeladen, sich noch einmal die nun an der Wand hängende Papierdecke anzuschauen, auf der Beispiele für die Umsetzung von Werten im Alltag notiert sind. Sie werden gebeten, sich auf die Beispiele zu konzentrieren, die mit dem gemeinsam gefundenen Leitbild in Zusammenhang zu bringen sind. Wie kann eine erfolgreiche Zukunft für MARKETHING mit diesem Leitbild konkret aussehen? In den folgenden zehn Minuten überlegen und reflektieren die Teilnehmenden zu dieser Frage. Sie versorgen sich mit Kaffee, Tee, Keksen oder Obst und reden nach Bedarf mit anderen darüber. Zurück im Plenum verständigen sich alle darauf, eine Auswertungsrunde zu machen, in der jede:r eine Minute Zeit bekommt, um ein – von den anderen erst einmal nicht kommentiertes – Szenario für eine erfolgreiche Zukunft zu entwerfen. MARKETHING ist mit Moderationsmaterialien gut ausgestattet, und die Mitarbeitenden haben schon oft solche Runden durchgeführt. Frau H kommt auf eine Idee: „Und dann malen wir ein kleines Symbol zur Erinnerung.“ „Okay“, sagt Frau G, und Herr F fragt: „Wirklich?“ Als die anderen nicken, holt er schulterzuckend einen Stapel Moderationskarten und einen Stift, probiert ihn aus und legt alles in die Mitte des Tisches. Herr B holt die große Sanduhr und gibt sie Frau A in die Hand. „Soll ich anfangen?“, fragt sie. Als alle nicken, zieht sie den Kartenstapel zu sich heran, greift den Stift, stellt die Sanduhr auf den Kopf und legt los.

Die Runde dauert etwa 15 Minuten. Manchmal gibt es verständnissichernde Nachfragen, und es braucht mal mehr, mal weniger Zeit, um die Szenarien zu formulieren. Als alle ein Beispiel mit den anderen geteilt, ein Symbol gefunden und in die Mitte gelegt haben, gibt es erneut zehn Minuten, um das Gehörte zu verarbeiten: Einige unterhalten sich darüber, andere denken für sich darüber nach, schreiben oder malen etwas oder blicken abwechselnd auf Symbole und die Ergebnisse von gestern. In dieser Gruppe geht das gut: der Sichere Rahmen hält, keine:r zeigt Anzeichen von Angst, dass nun über ihn oder seine Idee hinter dem Rücken geredet wird. Eine solche Arbeitsweise ist den Einzelnen vertraut und wird als organisch empfunden. Die Mitarbeitenden erleben sich als ein Team in einem kreativen Prozess. Der Facilitator fragt sich, ob er nicht eigentlich mehr tun müsste. Er erinnert sich dann an den Titel des lesenswerten Buchs Einfach mal Nichts tun![267] *und konzentriert seine Aufmerksamkeit wieder auf den Prozess.*

Als alle wieder zusammenkommen, fragt Frau C: „Sind wir denn eigentlich jetzt in Saison 1 oder in Saison 2?" Herr E sagt: „Das habe ich mich eben auch gefragt." „Ist das denn so wichtig?", fragt Frau A, die lieber weitermachen möchte. Vom Inneren Balkon aus gibt der Facilitator eine Zusammenfassung in die Gruppe: „Ich habe in der Runde mit den Szenarien aktuelle Vorstellungen dazu gehört, wie das Ziel jetzt gerade für alle im Einzelnen aussehen kann." „Ja", sagt Herr E, „das ist dann im Grunde beides ..." Frau D überlegt und sagt: „Mir hat es jedenfalls geholfen. Jetzt habe ich lauter mögliche Zukunftsbilder im Kopf." „Ja, und ich glaube nicht, dass wir da jetzt schon etwas festhalten können oder sollten. Wir haben ja keine Glaskugel", ergänzt Herr E. Aus dem Dialog in der Gruppe entwickelt sich die Klarheit, dass das MARKETHING-Team jetzt mit der zweiten Saison weitermachen möchte. Sie nehmen die Symbole und kleben sie auf ein Flipchartblatt. Jede:r schreibt klein den eigenen Namen dazu und wenige Stichworte als Notizen. In der Gruppe wird dies als wichtig empfunden, damit Nachfragen, die im Weiteren aufkommen, leichter gestellt und beantwortet werden können.

„Möchten Sie an dieser Stelle noch Punkten, welche der Szenarien Ihnen persönlich am verlockendsten erscheinen? Oder am realistischsten?", macht der Facilitator als methodisches Angebot zur Ergebnissicherung und bietet damit eine Brücke zu Saison 2 an. Die Gruppe diskutiert dies kurz und verständigt sich darauf, dass alle einen grünen Punkt malen, und zwar neben das Symbol bzw. den dort vermerkten Stichpunkt, das oder der ihnen jetzt als besonders wichtig erscheint – zum Im-Auge-Behalten.

Saison 2: Unser aktueller Standpunkt

Saison 2 führt zu den Aspekten der Ich-Ebene. Die Frage „Wo stehen wir jetzt?" kann der Einstieg in ein Storming sein oder dieses fortsetzen. Es kann auch sein, dass sich in der Beschäftigung mit wesentlichen Werten bereits die Unterschiedlichkeit in der Runde verdeutlicht hat. Der Prozess, sich miteinander zu verorten, bringt ein Team, das die Vielfalt im Miteinander als produktives, anregendes Zusammenwirken erleben kann, in Richtung Norming.

Nach einer Erfrischungspause kommt das Team von MARKETHING wieder am Besprechungstisch zusammen. Zum Einstieg fasst der Facilitator zusammen: „Was es bedeuten kann, ‚in eine erfolgreiche Zukunft neu durchzustarten', haben Sie in Anknüpfung an Ihr gemeinsam erstelltes Leitbild mit unterschiedlichen Szenarien entworfen und verbunden. Auf dem Flipchart mit den Symbolen haben Sie gekennzeichnet, was Ihnen besonders wichtig ist und was Sie, wie Sie sagen, ‚im Auge behalten möchten'. Wenn wir auf unseren Teamprozesskalender sehen, dann sind wir damit in Saison 2 angekommen: Im Hier und Jetzt ist Ihnen das Markierte besonders relevant." Er macht eine Pause und blickt in die Runde, um zu sehen, ob seine Zusammenfassung dem entspricht, was in der Gruppe an Einschätzungen dazu vorhanden ist.

„Gehört nicht noch mehr zu der Frage ‚Wo stehen wir jetzt'?", knüpft Herr B an die Ausführungen des Facilitators an. „Bringt das, was ich zusammengefasst habe, das Bisherige für Sie auf den Punkt? Und heißt das, wir können uns nun mit weiteren Antworten auf die Frage beschäftigen, wo Sie jetzt stehen?", hakt der Facilitator nach. Die Gruppe stimmt dem zu.

„Wo stehen wir in Bezug auf was?" „Auf unser Ziel?" „Auf das Leitbild?" In der Gruppe entspinnt sich ein Dialog. „Sie möchten sich in Bezug auf das gemeinsam erstellte Leitbild im Hier und Jetzt verorten?", steuert der Facilitator als bündelnde Zusammenfassung im Sinne des Prozesses bei. Die Gruppe hat jetzt zu entscheiden, wie sie weitergehen möchte. Nach einem Moment Bedenkzeit sagt Frau D: „Ich bin dafür, weil wir gestern und heute in diesem Zusammenhang vieles besprochen haben, was in den Zielformulierungen zum Ausdruck käme, die wir ja", sie blickt mit einem Lächeln zu Herrn E, „mangels Glaskugel nicht konkreter formulieren wollten." „Sind alle damit einverstanden?" In der Runde drückt sich Zustimmung aus.

Gemeinsam beschließt das Team, sich einmal mithilfe eines Seils auf dem Boden zu positionieren. Dazu wird das Seil aus dem Moderationskoffer geholt und im Flur auf den Boden gelegt. Frau G holt das Flipchart mit der Formulierung des Leitbildes und legt es an ein Ende. Das andere Ende markiert Herr B aus der Buchhaltung etwas schüchtern grinsend mit einer 0. „Wenn da eine Null ist, will ich auch wissen, wo die Mitte ist", sagt Frau G und legt einen Stift als Markierung in die Mitte der Strecke zwischen Null und Leitbild. „Sind alle bereit, sich zu der Frage ‚Wo stehen wir jetzt in Bezug auf unser Leitbild?' zu positionieren? Da sehen wir die Null, die steht für ‚Ich finde, wir haben null Prozent unseres Leitbildes bisher umgesetzt'. Da ist die Mitte markiert: ‚Zu 50 Prozent erlebe ich das Leitbild im Alltag.' Und wo das Flipchart mit dem Leitbild liegt, stellen sich diejenigen hin, die es im Alltag bereits als zu 100 Prozent realisiert empfinden. Wollen Sie Ihr Stimmungsbild zur Verortung im Hier und Jetzt so machen?" Es kommt ein einhelliges Ja aus der Gruppe.

Die Einzelnen des Teams finden ihre Plätze am Rand des Seils. Sie geben jeweils ein kurzes Statement, warum sie sich so gestellt haben. Einige Verständnisfragen werden geklärt, der eine oder die andere verändert im Gespräch die eigene Positionierung, um im Verhältnis zu der anderer die eigene Einschätzung klarer zu machen. Herr I bittet den Facilitator, auf Wunsch der Gruppe ein Foto zu machen, und gibt ihm dafür sein Handy. Er stimmt zu und bittet die anderen, dass sie, bevor sie das Seil verlassen, trotzdem eine Moderationskarte mit ihren Initialen als Platzhalter auf die eingenommene Position legen. „Wer weiß – vielleicht ergibt sich im Prozess, dass Sie sich noch einmal neu verorten wollen." Die Gruppe findet, das kann ja nicht schaden, und stimmt zu. Nach dem Foto versorgen sich die Teammitglieder mit Getränken und kommen am Besprechungstisch zusammen. Herr I hat in der Zwischenzeit das Foto über den Verteiler der Gruppe an die anderen gesendet. Im weiteren Dialog kann so jede:r noch einmal auf das Bild schauen.

7.4.2 Sommer: Alles ist hell

Saison 3: Unsere Herausforderungen

In Saison 3 den Fokus auf Herausforderungen zu richten, holt diejenigen ab, denen es bisher vielleicht zu schnell mit dem Konstruktiven und Kooperativen ging. Je nachdem, wohin sich der Dialog bewegt, können die Ebenen im TZI-Dreieck hier noch einmal strukturierend herangezogen werden. *Im MARKETHING-Team werden erst einmal Herausforderungen im Zusammenhang mit der Vorlage für das Leitbild betrachtet. Dann geht es um Herausforderungen der Zukunftsfähigkeit der Agentur. Im Dreieck befestigt der Facilitator prozessbegleitend an der Es-Spitze jeweils eine Karte: erst „Leitbild", dann hängt er sie etwas zur Seite und ersetzt sie durch „Zukunftsfähigkeit der Agentur". Anschließend liegt im Dialog der Fokus auf den anderen Spitzen des Dreiecks: auf Herausforderungen in der Zusammenarbeit und Herausforderungen, die die Einzelnen für sich sehen. Dazu werden die Inhalte des Gruppeneisbergs noch einmal herangezogen. Als die Gruppe darin übereinstimmt, alle Herausforderungen nun umfänglich betrachtet zu haben, wird Pausenbedarf deutlich. Das Team vereinbart, eine halbe Stunde lang das zu tun, was die Einzelnen am besten auftanken lässt und sich dann gemeinsam der nächsten Saison zu widmen. Mit Blick auf den Teamprozesskalender ist sich die Runde darin einig, dass sie sich heute zum Abschluss mit ihren Potenzialen und Ressourcen beschäftigen möchte.*

Saison 4: Unsere Potenziale und Ressourcen

Mit Blick auf Saison 4 „Potenziale und Ressourcen" bietet sich methodisch beispielsweise eine Kräftefeldanalyse[268] an: Was sind hemmende und was sind fördernde Kräfte auf dem Weg zu unserem Ziel? Diese Methode ist weiterführend, wie es auch

Methoden sind, die ressourcenorientiert verdeutlichen, dass das, was fehlt, auf das verweist, was zu suchen und zu finden ist[269]. Was hindert uns daran, unser Ziel zu erreichen? Was fehlt uns noch, um dahin zu kommen? Diese Fragen werden dann ergänzt durch: Was ist schon da an Ressourcen, Stärken und Potenzialen, um uns bei der Zielerreichung zu unterstützen? Einer Gruppe, die im Facilitationprozess in einem Performingzustand angekommen ist, fällt es leichter, sich auf diese Fragen zu konzentrieren. Herausforderungen mit Potenzialen und Ressourcen zu beantworten verstärkt das Kohärenzempfinden. *Frau D zum Beispiel empfindet dies als einen Überblick über die Situation, der es ihr zum ersten Mal seit Langem ermöglicht, sie als überschaubar und bewältigbar zu empfinden. Im langen Prozess der Ablösung ihres Vorgängers, ihres Vaters, ging es intensiv um Loslassen. Und Abschied ist das Gegenteil von Zukunft. Als Tochter wollte sie ihren Vater unterstützen. Dies stand für sie mehr oder weniger bewusst im Vordergrund. Als sie in der Runde ihre Unsicherheit schildert, ob sie das überhaupt so sagen solle, kommt ein deutliches Ja. Es zeigt sich, dass die anderen damals eher den Eindruck hatten, Frau D wolle ihre im Lauf der Jahre verfestigten Vorstellungen vom „Durchstarten“ nun endlich in der Agentur umsetzen. Im Team gab es vor allem die Sorge, bei der Entwicklung von Zukunftsvisionen für die Agentur nicht beteiligt zu werden.*

In einer Art „Bojen-Effekt“ (Kapitel 5.4.2) klärt sich nun im Dialog: Als Frau D ankündigte, zu diesem Thema einen Facilitationprozess mit allen machen zu wollen, machte sich zunächst die Skepsis breit, es würde sich nur um eine „Vermittlungsveranstaltung“ ihrer ohnehin schon gefassten Pläne handeln. Der bisherige Verlauf sei allerdings „erfreulich einbeziehend“, und solch offene Äußerungen spiegelten die Augenhöhe, die – hier stimmten alle in der Gruppe zu – wesentlich für gute Arbeitsergebnisse sei.

Wie viele andere Gruppen ist auch das MARKETHING-Team mit einer Fülle an Potenzial in den Prozess gekommen. Was zu ermöglichen bleibt, ist, ein Performing mit allen als Team zu realisieren. Der gemeinsame Workshop mit Blick auf die Werteebene, auf Visionen und das Miteinander setzt die Performing-Energie ressourcenorientiert frei.

In guter Stimmung beendet das Team an dieser Stelle den Workshop. Für den Abend ist ein gemeinsames Essen geplant, und in einer Woche soll es mit Saison 5 weitergehen. Die Beteiligten beschließen, dass sie die bisherigen Inhalte des Prozesses bis dahin für sich reflektieren wollen. Der Facilitator denkt: „Wäre eine konkrete Hausaufgabe nicht eine gute Idee?“ Nach kurzem Überlegen verzichtet er darauf, in diese Richtung zu intervenieren, weil er die Einzelnen im Team so einschätzt, dass sie sich mithilfe ihrer selbst gestellten, offen gehaltenen Aufgabe ermöglichen, in Vorbereitung auf den weiteren Prozess das zu tun, was sie individuell dafür brauchen.

7.4.3 Herbst: Früchte sammeln und Marmelade kochen

Saison 5: Standortbestimmung

Als alle in der nächsten Woche wieder im Besprechungsraum zusammenkommen, startet der zweite Teil des Facilitation-Workshops mit einer kurzen Einstiegsrunde. Nach einem gemeinsamen „Was bisher geschah" (Kapitel 5.4.2) aktualisiert das Team die Vereinbarung, nun, wie im Teamprozesskalender skizziert, weiterzugehen.

„Nun denn: Willkommen in Saison 5", bringt der Facilitator dies auf den Punkt. Im nächsten Schritt wird das Seil mit allen vorgenommenen Markierungen wieder im Flur ausgelegt, wobei sich das Foto aus der letzten Woche als hilfreich erweist. Alle blicken auf das Stimmungsbild aus Saison 2 und rücken ihre Positionierungskarte neben dem Seil dann so zurecht, dass sie ihrer aktuellen Einschätzung entspricht. Ein Austausch über das Wohin und Warum entsteht: „Warum bist du auf dem Seil ein Stück nach unten gerutscht?" „Weil ich an die Herausforderungen gedacht habe und dann an die Potenziale, die wir eigentlich haben. Es gibt so viele Möglichkeiten, unserem Leitbild gerecht zu werden. Ich finde, da ist mehr drin, als ich letzte Woche noch dachte." Alle Bewegungen sind nun kommentiert – bis auf eine. Der Facilitator fragt: „Und was hat Sie bewegt, Ihre Karte ein ganzes Stückchen weiter in Richtung Leitbild zu positionieren?" „In der letzten Woche habe ich darauf geachtet, wo ich sehen kann, dass uns unser Leitbild … leitet. Ich war erstaunt, dass ich das doch in mehr Situationen schon erkennen kann, als ich es letzte Woche eingeschätzt habe."

Mithilfe der Frage: Was braucht es, um einen Schritt weiter in Richtung Leitbild zu gehen? exploriert die Gruppe, welche anderen Ressourcen und Ideen sie noch unterstützen können, das gemeinsam entwickelte Leitbild im Alltag zu realisieren. Nach dem Prinzip des Trichtermodells (Abbildung 4) regt der Facilitator an, die Ergebnisse zu der Frage in der Gruppe zu bündeln und schriftlich festzuhalten: Bisher wurde exploriert, nun interveniert er in Richtung Bündelung. Das Team entscheidet, mit aufgefüllten Getränkebechern hierzu wieder am Sitzungstisch zusammenzukommen. „Warme Getränke sind bei den MARKETHINGern offensichtlich sehr beliebt", denkt der Facilitator und konzentriert sich dann darauf, was beim Settingwechsel bewahrt werden sollte. Er macht ein Foto von der aktualisierten Positionierung der Moderationskarten am Seil. Herr I sieht das, sagt: „Gute Idee!" Er nimmt sein Handy, macht ebenfalls ein Foto und verschickt es über den Verteiler, sodass alle es haben.

Als das Team mit aufgefüllten Tassen sichtbar glücklich wieder am Tisch versammelt ist, erklärt sich Frau C bereit, die Ergebnisse festzuhalten. Als sie ans Flipchart geht, fragt der Facilitator: „Was halten Sie davon, dafür die breiten Moderationskarten zu nehmen? Mit denen könnten wir später noch etwas anderes machen, wenn uns das sinnvoll erscheint." Einige nicken dazu. „Ist mir auch recht", sagt Frau C. Sie greift einen entsprechenden Stapel mit Karten und setzt sich wieder zu den anderen in den Kreis. Die in der Gruppe gefundenen Formulierungen für ergänzend unterstützende Ressourcen und Ideen hält sie daraufhin auf den Karten fest.

Im Dialog erweitert sich die Perspektive in der Runde mit Blick auf die Visualisierungen und Ergebnisse aus den anderen im Team durchlaufenen Saisons, die der Facilitator in einer Art Galerie an der Wand befestigt hat. Das Team arbeitet im Alltag oft mit kreativen Methoden wie Brainstorming. Die Erfahrenheit damit wird im versierten Umgang mit der Fülle an Ideen deutlich.

„Hier hat keiner Angst, ein Zuviel nicht bewältigen zu können", kommt dem Facilitator während dieses Prozesses in den Kopf. Im Gespräch und in den notierten Ressourcen und Ideen, die in Richtung Leitbild weiterbringen, finden sich auch Möglichkeiten im Umgang mit den in Saison 3 explorierten Herausforderungen. Frau C hat die Karten mit den unterstützenden Ressourcen zum Leitbild nach dem Beschriften auf den Tisch gelegt. Als es vor ihr auf dem Tisch eng wird, kommt aus dem Team die Idee: „Lass uns die fürs Leitbild doch mal ans andere Ende schieben. Dann sehen wir noch, was unsere Ergebnisse von eben und was weitere Ideen sind." Im Trichterbild (Abbildung 4) hat sich der Prozess also bereits in die nächste Explorationsphase bewegt. Um die Phase ergebnissichernd zum Abschluss zu bringen, steht methodisch ein erneutes Bündeln an. Der Facilitator vertraut hier auf den Prozess und erlebt das MARKETHING-Team als ebenso versiert im Clustern wie im Entwickeln von Ideen.

Als die Ideen in Clustern zusammengefasst sind, regt der Facilitator an, mit einem Blick auf das TZI-Dreieck aus Saison 2 Bezüge zu den drei Ebenen Thema, Wir und Ich herzustellen. Die Karten „Leitbild" und „Zukunftsfähigkeit der Agentur" sind noch sichtbar an der Themen-Spitze angebracht. Das Team braucht jetzt eine Pause, und man beschließt, in 20 Minuten wieder zusammenzukommen.

7.4.4 Winter: Einkehr und startklar machen

Saison 6: Auf Kurs bringen – Vereinbarungen treffen und Schritte planen

„Ziel dieses Workshops war ja, die Themen Leitbild und Zukunftsfähigkeit der Agentur ins Zentrum zu stellen", sagt der Facilitator zum Einstieg nach der Pause. Er sucht nach Zustimmung in der Runde und findet sie auch. „Auf dem Tisch haben Sie unterschiedliche Ideen in Clustern zusammengebracht." Bevor er weiterspricht, wartet er kurz ab, um allen im Team Raum zu ermöglichen und um wahrnehmen zu können, ob für jemanden noch etwas offengeblieben ist. „Wir sind im Prozesskalender beim Winter angekommen?" „Ja: Raunächte und Einkehr und dann startklar machen", sagt

Herr F, der diese Begriffe zur Jahreszeit Winter vorab beigesteuert hatte. „Macht Ihr Raunächte?“, fragt Frau C assoziativ in die Runde. „Nein, aber ich nehme mir immer Zeit und nehme mir etwas vor.“ „Ich mache jedes Jahr eine Kollage mit einer Vision für das nächste Jahr.“ So beginnt der Austausch in der Runde. „Können wir uns bitte jetzt darauf konzentrieren, was wir uns als Team vornehmen?“, unterbricht Frau A etwas ungeduldig. „Jetzt sei doch nicht so ungeduldig – du unterbrichst jetzt unseren kreativen Prozess“, sagt Herr B trocken. Frau A will gerade darauf einsteigen, als sie Herrn B ansieht und realisiert, dass dies humorvoll gemeint war. Sie grinst. Er auch. Die Beteiligten in der Runde gucken den Facilitator an, den dies zum Schmunzeln bringt. Er sagt in Anknüpfung an den humorvollen Dialog „Ich jetzt also?“ und zieht noch einmal die Verbindung: „Dann ist es nun die winterliche Aufgabe im Prozess, als Team Vereinbarungen zu treffen und konkrete Schritte festzuhalten, die Sie mit Blick auf Ihre Zielstellungen zum Leitbild und auch im Hinblick auf die Zukunftsfähigkeit der Agentur gehen wollen.“ Er hat weiterhin die Zustimmung und Aufmerksamkeit in der Gruppe und fügt hinzu: „Als Team heißt: mit Bezug auf das gemeinsame Tun und im Einzelnen mit Blick auf Ihre diversen Aufgaben und Tätigkeitsfelder in der Agentur.“

Nach den guten Erfahrungen des ersten Workshoptages entscheidet sich das MARKETING-Team, diese Aufgabe mit einem „1-2-4-All“ anzugehen. Die „Marmelade aus dem Herbst“ soll in Form der geclusterten Ideen auf diese Weise weiter bearbeitet werden. Der Facilitator reflektiert für sich: „Hier schließt sich methodisch der Kreis zum Auftakt mit dem Teambildungsprozess. ‚Jahreszeitlich‘ im Prozesskalender betrachtet, war diese Beschäftigung mit Werten damals eine ‚winterliche‘ Vorbereitung auf das Loslegen in der Teamentwicklung. Die Aufgabe, die nun für das Team ansteht, ist komplex genug. Langeweile ist durch eine Wiederholung der Methode nicht zu befürchten. Weil das Vorgehen im ‚1-2-4-All‘ allen bekannt ist und sich bewährt hat, wirkt es hier wahrscheinlich als eine in den Prozess integrierte Liberating Structure.“ Die MARKETHING-Mitglieder sind währenddessen schon dabei, die Gruppen einzuteilen. Sie haben von den Clustern Fotos gemacht und möchten diesmal eigenständig in Gruppen zusammenfinden. „Welche konkrete Frage haben Sie denn für das ‚1-2-4-All‘ gewählt?“, fragt der Faclitator sicherheitshalber. Die schon aufgestandenen Teammitglieder halten kurz inne. Frau D sagt: „Na: Welche Vereinbarungen sind zu treffen und welche Schritte zu planen?“ „Mangels Glaskugel sollte das wieder im Zusammenhang betrachtet werden“, sagt Herr E in seiner trockenen Art. Der Facilitator versteht das nicht so ganz, aber er spürt, dass alle in der Gruppe dies offensichtlich als sinnvoll erachten. Er denkt an die „Dimensionen des Lassens“ (Kapitel 6.2) und vertraut auf den Prozess, statt ihn – was er alternativ tun würde und könnte – zu verlangsamen und an dieser Stelle zu unterbrechen.

Für die Auswertung des „1-2-4-All“ im Plenum bereitet er ein Raster mit vier Feldern vor (Abbildung 78). Er nutzt „Vereinbarungen“ und „Schritte“ als Kategorien und verbindet damit jeweils die Satzanfänge: „Was uns klar geworden ist …“ und „Fragen, die sich ergeben haben …“:

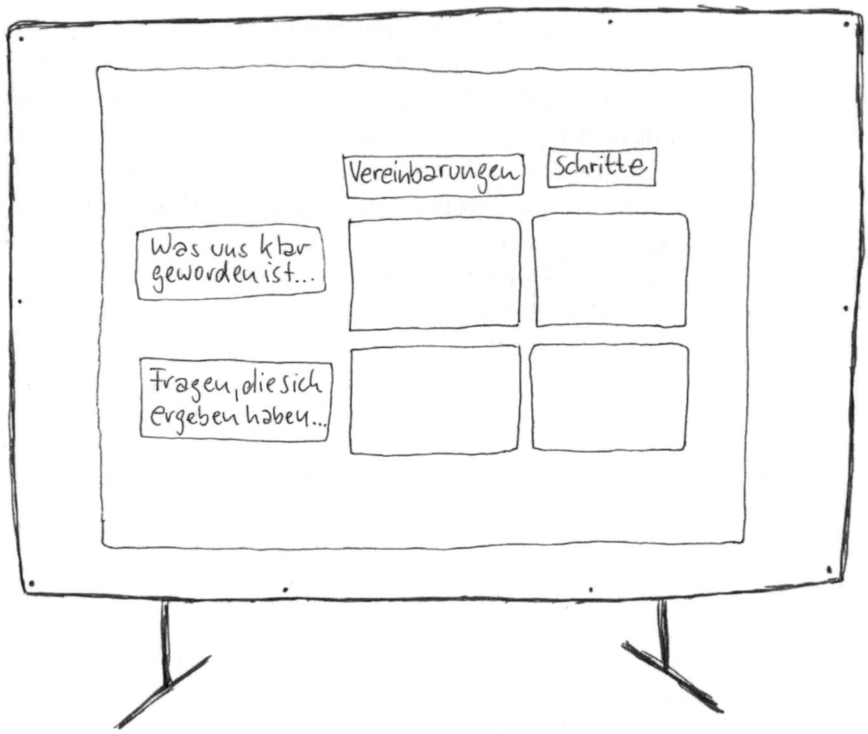

Abbildung 78: Auswertungsraster

Als alle wieder im Plenum versammelt sind, ermöglicht es der Bezug auf diese vier Felder, die vielseitigen Rückmeldungen aus der angeregten Gruppenarbeit zu strukturieren. Zum Umgang mit den Ergebnissen und insbesondere mit den entstandenen Fragen bietet der Facilitator die in den Kapiteln 5.4.1 und 6.4.2 ausgeführte Methode des Troika Consulting an. Nach einer kleinen Pause kommt die Methode zur Anwendung und wird von den Einzelnen im Team als erleichternd und klärend erlebt. Die vielen Gedanken, Themen, Ideen und Möglichkeiten prägen den Besprechungsraum: mitmenschlich, kommunikativ und visuell durch die Plakate, Poster und beschriebenen Karten wahrnehmbar. Das Vorhaben, alles Wichtige nun in Vereinbarungen und konkrete Schritte zu bringen, ist für alle herausfordernd. „Nein, damit überfordern wir uns“, sagt Herr F, und die anderen stimmen ihm zu. Der Facilitator zeigt auf den Kalender und merkt humorvoll an: „Im Kalender wären dafür jetzt auch mehrere Mona-

te Zeit …" Es entsteht in der Runde ein Dialog darüber, was machbar ist und was nicht. Das Ergebnis: Worüber sich alle einig sind, wird heute festgehalten, für alles andere wird ein Folgetreffen in zwei Monaten vereinbart. Dies geht auf eine schon im Vorfeld geäußerte Idee von Frau D zurück, die nun gern in der Runde aufgegriffen wird.

In der verbleibenden Zeit halten die MARKETHING-Mitglieder im Workshop fest, was sie miteinander als Team aktuell vereinbaren können. Der Blick auf das Leitbild, die Priorisierung von Werten und Aspekten hilft ihnen dabei, den Fokus herzustellen und zu behalten. Auf Basis dieses gemeinsamen Nenners, in dem von den Einzelnen damit verbundene mögliche Schritte bereits mitbedacht worden sind, konkretisieren sie Vorhaben in Richtung Realisierung des Leitbildes und zugunsten der Zukunftsfähigkeit der Agentur: Zentral aufgenommen werden am Flipchart ausschließlich die Schritte, auf die sich alle verständigen und die alle mitgehen beziehungsweise mittragen können. Festgehalten werden auch neue Ideen, die sich im Dialog ergeben; sie werden auf dem Themenparkplatz (Kapitel 5.4.2) befestigt. Hierbei unterstützt der Facilitator. Nicht alle Punkte stoßen auf allseitige Zustimmung, aber verloren gehen sollen sie nicht.

Als die Zeit fortgeschritten ist und dieser Prozess zum Ende kommt, gibt der Facilitator den Impuls zu einem Stimmungsbild. Es geht um die Frage, inwieweit das Team sich als „startklar" empfindet. Die einhellige Meinung ist: „Startklar, um damit weiterzumachen." Die Beteiligten bewerten dies als Erfolg des Prozesses. Erneut kommt die Glaskugel zur Sprache und Frau D hat noch eine Bitte an das Team: „Können wir uns nicht noch einmal auf das Seil im Flur stellen? Mich interessiert, ob wir uns jetzt wieder woanders sehen." Auch die anderen empfinden dies als eine gute Idee. Alle stellen sich noch einmal auf. Es wird deutlich, dass die meisten sich tatsächlich näher am Leitbild positionieren. Frau D dankt den anderen dafür, ihrer Bitte nachgekommen zu sein.

Es sind noch viele Gedanken und Ideen und Fragen im Raum. „Mit Fragen gehen wir durchs Leben", denkt der Facilitator und nimmt bei sich Zeit- und Erfolgsdruck wahr. Durch den Kopf gehen ihm Sätze wie „Nach dem Prozess ist vor dem Prozess" und schließlich – warum auch immer: „Man stirbt, wie man lebt." Das nimmt er als eine Erinnerung daran an, dass komplexe Prozesse zu komplexen Themen nicht beendet, sondern zum Abschluss gebracht werden können. Er konzentriert sich auf seine Aufgabe, den Workshop mit allen gemeinsam abzurunden. So kommt das MARKETHING-Team zu einer Abschlussrunde noch einmal im Kreis zusammen. Ein Sharing (Kapitel 5.3.2) ermöglicht den Einzelnen, sich und den anderen etwas, das sie aus dem Workshop mitnehmen, zu konkretisieren, Dankbarkeit in der Runde auszudrücken und sich gemeinsam in den Feierabend zu verabschieden.

8. Abschluss und Ausblick

Wer selbst ermöglicht, ermöglicht sich damit selbst Kreativität, Flexibilität im Prozess sowie Raum und Rahmenbedingungen. Auf persönlicher Ebene gelingt dies durch Professionalität und einen entwicklungsfreundlichen Umgang mit Anlässen und Möglichkeiten zur Kompetenzentwicklung. Auf fachlicher Ebene dient dazu eine entsprechende Gestaltung des Arbeitsbündnisses (Kapitel 4). Für Facilitation umfasst Letzteres ausdrücklich Ergebnisoffenheit, Allparteilichkeit und Vertraulichkeit im Umgang mit Inhalten des Prozesses. Ein wie in „The A.R.T. of Facilitation" (Kapitel 2) beschriebenes Begleiten braucht eine gründliche Vorbereitung und / oder Souveränität im Umgang mit Überraschungen. Unvorhergesehene Entwicklungen sind beim „Ermöglichen" an der Tagesordnung. Die Beschaffenheit des „Pools" Mediativer Kommunikation bietet eine Fülle an Haltung und Handwerkszeug, das sich vielfältig kombinieren und modifizieren lässt. Das Kompetenzmodell (Kapitel 3) gibt eine Orientierung für wesentliche Blickrichtungen: Was ist für den partizipativen Dialog zu berücksichtigen? Die Fokusfrage „Wie lässt sich der gewünschte Prozess im System durch einen Dialog mit allen mithilfe von situations- und prozessgerechter Intervention in einer geeigneten Struktur ermöglichen?" (Kapitel 5) unterstützt dabei, Handwerkzeuge und Haltungen zu allen Ebenen zu finden – vor dem Prozess und auch währenddessen.

Facilitator:innen sind und bleiben mit einer speziellen Aufgabe im Prozess betraut: Die Teilnehmenden werden zu Teilhabenden, indem sie sich darauf einlassen, Schritt für Schritt ihren Prozess im Wir zu gehen. Sie lassen sich auf diese assoziierte Perspektive auf Basis entsprechender Rahmenbedingungen ein. Währenddessen sind Facilitator:innen damit beauftragt, eine dissoziierte Perspektive einzunehmen, die – je nach Ansatz und Beschaffenheit ihres individuellen Kompetenzpools – mehr oder weniger stark ausgeprägt ist. Wie in diesem Buch beschrieben, ist dies ein zentraler Kompetenzaspekt, der sich mit dem Bild veranschaulichen lässt, „auf den inneren Balkon zu treten":

Abbildung 79: Auf den inneren Balkon treten[270]

Weil Facilitator:innen Menschen und keine Maschinen sind, re-agieren natürlich auch sie auf das, was im Prozess passiert. Hier professionell heranzugehen heißt: Sich dessen bewusst zu sein und beispielsweise über eine adäquate Aufstellung des eigenen Inneren Teams zu reflektieren und darüber einen professionellen Umgang mit der jeweiligen Situation zu finden.

In einer Zeit, in der demokratische Prozesse auf dem Prüfstand stehen und gesellschaftliche Veränderungen mit einem zumindest wahrgenommenen Verlust von Ressourcen, Gewohnheiten, Kontroll- oder Machtempfinden einhergehen, hilft es, diese Perspektive einzunehmen, sie zu üben und zu professionalisieren, um Facilitatives zu multiplizieren. Davon auszugehen, dass Mediative Kommunikation alles löst und möglich macht, ist eine Illusion. Und zu denken, dass es nicht hilft, Mediative Kommunikation anzuwenden, ist ebenfalls eine Illusion. Klar werden. Sagen, was ist, statt was nicht ist. Probieren, was hilft. Anbieten, was man zur Verfügung hat. Es geht im Wesentlichen darum, den eigenen Beitrag wahrzunehmen, anzuerkennen und anzubieten, um zu ermöglichen, was zu ermöglichen ist.

Danksagung

An dieser Stelle nutze ich die Gelegenheit, mich herzlich bei den Menschen zu bedanken, die mich beruflich und privat beim Nachdenken über Ermöglichung, Ermöglichendes und in dessen Umsetzung begleiten. Dies sind im Institut für Mediative Kommunikation und Diversity-Kompetenz (IMK) Nicole Berse-Schaks und Anne Grohn (ehem. Böhmer) sowie Kamila Baum, Ulrike Berlenbach, Sylvia Besemer, Matthias Bruhn, Thomas Egle, Sabrina Eilers, Andre Erkens, Olaf Friedersdorf, Konrad Gerbing, Harald Gigga, Eva Haunschild, Susanna Holtgrewe, Lisa Kapteina-Bock, Marion Kenklies, Marianne Kleiner-Wuttke, Sophia Kumpmann, Monika Lentz, Heidi Laue-Michaelis, Mariana Lo Sasso, Antonia Montesinos, Sigrid Niemer, Stefanie Pannier, Stefan Rusche, Karol Sabo, Christa D. Schäfer, Natascha Tegeler und Sebastian Zukunft. In der Internationalen Akademie Berlin für innovative Pädagogik, Psychologie und Ökononie (INA) gGmbh ist dies vor allem die Runde der Gesellschafter:innen und des monatlichen Meetings Marie-Theres Albert, Nicole Berse-Schaks, Claudia Grünberg, Henriette Heimgärtner, Audrey Hoffmann, Sophie Kotanyi, Matthias Kracht, Angelika Krüger, Milena Lauer, Katrin Macha, Günter Mey, Katja Mruck, Andriana Noack, Jochen Schell, Rubina Vock sowie Petra Wagner – ich bin gespannt, was wir in Zukunft gemeinsam in, mit und aus dieser Akademie heraus noch ermöglichen können. Im Europäischen Hochschulverbund danke ich allen EHV-Kolleg:innen in der Durchführung des Zertifikatsstudienprogramms, im Besonderen Diana Woest, Niels Eickelberg, Katrin Harder und Virginie Frahm. Bei ZAS: Zentrale Agentur für Schulentwicklung danke ich Anne Grohn, Antje Lehmann, Eberhard Ramfeldt und Martina Ramfeldt. Für ihre Ideen und Anregungen in der Zusammenarbeit für die Sigmund Freud PrivatUniversität Berlin danke ich Lisa Kapteina-Bock und Monika Lentz. Für den immer wieder anregenden fachlichen Austausch im Deutschen Verband für Coaching und Training (dvct) bedanke ich mich bei meinen Kolleg:innen aus der Zertifizierungskommission Marcus Haase, Erik Handschuh, Jürgen Langschied, Karin Schmalriede sowie bei Birgit Thedens und Manuela Dollinger; aus dem Bundesverband Mediation (BM e.V.) vor allem bei Kerstin Kittler und Sigrid Niemer – für die vielen gemeinsamen und unterstützenden Gespräche zu dem, was Mediative Kommunikation ermöglicht … und natürlich auch zu den vielfältigen anderen Themen.

Für das Lektorat und die überaus angenehme Zusammenarbeit danke ich Heike Carstensen und dem Team vom Junfermann Verlag. Nicole Berse-Schaks, Anne Grohn und Daniela Worzewski bin ich dankbar für ihre offenen Ohren und wertvollen Rückmeldungen im Entstehungsprozesses dieses Buchs. Angelika Krüger danke ich für das Vorwort und ihre Wertschätzung, die darin zum Ausdruck kommt. Ihnen und Dir, liebe:r Leser:in, danke ich an dieser Stelle des Buchs ausdrücklich und herzlich dafür, sogar diese Danksagung bis zum Ende zu lesen. Nicht zuletzt möchte hier noch meiner Familie und meinen Freund:innen für ihre Unterstützung, Geduld und Liebe danken – das macht das Schreiben noch viel schöner. Liebe:r Monika Lentz, Kerstin, Felicitas, Isabelle und Karsten Böhm, Briana, Matthias, Nora und Felix Klappenbach, Nora Hirsch, Gundula Kapteina, Lisa Kapteina-Bock, Olivia Young, Ute Fründt, Björn Holzhausen, Angela Raabe, Sabra Lopes, László Lopes-Einstein und Christoph Krauss, Robert Sheekey und Miljo Perkic, Martina Göttler, Amanda Bethke, Frank Schäfer, Claudia Bickel und Donald Chambers – ich danke Euch von Herzen für Euren Humor und all die schönen Momente zum Auftanken im Alltag. Ich freue mich, dass es Euch gibt!

Ausbildungsangebot Mediative Kommunikation, Mediation und Facilitation

Für diejenigen, die Mediative Kommunikation und Facilitation-Kompetenz trainieren möchten, gibt es an dieser Stelle die Information:

Mediative Kommunikation ist Ausbildungsansatz im modularen Zertifikatsstudienprogramm Mediation und Mediative Kommunikation (Konzept: Dr. Doris Klappenbach-Lentz; Leitung: Dr. Doris Klappenbach-Lentz und Nicole Berse-Schaks), das an sieben Standorten in Deutschland durchgeführt wird. Mögliche Abschlüsse sind: Mediation nach den Standards der Bundesverbände Mediation in Deutschland, Österreich und der Schweiz, Coaching und Training nach den Standards des Deutschen Verbandes für Coaching und Training (dvct) sowie Facilitation.

Ausbildungsinstitut: Institut für Mediative Kommunikation und Diversity-Kompetenz (IMK) der Internationalen Akademie Berlin für innovative Pädagogik, Psychologie und Ökonomie (INA) gGmbH

Organisation und Studienbetreuung: Europäischer Hochschulverbund (EHV)

Universitäre Kooperationspartnerin: Sigmund Freud PrivatUniversität (SFU) Berlin

Weitere Informationen: ↗ https://www.diversity-kompetenz.de und
↗ https://www.facilitation-tools.de

Literatur

Albert, M.-T., Bernecker, R., Cave, C., Prodan, A.C. & Ripp, M. (2022). *50 Years World Heritage Convention: Shared Responsibility – Conflict & Reconciliation.* Reihe Heritage Studies. Cham: Springer.

Argyris, C. & Schon, D.A. (1978). *Organizational Learning: A Theory of Action Perspective.* Boston: Addison Wesley Longman Publishing.

Baldwin (1998). *Calling the Circle, the First and Future Culture.* New York: Bantam.

Bovet, G. & Huwendiek, V. (2014). *Leitfaden Schulpraxis.* Berlin: Cornelsen.

Ballreich, R. & Glasl, F. (2011). *Konfliktmanagement und Mediation in Organisationen.* Stuttgart: Concadora.

Berkel, K. (2020). *Konflikttraining. Konflikte verstehen, analysieren, bewältigen.* Hamburg: Windmühle.

Berking, M. (2017). *Training Emotionaler Kompetenzen.* Berlin: Springer.

Berse-Schaks, N., Klappenbach, D. & Rohmann, B. (2012): Der Gruppen-Eisberg: Ergebnisse individuell und differenziert sichern. In: P. Knapp (Hrsg.). *Konflikte lösen in Teams und großen Gruppen.* Bonn: managerSeminare.

Bertagnolli, F., Bohn, S. & Waible, F. (2018). *Change Canvas.* Berlin: Springer

Blanchard, K., Zigarmi, P. & Zigarmi, D. (2002). *Der Minuten Manager: Führungsstile. Wirkungsvolleres Management durch situationsbezogene Menschenführung.* Reinbek: Rowohlt.

Böhmer, A. & Klappenbach, D. (2012). Das Glaskugelmodell – Konstruktivismus als Verständnishilfe subjektiver Wirklichkeit. In: P. Knapp (Hrsg.). *Konfliktlösungs-Tools.* Berlin: managerSeminare.

Böhmer, A. & Klappenbach, D. (2007). *Mit Humor und Eleganz. Supervision und Coaching in Organisationen und Institutionen.* Paderborn: Junfermann.

Bohm, D. (2021). *Der Dialog. Das offene Gespräch am Ende der Diskussion.* Stuttgart: Klett-Cotta.

Bonsen, M. zur (2008). *Real Time Strategic Change. Schneller Wandel mit großen Gruppen.* Stuttgart: Klett-Cotta.

Bonsen, M. zur & Maleh, C. (2012). *Appreciative Inquiry (AI). Der Weg zu Spitzenleistungen: Eine Einführung für Anwender, Entscheider und Berater.* Weinheim Basel: Beltz.

Bothmer, J. (2023). *Was bedeutet der Double Diamond im Design Thinking?* https://designthinking.info/faq/was-bedeutet-der-double-diamond-im-design-thinking/

Bourdieu, P. (2001). *Das politische Feld. Zur Kritik der politischen Vernunft.* Konstanz: édition discours.

Bourdieu, P. (1992). *Die verborgenen Mechanismen der Macht.* Hamburg: VSA.

Bowman, S.L. & Zumbrägel, S. (2021). *Training from the Back of the Room.* Heidelberg: dpunkt.verlag.

Coatsworth, J.D. & Masten, A.S. (1998). The development of competence in favourable and unfavourable environments. Lessons from research on successful children. *American Psychologist*, 53(2), 205–220.

Cohn, R. (2018). *Von der Psychoanalyse zur themenzentrierten Interaktion.* Stuttgart: Klett-Cotta.

Dannemiller Tyson Associates (2000). *Whole-Scale Change: Unleashing the Magic in Organisations.* San Francisco: Berrett-Koehler Publishers.

Dannemiller, K. D. & James, S. & Tolchinsky, P. D. (2000). *Collaborating für Change: Whole-Scale Change.* San Francisco: Berrett-Koehler Publishers.

Dittmar, V. (2017a). *Gefühle & Emotionen. Eine Gebrauchsanweisung.* München: edition est.

Dittmar, V. (2017b). *Beziehungsweise. Beziehung kann man lernen.* München: edition est.

Dollinger, M. (2003). *Wissen wirksam weitergeben: Die wichtigsten Instrumente für Referenten, Trainer und Moderatoren.* Zürich: Orell Fuessli.

Ebers, A. & Nieschalk, B. (2022). *Einfach. Zusammen. Arbeiten. Liberating Structures in der Praxis.* München: Vahlen.

Frei, C. & Koch, F. (2021). *Schulen agil entwickeln.* Weinheim/Basel: Beltz.

Friedrich-Ebert-Stiftung (2018, 22. November). *MuP Praxishilfe: Die Zukunftskonferenz – ein Partizipationsverfahren.* Redaktionsteam Management und Politik. Abgerufen von: ↗ https://library.fes.de/pdf-files/akademie/mup/15237.pdf

German UPA (2023). *Menschzentrierte Gestaltung nach DIN EN ISO 9241-210.* ↗ https://germanupa.de/wissen/berufsbild-usability-ux-professional/grundlegend/menschzentrierte-gestaltung

Gerrig, R. J. (2018). *Psychologie.* München: Pearson.

Glatz, H. & Graf-Götz, F. (2018). *Handbuch Organisation gestalten: Für Praktiker aus Profit- und Non-Profit-Unternehmen, Trainer und Berater.* Weinheim und Basel: Beltz.

Glasl, F. (2020). *Konfliktmanagement. Ein Handbuch für Führung, Beratung und Mediation.* Stuttgart: Freies Geistesleben.

Glasl, F. (2018). *Konfliktlösungskompetenz ist Führungskompetenz.* Skript. Careum Führungstagung: Trigon.

Glasl, F. (2017). *Selbsthilfe in Konflikten.* Stuttgart: Freies Geistesleben.

Glasl, F. & Weeks, D. (2008). *Die Kernkompetenzen für Mediation und Konfliktmanagement.* Stuttgart: Concadora.

Gollbach, J. & Lentz, M. (2015). *Wir machen's selber! Bürgerschaftlich initiierte Vorhaben in der Nachbarschaft.* Berlin: Wir fördern Engagement e. V.

Gudjons, H. (2003). *Didaktik zum Anfassen: Lehrer/in-Persönlichkeit und lebendiger Unterricht.* Bad Heilbrunn: Julius Klinkhardt.

Haug, C. V. (2016). *Erfolgreich im Team: Praxisnahe Anregungen für effizientes Teamcoaching und Projektarbeit.* München: dtv.

Heckner, K. & Keller, E. (2019). *Teamtrainings erfolgreich leiten.* Bonn: managerSeminare.

Hersey, P., Blanchard, K. & Johnson, D. (2001). *Management of Organisational Behaviour.* New Jersey: Prentice Hall.

Herwig-Lempp, J. (2016). *Ressourcenorientierte Teamarbeit. Systemische Praxis der Kollegialen Beratung.* Göttingen: Vandenhoeck und Ruprecht.

Holisticon AG (2023). *Liberating Structures.* https://liberatingstructures.de

Holman, P., Devane, T., Cady S. & Adams, W. A. (2007). *The Change Handbook: Group Methods for Shaping the Future.* San Francisco: Berrett-Koehler Publishers.

Kaner, S., Lind, L., Toldi, C., Fisk, S. & Berger, D. (2014). *Facilitator's Guide to Participatory Decision-Making.* San Francisco: Jossey-Bass.

Kast, V. (2001). *Psychologie der Emotionen.* Vortragsreihe auf MP3. Schwarzach am Main: Auditorium-Verlag.

Katzenbach, J. R. & Smith, D. K. (2009). *Teams. Der Schlüssel zur Hochleistungsorganisation.* München: Heyne.

Kenklies, M. (2024). *Mediation leicht gemacht. 12 Praxis-Anker zum sicheren Mediieren.* Bautzen: Marion Kenklies U. G.

KERSTING, N. (2008). *Politische Beteiligung. Einführung in dialogorientierte Instrumente politischer und gesellschaftlicher Partizipation.* Wiesbaden: VS.

KLAPPENBACH-LENTZ, D. (2024). *Mediative Kommunikation. Mit Rogers, Rosenberg & Co konfliktfähig für den Alltag werden.* Paderborn: Junfermann (1. Auflage: 2006).

KLAPPENBACH, D. (2017): Sprachmodus in konsensualen Verfahren. In: *Spektrum der Mediation* 66. Berlin: Metzner. S. 40–42.

KLAPPENBACH, D. & HOFFMANN, S. (2014). Von der Ziel-GRUPPE zur ZIEL-Gruppe. In: *Spektrum der Mediation.* Berlin: Metzner.

KLAPPENBACH, D. (2012a). *Perspektiven mediativer Kompetenzentwicklung. Eine explorative Studie zur retrospektiven Evaluation einer Mediationsausbildung durch interkulturell arbeitende Kräfte aus sozialen und pädagogischen Handlungsfeldern.* Berlin: Peter Lang.

KLAPPENBACH, D. (2009). *Diversity-Kompetenz in der Erziehungswissenschaft. Eine Strategie zur Umsetzung von Gleichstellung im Zusammenhang mit der aktuellen Hochschulreform.* Berlin: Peter Lang.

KLEINER-WUTTKE, M. (2017). *Kollegiale Beratung in Kindertagesstätten: Als Team gemeinsam durch Klärung zu Lösungen finden.* Weinheim: Beltz.

KÖNIG, O. & SCHATTENHOFER, K. (2020). *Einführung in die Gruppendynamik.* Heidelberg: Carl Auer.

KOTTER, J. P. (2011). *Leading Change: Wie Sie Ihr Unternehmen in acht Schritten erfolgreich verändern.* München: Vahlen.

KORZYBSKI, A. (1933). *Science and Sanity. An Introduction to Non-Aristotelian Systems and General Semantics.* The International Non-Aristotelian Library Pub. Co. pp. 747–761

KÖNIGSWIESER, R. & KEIL, M. (2000). *Das Feuer großer Gruppen: Konzepte, Designs, Praxisbeispiele für Großveranstaltungen.* Stuttgart: Schäffer-Poeschel.

KOCHS, J. (2023). *Pyramidales Strukturieren und Visualisieren.* Weinheim: Beltz.

KRÜGER, W. & BACH, N. (2014). *Excellence in Change: Wege zur strategischen Erneuerung.* Berlin: Springer.

LANGMAACK, B. (2017). *Einführung in die Themenzentrierte Interaktion (TZI). Das Leiten von Lern- und Arbeitsgruppen erklärt und praktisch angewandt.* Weinheim: Beltz.

LANGMAACK, B. & BRAUNE-KRICKAU, M. (2010). *Wie die Gruppe laufen lernt.* Weinheim: Beltz.

LALOUX, F. (2015). *Reinventing Organizations: Ein Leitfaden zur Gestaltung sinnstiftender Formen der Zusammenarbeit.* München: Vahlen.

LENTZ, M. (2022). *Homeoffice: Fluch oder Segen? Eine qualitative Untersuchung zu Anforderungen und Möglichkeiten flexibler Arbeitsbedingungen.* Ergänzte Neuauflage. Hamburg: Diplomica.

LEWIN, K. (2012). Geplante Veränderung als Dreischritt: Auflockern, Hinüberleiten und Verfestigen eines Gruppenstandards. Gleichgewichte und Veränderungen in der Gruppendynamik. In: ders., *Feldtheorie in den Sozialwissenschaften.* Ausgewählte theoretische Schriften (S. 223–270). Bern: Huber.

LIPMANOWICZ, H. & MCCANDLESS, K. (2014). *The Surprising Power of Liberating Structures: Simple Rules to Unleash a Culture of Innovation.* Seattle: Liberating Structures Press.

LUHMANN, N. (2001). *Soziale Systeme. Grundriss einer allgemeinen Theorie.* Frankfurt/Main: Suhrkamp.

MCCARTHY, B. (2012). *The Learning Cycle, The 21st Century and Millennial Learners.* Wauconda, IL: About Learning, Inc.

MCCARTHY, B. (2010). *Your Brain and Learning* (Learning How to Learn: The 4MAT Study Skills Series Book 3). Wauconda, IL: About Learning, Inc.

McCarthy, B. & McCarthy, D. (2005). *Teaching Around the 4MAT® Cycle: Designing Instruction for Diverse Learners with Diverse Learning Styles.* Thousand Oaks: Corwin

Meier, R. (2003). *Seminare erfolgreich durchführen.* Offenbach: Gabal.

Meissner, S., Roth, S., Semper, I. & Berkemeyer, N. (2019). *Praxisbox Kollegiale Fallberatung: Herausforderungen in der Schule gemeinsam bewältigen.* Weinheim: Beltz.

Messer, B. (2019). *Wir brauchen andere Trainings! Wie wir Menschen in Unternehmen weiterbilden können.* Offenbach: Gabal.

Mindell, A. (2019). *The Leader's 2nd Training: For Your Life and Our World.* Stringtown: Gatekeeper Press.

Mindell, A. (1999). *Mitten im Feuer. Gruppenkonflikte kreativ nutzen.* München: Hugendubel.

Mindell, A. & Mindell, A. (1997). *Das Pferd rückwärts reiten. Prozessarbeit in Theorie und Praxis.* Petersberg: Via Nova.

Montesinos, A. (2020). *Ich das Team: Was du tun kannst, damit das Projekt Team gelingt. Wertvolle Übungen zum Selbstcoaching.* Berlin: Montevision.

Müller, H.-J. (2010). *Moderation.* In R. Arnold & S. Nolda & E. Nuissel (Hrsg.). *Wörterbuch Erwachsenenbildung* (S. 214). Stuttgart: UTB.

Münch, R. (2004). *Soziologische Theorie: Gesellschaftstheorie.* Frankfurt a.M.: Campus.

Oboth, M. & Seils, G. (2005). *Mediation in Gruppen und Teams.* Paderborn: Junfermann.

Oppelt, J.S. & Nelson, G.T. (2023). *Facilitation. A Human-Centered Guide to the Art of Collaboration.* Asheville: Illustrious Consulting.

Pannier, S. (2021). Das Schönste an einer Wanderung sind die Pausen. In: K. Drack, I. Osthoff, S. Pannier, M. Prinke, B. Schäfer-Ernst, R. Ritsert-Dettmar, E. Sänger, D. Vetter, K. Bett, M. Saal, J. Dröge, G. Endres, K. Gerlach, A. Gockel, M. Wehrmann, J. Kea, J. Nowoczin. *Digitale Arbeitswelten: 14 Impulse für Veränderungen in einer digitalisierten Arbeitswelt.* Offenbach: Jünger Medien Verlag.

Parker, P. (2023). *A Guide for Hosting Hybrid Gatherings.* https://www.priyaparker.com/the-hybrid-gathering-guide

Parker, P. (2018). *The Art of Gathering.* UK: Penguin Books.

Pfläging, N. & Hermann, S. (2015). *Komplexithoden. Clevere Wege zur (Wieder)Belebung von Unternehmen und Arbeit in Komplexität.* München: Redline.

Ringeisen, T. (2013). Stressbewältigung im Kulturvergleich. In P. Genkova, T. Ringeisen & F.T. Leong. *Handbuch Stress und Kultur. Interkulturelle und kulturvergleichende Perspektiven* (S. 255-278). Berlin: Springer VS.

Rosenstiel, L. von, Hornstein E. von & Augustin, S. (2012). *Change Management Praxisfälle. Veränderungsschwerpunkte Organisation, Team, Individuum.* Bonn: Springer.

Rüther, C. (2018). *Soziokratie, S3, Holakratie, Frederic Laloux' „Reinventing Organizations" und „New Work". Ein Überblick über die gängigsten Ansätze zur Selbstorganisation und Partizipation.* Norderstedt: BoD.

Ruth Cohn Institut (2023). *Was ist TZI? Ein Weg zur Menschlichkeit.* ↗ https://www.ruth-cohn-institute.org/was-ist-tzi.html

Sader, M. (2008). *Psychologie der Gruppe.* Weinheim/München: Juventa.

Schäfer, C.D. (2015). *Die partizipative Schule: Mit innovativen Konzepten zur demokratischen Schulkultur.* Kronach: Carl Link.

Schäffer, H. (2014). *Mediation. Die Grundlagen.* Würzburg: Stephans-Buchhandlung.

Scholz, H. (2023). *Facilitation – Dialog- und handlungsorientierte Organisationsentwicklung –* Blogbeitrag Kommunikationslotsen®. ↗ https://kommunikationslotsen.de/facilitation-dialog-und-handlungsorientierte-organisationsentwicklung/

Scholz, H. & Vesper, R. (2022). *Facilitation – Dialog- und handlungsorientierte Organisationsentwicklung.* München: Vahlen.

Schreiber, W., Körber, A., von Borries, B., Krammer, R., Leutner-Ramme, S., Mebus, S., Schöner, A. & Ziegler, B. (2006). *Historisches Denken. Ein Kompetenz-Strukturmodell.* Neuried: Ars una.

Schulz von Thun, F. (2019). *Miteinander reden, Bd 1-4.* Reinbek: Rowohlt.

Schwarz, U. (1964). Lehrbücher der modernen Strategie. *Zeitschrift Für Politik,* 11(4), S. 384–386.

Splinter, D. & Wüstehube, L. (2020). *Mehr Dialog wagen! Eine Ermutigung für Politik, gesellschaftliche Verständigung und internationale Friedensarbeit.* Berlin: Wolfgang Metzner.

Stacey, R., Griffin, D. & Shaw, P. (2000). *Complexity and Management: Fad or Radical Challenge to Systems Thinking?* London: Routledge.

Stahl, E. (2017). *Dynamik in Gruppen.* Weinheim, Basel, Berlin: Beltz.

Stein Greenberg, S. & Stanford d.school (2021). *Creative Acts for Curious People: How to Think, Create, and Lead in Unconventional Ways.* California / New York: Ten Speed Press (Penguin Business).

Steinhöfer, D. (2021). *Liberating Structures. Entscheidungsfindung revolutionieren.* München: Vahlen.

Stiftung Mitarbeit (2023): *Appriciative Inquiry.* ↗ https://www.buergergesellschaft.de/mitentscheiden/methoden-verfahren/methoden-und-verfahren-der-buergerbeteiligung-von-a-bis-z/appreciative-inquiry/methodenbeschreibung#:~:text=Appreciative%20Inquiry%20(AI)%20(wertschätzendes,vielmehr%20eine%20Grundhaltung%20und%20Philosophie

Stiftung Mitarbeit & ÖGUT (2018). *Bürgerbeteiligung in der Praxis. Ein Methodenhandbuch. Arbeitshilfen für Selbsthilfe- und Bürgerinitiativen Nr. 52.* Bonn: Verlag Stiftung Mitarbeit.

Stiftung Mitarbeit & Reformierte Kirche Kanton Zürich (2014). *Teilhaben und Mitgestalten: Beteiligungskulturen in Deutschland, Österreich und der Schweiz. Beiträge zur Demokratieentwicklung von unten Nr. 26.* Bonn: Verlag Stiftung Mitarbeit.

Tonhauser, P. (2022). *99+1 Warm-ups für den digitalen Raum.* Norderstedt: BoD.

Tuckman, B. W. & Jensen, M. A. (1977). Stages of small-group development revisited. *Group and Organization Studies,* 2 (4), S. 419–427.

Tuckman, B. W. (1965). Developmental Sequence in Small Groups. *Psychological Bulletin,* 63, S. 384-196.

Venter, H. J. (2016). Self-Transcendence: Maslow's Answer to Cultural Closeness. *Journal of Innovation Management,* 4, S. 3–7.

Watzlawick, P. (2023). *Die Lösung ist immer der beste Fehler: Typische Probleme der Kommunikation im Alltag.* Heidelberg: Carl Auer.

Watzlawick, P. (2006). *Die erfundene Wirklichkeit.* München: Piper.

Weber, S. M. (2002). *Vernetzungsprozesse gestalten.* Wiesbaden: Gabler.

Weimar, J. (2021). *mini-handbuch Facilitation.* Weinheim/Basel: Beltz.

Weinert, F. E. (2014). *Leistungsmessungen in Schulen.* Weinheim und Basel: Beltz.

Weisbord, M. & Janoff, S. (2011). *Einfach mal Nichts tun!* Berlin und Bonn: Westkreuz.

Weisbord, M. (2012). *Productive Workplaces: Dignity, Meaning, and Community in the 21st Century, 25 Year Anniversary.* Hoboken: John Wiley & Sons.

Weisbord, M. & Janoff, S. (2008). *Future Search – Die Zukunftskonferenz: Wie Organisationen zu Zielsetzungen und gemeinsamem Handeln finden.* Stuttgart: Klett-Cotta.

WETHMAR, M. (2020). *Die Rolle des CEOs in der Selbstorganisation. Reflexionshilfen für ein paradoxes Spannungsfeld.* https://www.marcwethmar.ch/de/article/die-rolle-des-ceo-s-in-der-selbstorganisation/

ZANDER, M. & MEY, G. (Hrsg.) (2018). Schwerpunktthema: Disability Studies. *Journal für Psychologie*, 26(2).

ZUBIZARRETA, R. & BONSEN, M. ZUR (2019). *Dynamic Facilitation. Die erfolgreiche Moderationsmethode für schwierige und verfahrene Situationen.* Weinheim und Basel: Beltz.

Index

Anmerkungen

1 Ein anderer „klassischer“ Anlass für Facilitation-Prozesse in Projektteams ist die Zusammenarbeit angesichts der Anforderungen und Möglichkeiten flexibler Arbeitsbedingungen, wie sie bspw. in Lentz (2022) beschrieben sind.

2 Diversität oder auch Vielfalt meint die Summe von Unterschieden und Gemeinsamkeiten von Menschen (oder auch von Konzepten). Diversity-Kompetenz bezeichnet die Fähigkeit zum gleichstellungsorientierten Umgang mit Diversität auf Basis von Wertschätzung und Anerkennung der Vielfalt von Menschen und Lebensformen hinsichtlich ihrer Gemeinsamkeiten und Unterschiede.

3 Natürlich gibt es diverse Ansätze für ein derart durch Offenheit und Flexibilität geprägtes Verfahren der Prozessbegleitung, wie Facilitation es ist. Einer davon ist Mediative Kommunikation, der hier zur Ergänzung anderer fachlich möglicher und in Kapitel 5.3.2 als Klassiker beschriebener Perspektiven im Vordergrund steht.

4 In diesem Buch werden Formate professioneller Kommunikation (wie Mediation, Coaching, Training und Supervision) unter der Kategorie Prozessbegleitung zusammengefasst: Eine externe Instanz (eine oder mehrere Personen) begleitet einen Prozess mit einem Anliegen bzw. Ziel wie Konfliktlösung (Mediation), Zielerreichung (Coaching), Lernen/Kompetenzerweiterung (Training), Reflexion (Supervision) oder Ermöglichung (Facilitation).

5 Kompetenzen werden grundlegend definiert als „die bei Individuen verfügbaren oder durch sie erlernbaren kognitiven Fähigkeiten und Fertigkeiten, um bestimmte Probleme zu lösen, sowie die damit verbundenen motivationalen, volitionalen [willentlich gesteuerten Handlung(sabsicht)en] und sozialen Bereitschaften und Fähigkeiten, um die Problemlösungen in variablen Situationen erfolgreich und verantwortungsvoll nutzen zu können“ (Weinert 2014, S. 27 f.).

6 Als bekannte Autor:innen aus dem Bereich Facilitation und „Facilitative Thinking“ lassen sich hier als Anregung zur Vertiefung und Recherche (in alphabetischer Reihenfolge) nennen: Christina Baldwin, Matthias zur Bonsen, Alan Briskin, David Cooperrider, Sandra Janoff, Claes Janssen, Ann Linnea, Amy Lenzo, Priya Parker, David Rock, David Sibbet, Marvin Weisbord, Gisela Wendling.

7 Den Grundstein des Agilitätskonzepts legte das *Agile Manifesto* aus dem Jahr 2001. Beginnend mit den 1990er-Jahren kam es zum Einsatz agiler Arbeitsweisen, um in der Zusammenarbeit im Team den veränderten technischen Voraussetzungen gerecht zu werden. Zunächst wurden sie vor allem im IT-Sektor entwickelt. Inzwischen sind agile Haltungen und Herangehensweisen als Antworten auf Wandel und Komplexität in unterschiedlichen Zusammenhängen etabliert. Vgl. hierzu auch: Klappenbach, D. (2016). Wandel in der Welt der Hierarchien. In: *Spektrum der Mediation* 61. Berlin: Metzner. S. 16–19.

8 Ein Beispiel dafür ist, dass „Neuland“ als großer Anbieter von Seminarmaterialien beim Überarbeiten der Website Mitte 2023 „Facilitation“ als Kategorie aufgenommen hat.

9 Sowohl zu Mediation als auch zu Mediativer Kommunikation gibt es Grundlagenliteratur, auf die an dieser Stelle für den individuellen Vertiefungsbedarf verwiesen wird, wie Kals, E. & Montada, L. (2013). *Mediation* (3. Auflage). Weinheim: Beltz, und Klappenbach-Lentz, D. (2024). *Mediative Kommunikation* (2. Auflage). Paderborn: Junfermann.

10 Wer dieses Thema vertiefen möchte, findet Anregungen u. a. in: Domsch, M. E., Ladwig, D. H. & Weber, F. C. (2019). *Vorurteile im Arbeitsleben: Unconscious Bias erkennen, vermeiden und abbauen.* Heidelberg: Springer oder bei Salowski, C. (2022). *Quick Guide Unconscious Bias.* Heidelberg: Springer.

2016 erstellten die beiden Blogger Buster Benson und John Manoogian III. eine Übersicht von 190 Unconscious Biases. Auch hier lohnt es sich, zu recherchieren: Benson (2023, 5. April). *Cognitive bias cheat sheet. An organized list of cognitive biases because thinking is hard.* https://betterhumans.pub/cognitive-bias-cheat-sheet-55a472476b18#.c74x1wf87

11 Mit der ersten Position wird das Erleben einer Person beschrieben, mit der zweiten Position ist der Blick einer zuhörenden Person gemeint. Die dritte Position ist die Perspektive auf das Ganze der ersten und zweiten Position.

12 Metakommunikation meint, mit der Gruppe über die Kommunikation in der Gruppe zu reden.

13 Think Tanks sind „Denkfabriken", in denen Expert:innen aus unterschiedlichen Bereichen zusammenkommen, zum gemeinsamen Denken über politische und gesellschaftliche Themen. Diese Treffen schaffen es oft, die öffentliche Debatte anzuregen.

14 Bootcamp steht in diesem Zusammenhang für einen in einer Gruppe gemeinsam gestalteten Wissensaufbau zur Entwicklung innovativer Ansätze, Ideen oder Produkte.

15 Messer 2019, S. 21.

16 Bowman und Zumbrägel (2021) beschreiben im gleichnamigen Buch einen Ansatz des Trainierens, in dem die Rolle von Trainer:innen ausdrücklich gruppenbegleitend ist. Als weitere Grundlagenliteratur lässt sich hier auf Gantenbein & Späth (2012), Langmaack & Braune-Krickau (2010) und Dollinger (2003) verweisen.

17 Fachverbände haben sich als Qualitätssicherungsorgane im Bereich professioneller Kommunikation bewährt, um ein ethisches und professionelles Herangehen zu gewährleisten im Sinne von grundlegenden Qualitätsstandards für Ausbildung und Praxis. Die Frage, ob dies für Facilitation auch gilt, ist noch zu beantworten.

18 Sehr selten geht es um eine Vermittlung *von* etwas, wie in einem Training mit einem konkreten Lernziel.

19 Vgl. hierzu: https://www.bmev.de/ueber-den-verband/ethik.html https://www.bmev.de/ueber-den-verband/ethik.html; für diejenigen, die am Anfang ihrer Mediationstätigkeit stehen, bietet Kenklies (2024) „12 Praxis-Anker" (ebd.) als Hilfestellung bei der Umsetzung der Grundsätze für Mediation an.

20 „Mediation ist vertraulich, strukturiert, freiwillig, ergebnisoffen. Mediator:innen sind allparteilich, unabhängig, qualifiziert, professionell. Konfliktparteien sind eigenverantwortlich, an einer konstruktiven Konfliktbearbeitung interessiert, erarbeiten eigene Lösungen." (https://www.bmev.de/mediation/was-ist-mediation.html)

21 Der Begriff „Dialog" kommt vom griechischen „dia" für „durch" oder „mittels" und „logos" für „Wort". In ursprünglicheren Bedeutungszusammenhängen ging es vor allem um die Gestaltung oder den Ausdruck von Beziehung. Im Zusammenhang professioneller Kommunikation meint Dialog den verbalen Kontakt und die verbale Kontaktgestaltung.

22 Gemeint ist hier der Ansatz „Mediativer Kommunikation", wie er in Klappenbach (2006 bzw. in der Neuauflage Klappenbach-Lentz 2024) zusammengefasst ist.

23 In den letzten 25 Jahren haben viele Menschen eine Mediationsausbildung absolviert, ohne dass sie sich als Mediator:innen professionell betätigen oder betätigen wollen. Diese Beobachtung war Ausgangspunkt für die Studie, auf deren Basis das Konzept der Mediativen Kommunikation entwickelt wurde: 2002 bis 2009 wurde sie insbesondere an der FU Berlin und der Technischen Universität Chemnitz durchgeführt (Klappenbach 2009, 2012, 2014). Der Fokus lag auf der Entwicklung von Diversity-Kompetenz und der zentralen Frage, wie sich im Rahmen von Studium und Erwachsenenbildung ein kooperationsorientierter Umgang mit Vielfalt und Diversität (als Summe von Unterschieden und Gemeinsamkeiten von Menschen, aber auch von Konzepten) praxistauglich fördern lässt. Das daraus abgeleitete Ausbildungskonzept „Mediative Kommunikation" wurde von 2005 bis 2013 als Pilotprojekt mit mehr als 700 Studierenden und umfangreicher Begleitforschung im Rahmen der Integrativen Mediationsausbildung im erziehungswissenschaftlichen Bachelorstudiengang „Erziehung, Bildung, Qualitätssicherung"

am Fachbereich Psychologie und Erziehungswissenschaft der Freien Universität Berlin akkreditiert und erfolgreich durchgeführt. Die Ergebnisse der Begleitforschung bestätigen den im ersten Teil der Studie entwickelten Ansatz der Mediativen Kommunikation als geeigneten Vermittlungsansatz für Diversity-Kompetenz, sowohl für Tätigkeitsfelder der Erziehungswissenschaft als auch für Prozessbegleitung im weiteren Anwendungsbereich in Mediation, Coaching, Training und Supervision. Das Programm wurde stark nachgefragt – von Studierenden dieser und anderer Fachbereiche, aber auch von Gaststudierenden, die zu einem geringeren Prozentsatz als Kontrollgruppe für die Begleitforschung teilnahmen. Dies begünstigte die Erweiterung des Programms und die Entwicklung des Diversity-Ansatzes, der das im Anhang benannte Zertifikatsstudienprogramm prägt (vgl. Klappenbach & Hoffmann 2014).

24 Vgl. PONS Online-Wörterbuch (2023). *Facilis.* https://de.pons.com/übersetzung/latein-deutsch/facilis [19.07.2023]

25 Fisher, R., Ury, W. & Patton, B. (2018). *Das Harvard Konzept.* München: DVA.

26 Auch zum Verfahren der Mediation gibt es zahlreiche Literatur sowie gesetzliche Regelungen und umfangreiche Informationen und Empfehlungen von Fachverbänden, z.B. vom Bundesverband Mediation e. V. (www.bmev.de).

27 Rogers war Mitbegründer der Humanistischen Psychologie und der Encounter-Gruppen-Bewegung. Seine auf dem humanistischen Menschenbild basierenden Arbeiten wirken weltweit in viele Bereiche der angewandten Psychologie, Psychotherapie, Soziologie, Sozialarbeit, Pädagogik, Sozialen Arbeit, Seelsorge, Medizin, Wirtschaft, Politik und Kultur hinein. Marshall B. Rosenberg und Friedemann Schulz von Thun waren beispielsweise Schüler von Rogers.

28 Scholz & Vesper 2022, S. 4.

29 Weimar 2021, S. 15.

30 Es lohnt sich ein intensiveres Recherchieren, um die hier knapp gehaltenen Ausführungen im Rahmen dieses Buches zu Facilitation Tools zu ergänzen.

31 Für die Beschäftigung mit dem Format Facilitation lassen sich hier beispielsweise die Erfahrungen mit dem Ermöglichen von Rahmenbedingungen zur Durchführung einer Mediation nutzen. Es lohnt sich zudem eine Recherche zum Stichwort „Psychological Safety".

32 Wenn Mediative Kommunikation punktuell im Alltag eingesetzt wird, dann gibt es nicht unbedingt Gelegenheit für einen solchen Rahmen. Daher wird viel Wert auf eine mediative Grundhaltung des mediativ Kommunizierenden gelegt – und im Rahmen dieses Ansatzes nach Möglichkeiten gesucht, dem jeweiligen Gegenüber Gelegenheiten anzubieten, sich mit einer ähnlichen, dialogfördernden Haltung in den Kontakt zu begeben. Dieser Fokus eignet sich zur Prozessbegleitung besonders dann, wenn in einer Gruppe der Sichere Rahmen einmal wackelt und die Beteiligten dabei Unterstützung brauchen, miteinander im Kontakt zu bleiben oder wieder in den Dialog einzusteigen.

33 Dieses Bild ist ausführlich beschrieben in „Mediative Kommunikation" (2024): der sinnbildliche „innere Balkon" ermöglicht heilsamen und professionellen Abstand zu sachlichen, emotionalen und Beziehungsaspekten in einer Situation.

34 Dieses Modell ließe sich vielfältig auch durch das abwechselnde Verwenden von Trichter und Pyramide darstellen, wie es im Zusammenhang mit dem pyramidalen Strukturieren (Kochs 2023) beschrieben ist: Der Trichter leitet prozessorientiert vom Unwesentlichen zum Wesentlichen, zur Kernbotschaft (in Abbildung 4 als Trichter „zu" dargestellt). Was hier als Trichter „auf" abgebildet ist, wäre dann eine Pyramide, die mit dem Wesentlichen beginnt, um ergebnisorientiert Details zu entfalten. (ebd., S. 12).
Wer mit Design Thinking vertraut ist, mag in diesem „Trichtermodell" (in einem Double-Loop-Learning-Ansatz nach Argyris 1978) ein Prinzip erkennen, wie es auch im Double Diamond visualisiert ist; vgl. hierzu: *Design Council* (2023, 16. August). *The Double Diamond.* https://www.designcouncil.org.uk/our-resources/the-double-diamond/:

Die ersten beiden Trichter bilden Diamant 1 (Problemraum), in dem durch Exploration das Problem entdeckt wird (discover; Trichter „verbreitern": Informationen ausweiten, um das Problem zu verstehen) und es auf dieser Basis definiert wird (define; Trichter „verengen": Informationen verdichten und Problem konkretisieren).
Die letzten beiden Trichter bilden Diamant 2 (Lösungsraum), in dem durch Exploration die Lösung zu entwickeln (develop; Trichter „verbreitern": Informationen ausweiten, um Lösungsansätze zu entwickeln) und dann (deliver; Trichter „verengen": Informationen verdichten) die Lösung zu fokussieren, finalisieren und umzusetzen ist.
Das Trichtermodell ist in diesem Buch in dieser Variante dargestellt, weil es in der Praxis aufgrund seiner Einfachheit den Vorteil bietet, anschaulich und im Grunde selbsterklärend zu sein. Es begrenzt sich auf einen Gegenstand; es entstehen in Gruppen keine Fragen zu dem, was eine Pyramide im Gegensatz zu einem Trichter ausmacht oder warum der Double Diamand ein Diamant ist. Wenn beim Moderieren ein Trichter mitgebracht wird, kann man ihn im Prozess hochhalten, mit der breiten Seite nach oben oder nach unten, um damit vielen Menschen im Raum visuell zu signalisieren, dass es im Prozess gerade darum geht, auf den Punkt zu kommen, zu resümieren oder Hintergründe, Ideen und anderes zu explorieren.

35 TZI ist ein fundierter, praktischer und erprobter Ansatz zur Arbeit in Prozessen mit Gruppen, wie sie in diesem Buch beschrieben wird. Die Verwendung der entsprechenden Begriffe soll die Möglichkeit zur fachbezogenen Erweiterung und Vertiefung anregen und erleichtern. Vgl. hierzu: Cohn 2018 und Langmaack 2017 sowie Ostertag, M. & Bayer, M. (2022) *Themenzentrierte Interaktion (TZI) im Gespräch: Gesellschaft mitgestalten.* Göttingen: Vandenhoeck & Ruprecht.

36 Weisbord & Janoff 2020, S. 16.

37 Nach Jim Rough; vgl. hierzu: Rough, J. (2002). *Society's Breakthrough!* Bloomington: AuthorHouse.

38 Zubirarreta & Bonsen 2019, S. 9

39 Scholz & Vesper 2022, S. 16

40 Externe:r Facilitator:in

41 Interne:r Facilitator:in

42 Hier lässt sich beispielsweise verweisen auf Pannier (2021) und Kaner et al. (2014).

43 Beispiele und Anregungen finden sich u. a. in Stiftung Mitarbeit & ÖGUT (2018) sowie von Marie-Theres Albert (Direktorin des Institute Heritage Studies, Ina gGmbH) herausgegebenen Reihe *World Heritage Studies* in Albert, M.-T., Bernecker, R., Cave, C., Prodan, A. C. & Ripp, M. (2022). *50 Years World Heritage Convention: Shared Responsibility – Conflict & Reconciliation.* Reihe Heritage Studies. Cham: Springer.

44 Emotionale Kompetenz ist hier gefragt, d. h. eigene Gefühle wahrnehmen und die anderer erkennen und mitfühlen zu können. Nach Dittmar (2017a, S. 77) gehört dazu auch die Fähigkeit, „die eigenen Gefühle bewusst zu erzeugen und zu steuern, so dass sie der jeweiligen Situation angepasst werden können. Emotionen und Gefühle bei sich selbst und anderen zu unterscheiden […] emotionale Altlasten achtsam zu entladen, ohne dass wir selbst oder andere dabei zu Schaden kommen […] andere dabei zu unterstützen, ihre emotionalen Altlasten entsprechend zu entladen." (ebd.).

45 Wer dies in einer Design-Thinking-Perspektive ausführen möchte, kann hier anknüpfen an die Lektüre von Banathy, B. H. (1996). *Designing Social Systems in a Changing World.* New York City: Springer U.S. (Kapitel 4: „The Design Landscape", S. 87ff.).

46 Es gibt auch Facilitationprozesse, die in Bezug auf die Teilnahme verpflichtend gestaltet sind. Auch dann lässt sich auf Basis der Selbstverantwortlichkeit damit umgehen und ermöglichen, was zu ermöglichen ist. Das Wort „vereinbaren" ist dann durch „verständigen" zu ersetzen.

47 Interessant sind in diesem Zusammenhang auch Ausführungen zum Thema Beteiligungskultur, wie sie beispielsweise in *Teilhaben und Mitgestalten* (Stiftung Mitarbeit & Reformierte Kir-

che Kanton Zürich 2014) und anderen Publikationen der Stiftung Mitarbeit enthalten sind. Ergänzend finden sich für den Kontext Bürgerbeteiligung Hinweise auf rechtliche und finanzielle Rahmenbedingungen bspw. in Gollbach & Lentz (2015) zusammengefasst. Für den Kontext Schule lässt sich hier auf „Die partizipative Schule: Mit innovativen Konzepten zur demokratischen Schulkultur" (Schäfer 2015) verweisen.

48 Hier sind beispielsweise Definitionen und Begrenzungen rechtlicher Art gemeint, wie es sie für das Verfahren der Mediation gibt. Es kann zum Beispiel sein, dass eine Person fachlich und menschlich gesehen die ideale Begleitung für einen Konfliktlösungsprozess wäre. Wenn sie aber bereits mit einem Projektmitglied ein Coaching gemacht hat, ist sie rechtlich gesehen keine Ansprechperson für Mediation; für eine Mediation gilt das Vorbefassungsverbot.

49 Bedingungslose Wertschätzung ist hier so zu verstehen, wie Carl Rogers sie als zentralen Aspekt persönlicher Entwicklung im Sinne von non-direktiver Gesprächsführung beschrieben hat.

50 Im Zusammenhang mit Anliegen der Kompetenzentwicklung und der Begleitung gesellschaftlicher Veränderungsprozesse lässt sich hier Folgendes ergänzen. Diese umfassende Aufgabe bzw. Perspektive ist sowohl mit Blick auf die Aktivierung und Entwicklung von Handlungskompetenz als auch auf die von Gestaltungskompetenz relevant: Handlungskompetenz bedeutet zu wissen, was ich tun kann; Gestaltungskompetenz bedeutet, etwas damit zu bewegen. Dieser ganzheitlich ausgerichtete Fokus auf das Ich-Wir-Es im Globe wird in diesem Buch als eine praxistaugliche Variante im Umgang mit Herausforderungen des Ermöglichens von Veränderungsprozessen herangezogen. In ihrer Einfachheit unterstützt sie durch konsequente Umsetzung in der Ermöglichung und Begleitung eines Prozesses dabei, situationsgerecht herauszufinden: Was kann ich tun, um etwas zugunsten eines Dialogs mit allen zu bewegen? Wie kann ich ermöglichen, dass die Beteiligten herausfinden, was sie tun können und wie sie mit Blick auf das Ich-Wir-Es im Globe das zu Ermöglichende bewegen (oder anregen) können? Zur wissenschaftlichen Ergänzung und Vertiefung wird an dieser Stelle zum einen zur Beleuchtung von Handlungsimpulsen und Handlungsspielräumen und damit verbundenen Chancen der Ermöglichung gesellschaftlicher Veränderung(sprozesse) aus bildungspolitischer Sicht verwiesen auf die Allgemeine Feldtheorie nach Bourdieu (2001) und auf die Humankapital-Theorie nach Bourdieu (1992, S. 49–80; vgl. hierzu Ausführungen in Klappenbach 2009, S. 69–88). Zum anderen wird verwiesen auf den traditionellen Gesellschaftsbegriff nach Parsons und dessen AGIL-Schema (vgl. Parsons et al. 1953, S. 172–190; Parsons 1967, S. 192–219 in Münch 2004, S. 73–74): Nach Parsons muss ein Organismus vier Funktionen erfüllen, um überleben zu können: Anpassung (**a**daption), Zielerreichung (**g**oal attainment), **I**ntegration und Strukturerhaltung (pattern maintenance **l**atent); Veränderungsprozesse lassen sich nur so weit vollziehen, wie es unter Beibehaltung dieser vier Funktionen möglich ist (vgl. hierzu: Ausführungen in Klappenbach 2009, S. 26 f.).

51 Hierarchische Konstellationen im Globe sind mit Blick auf den Sicheren Rahmen zu berücksichtigen.

52 Seit den 1980er-Jahren werden gruppendynamische Konzepte im Zusammenhang mit systemtheoretischen Ansätzen betrachtet. Der systemische Blick bot eine neue Verständnis- und Planungsperspektive für gruppendynamische Interventionen.

53 König & Schattenhofer 2020, S. 18.

54 Das „Arbeits-Du" bezeichnet die Verwendung der Du-Form im Rahmen einer Arbeitsphase als methodisches Angebot, um in diesem Rahmen das Miteinander auf Augenhöhe zu fördern. Es wird zum Ausdruck von Gleichstellung im Kontakt und Vereinfachung in Kommunikation beispielsweise genutzt in Gruppen, in denen sich die Beteiligten in ihrem Alltag unterschiedlich (mit Du oder Sie) anreden.

55 Vgl. Zubizarreta & Bonsen (2019).

56 An dieser Stelle danke ich Nicole Berse-Schaks für ihre Anregungen in der gemeinsamen Diskussion. Das Wortspiel entstand im humorvollen Auseinandernehmen und Zusammensetzen dieses Kompetenzmodells, das umfassend und einfach zugleich sein sollte.

57 Vgl. hierzu das Grundverständnis von Dialog nach Splinter und Wüstehube (2020, S. 33) und die Ausführungen dazu in Bohn (2021).

58 Im Zusammenhang dieser Frage lässt sich zum Begriff der emotionalen Aktiviertheit ergänzen: „Émotion“ steht im Französischen für „Aufregung“, „Gemütsbewegung“; „motion“ für „Bewegung“ oder „bewegen“, „erschüttern“. Letzteres hieße Lateinisch „movere“; lateinisch „emovere“ steht für „wegschaffen“, „entfernen“, „hinausschaffen“ oder auch „erschüttern“. In der Psychologie wird Emotion bezeichnet als „ein komplexes Muster körperlicher und mentaler Veränderungen, darunter physiologische Erregung, Gefühle, kognitive Prozesse und Reaktionen im Verhalten als Antwort auf eine Situation, die als persönlich bedeutsam wahrgenommen wurde“ (Gerrig 2018, S. 547).
In zahlreichen Kommunikations- und Konfliktmanagementzusammenhängen wird von Folgendem ausgegangen: Jede Emotion kann inszeniert und dargestellt werden, sowohl konstruktiv als auch destruktiv. Ein konstruktives emotionales Darstellen der eigenen Gefühle fördert die Kommunikation und die Kooperation – für sich selbst, andere und in einer breiteren Gesellschaft.

59 Allparteilichkeit bedeutet, sich der Beachtung von Interessen, Bedürfnissen und Befindlichkeiten aller Beteiligten (Personen und Themen) im gleichen Maße zu verpflichten.

60 Vgl. hierzu: Klappenbach-Lentz 2024.

61 Der Begriff der Strukturierungskompetenz wird in diesem Buch als treffend für eine zentrale sachbezogene Facilitation-Kompetenz herangezogen. Im Zusammenhang des historischen Denkens – als Kompetenzelement für das Ermöglichen gesellschaftlichen Wandels durch bewusstes Handeln der Beteiligten – wird auf den Punkt gebracht: „Strukturierungskompetent ist, wer Domänenspezifisches theorie-, subjekt-, inhalts- und methodenbezogen systematisieren und hierfür strukturierende Begriffe auf verschiedenen Abstraktionsniveaus nutzen kann. Zusammenfassend kann festgehalten werden: Es geht bei den Sachkompetenzen nicht um an bestimmte Inhalts- und Wissenskanons gebundenes Daten- und Faktenwissen. Orientierungsbedürfnisse und Fragestellungen entscheiden situationsabhängig darüber, was von Bedeutung ist. – Dennoch sind eingeführte und konventionalisierte Begriffe und Strukturierungen keineswegs entbehrlich: Ohne sie wären Kommunikation und Diskurs nicht möglich“ (Schreiber et al. 2006, S. 206).

62 Dieses Zitat geht zurück auf George Box. Es ist hier Oppelt und Nelson (2023, S. 53) entnommen.

63 Danke an Anne Grohn für diesen Ausspruch.

64 Dieser Spruch geht zurück auf den polnisch-amerikanischen Philosophen und Wissenschaftler Alfred Korzybski. Er verwies mit „the map is not the territory“ und „the word is not the thing“ auf die Notwendigkeit, zwischen der Abstraktion und der Realität zu unterscheiden, wie auch zwischen Reaktion und Auslöser (Korzybski 1933).

65 In diesem Zusammenhang lohnt sich beispielsweise eine vertiefende Recherche zur Dialogik von Emotionen, wie sie u. a. Verena Kast in ihrer Vortragsreihe zur Psychologie der Emotionen beschreibt (Kast 2001).

66 Vgl. Klappenbach-Lentz 2024.

67 Als erfolgreich bezeichnet man in der Regel eine Person, Situation oder Sache, die das erreicht, was als erstrebenswert erachtet wurde. Die Einschätzung, ob etwas erfolgreich ist oder nicht, hängt vom Wertesystem der Beurteilenden ab.

68 In diesem Zusammenhang sind Faktoren zeitlicher, räumlicher und struktureller Flexibilität zu berücksichtigen. Ein ergänzender Überblick hierzu findet sich beispielsweise als Entwurf von Flexibilitätstypen bei Lentz (2022).

69 Wenn Menschen einander in intensivem Kontakt begegnen, wenn sie sich in Arbeitsgruppen öffnen und den Einzelnen erst am Ende des Ganzen deutlich wird, wer mit wem gesprochen und wer wem was von sich gezeigt hat, ist dies ein offenes Experiment: Es ist durchaus möglich, aber nicht garantiert, dass dies nachhaltig erfolgreich ist. Die Chance liegt darin, dass sich Menschen unvoreingenommener begegnen und dabei Türen öffnen für vielversprechende Kooperationen, für Innovation oder als Basis für Kontakt.

70 In diesem Zusammenhang lassen sich zudem Informieren und Überzeugen unterscheiden. Überzeugen beabsichtigt eine Haltungsänderung beim Gegenüber. Es regt zur Handlung an, neutralisiert Bedenken und Widerstand, baut Verständnis und Begeisterung auf und erzielt Einigkeit. Informieren beinhaltet das ausschließliche Weitergeben von Sachverhalten, das frei ist von argumentativen Absichten (vgl. hierzu: Kochs 2023, S. 35).

71 In einer Retrospektive stehen nicht die Ergebnisse, sondern die Zusammenarbeit des Teams im Fokus des Rückblicks auf eine gemeinsame Zeit. Ziel ist die Weiterentwicklung des Teams.

72 Weisbord & Janoff, 2020, S. 61.

73 Ein Grundsatz ist beispielsweise: „Definitionsmacht wird belassen, wo sie hingehört."

74 Hier geht es um Ergebnisoffenheit auf Basis dessen, dass vom Kontext vorgegebene Rahmenbedingungen klar und transparent sind. Innerhalb dieser Rahmenbedingungen gibt es seitens der Prozessbegleitung kein Drängen und Favorisieren in Bezug auf ein Ergebnis.

75 Natürlich könnte das Thema auch „Kommunikation" oder etwas anderes sein.

76 Um Alternativen zur Gestaltung eines Sicheren Rahmens zu reflektieren, empfiehlt es sich, zum Thema psychologische Sicherheit ausführlicher zu recherchieren.

77 Solche und andere Prozessvisualisierungen werden als Teil einer Galerie im Raum leicht zu einem Tool der Orientierung und Strukturierung. Sie unterstützen das Beibehalten des inhaltlichen Fokus in der Gruppe.

78 Das Eisbergmodell ist eine beliebte Metapher für die Beteiligung sach-, psycho- und soziologischer Bestandteile im Miteinander und visualisiert, dass das, was Außenstehende vom Gegenüber aufgrund seines Verhaltens und Aussehens sowie in seiner Mimik und Gestik wahrnehmen, lediglich ein Siebtel dessen ausmacht, was in der jeweiligen Situation vorhanden ist. Das Sichtbare ist also nur die Spitze des Ganzen: das, was von einem Eisberg über der Wasseroberfläche zu sehen ist (Klappenbach 2024).

79 Manches taucht trotz Vorbeugungsmaßnahmen erst „fünf vor zwölf' auf. Dann lohnt sich die Frage, wie es zu dieser Verzögerung kommt: Was ist im Gruppenprozess und im Gruppenklima angelegt, sodass sich Wichtiges, meist auch Konfliktbehaftetes, erst kurz vor Schluss melden kann? Wenn der Prozess weitergeht, lassen sich zum Beispiel im Sicheren Rahmen, strukturell oder in der Kommunikation Änderungen oder Ergänzungen berücksichtigen.

80 Das Anliegen der Einheit von Inhalt und Form ist eine Dimension des Situationsansatzes, eines pädagogischen Konzepts, das auf Basis von Offenheit und Bedürfnisorientierung, Toleranz und Wertschätzung das Kind und dessen Lebenswelterfahrung als Ausgangspunkt für Lernen betrachtet. Für die Umsetzung heißt das: Man erfasst Situationen möglichst genau, um für zukünftiges Handeln relevante Interessen, Themen, Fragestellungen als zentral zu berücksichtigen. Der Merksatz zur Einheit von Inhalt und Form hilft generell in der Arbeit mit Gruppen – ganz gleich, ob ihre Mitglieder Kinder oder Erwachsene sind. Hier erscheint eine Recherche zum Begriff der „Schlüsselsituation" im Situationsansatz zur Vertiefung lohnend; vgl. hierzu u. a. Preissing, C. (2012). Verflixte Situation! Oder: Was um Himmels Willen ist eine Schlüsselsituation? In: *Welt des Kindes: 40 Jahre Situationsansatz.* Ausgabe 02/2012; Irskens, B. & Preissing, C. (1990). *Damit wir wissen, was wir tun: Methoden zur Erstellung eines pädagogischen Konzepts im Team.* Frankfurt/M.: PU sowie Berliner Kita-Institut für Qualitätsentwicklung (2020). *Konzept für die Arbeit in multiprofessionellen Teams in Kitas.* Berlin; und weitere Veröffentlichungen der Internationalen Akademie Berlin für innovative Pädagogik, Psychologie und Ökonomie (INA) gGmbH.

81 Hier der Hinweis, dass das Harvard-Konzept als Studie strategische Empfehlungen zum Verhandeln enthält, wie sie in ihrem Bezugsrahmen postuliert und in der Praxis probiert wurden. So prägte beispielsweise der französische Strategietheoretiker André Beaufre (1902–1974) den Satz: „Die Vorbereitung ist wichtiger geworden als die Ausführung" (Schwarz, 1964).
82 Vgl. hierzu Klappenbach-Lentz 2024.
83 Z. B. in einem Modell wie in Abbildung 4 (Trichter oder siehe Fußnote: Double Diamant) oder Abbildung 52 (Kochtopfmodell).
84 Gemeint sind hier Rahmenbedingungen zum dialogfördernden Intervenieren im Prozess.
85 Zur Entwicklung von Handlungskompetenz und Selbsterfahrung wird beispielsweise meist als Setting ein Stuhlkreis ohne Tisch gewählt, damit sich alle ganz sehen können. Zum Wissenserwerb und -austausch wird eher in einem Raum mit Tischen gearbeitet, damit die Beteiligten schreiben können.
86 Vgl. hierzu Blanchard et al. 2002, S. 76.
87 Vgl. hierzu: ebd.; Hersey et al. 2001; Blanchard 2002.
88 Korzybski 1933.
89 Mensch und Problem getrennt behandeln; Orientierung auf Interessen statt auf Positionen; Optionen zum allseitigen Vorteil entwickeln; neutrale Kriterien heranziehen.
90 „Good Enough to Move On."
91 „Systema" ist griechisch für „Zusammenstellung".
92 Vgl. hierzu: Watzlawick 2023.
93 Es ist durchaus möglich, dass es Facilitator:innen gibt, die dies anders sehen. Hier wird dennoch diese These vertreten und zugrunde gelegt.
94 In der Kleingruppenforschung wird der Begriff Gruppe formal definiert: Mitglieder von Gruppen teilen für eine zeitliche Dauer gemeinsame Ziele oder Aufgaben sowie Möglichkeiten zum direkten Austausch in Face-To-Face-Kommunikation. Sie entwickeln „ein Wir-Gefühl der Gruppenzugehörigkeit und des Gruppenzusammenhalts, ein System gemeinsamer Normen und Werte als Grundlage der Kommunikations- und Interaktionsprozesse, ein Geflecht aufeinander bezogener sozialer Rollen, die auf das Gruppenziel gerichtet sind" (König & Schattenhofer 2020, S. 15).
95 Diversität meint hier Vielfalt, die Gemeinsamkeiten und Unterschiede umfasst.
96 In manchen Situationen lohnt sich auch, bereits an dieser Stelle das Wie und Wann einzubeziehen: eine „Wer-mit-wem-wie-wann-und-in-welchem-System-Evaluation".
97 Dieser Frage widmet sich zum Beispiel die amerikanische Facilitatorin und Autorin Priya Parker unter der Überschrift „The Art Of Gathering". Dort und in ihren anderen Handreichungen und Publikationen findet sich immer wieder der zentrale Grundsatz „Understand your Purpose … Always." (Parker 2023, S. 4). Purpose beschreibt sie als Tool und als Filter, um wirkliche Begegnungen und authentischen, intensiven Austausch im Miteinander zu ermöglichen.
98 Lewin 2012.
99 Lewin 2012.
100 Hier lässt sich auf Studien und Veröffentlichungen zum Ansatz Diversity Management (DiM) verweisen.
101 Weitere interessante Modelle finden sich vertiefend und erweiternd im Zusammenhang mit Ansätzen zu Change-Management bspw. bei Stacey et al. 2000; Krüger & Bach 2014; Kotter 2011; Rosenstiel et al. 2012.
102 Vgl. beispielsweise Varianten von Tuckman 1965; Sader 2008; Gudjons 2003, S. 16 f.; Bovet & Huwendiek 2014, S. 134.
103 Vgl. Katzenbach & Smith 2009, S. 70.
104 Für den Rahmen einer Projektarbeit wird die ursprünglichen Teamuhr mit fünf Phasen um eine weitere Phase, die Auflösungsphase, ergänzt. Das „Adjourning" (Tuckman & Jensen 1977) bezieht sich auf die Situation, dass die Gruppenmitglieder zum Ende des Prozesses auseinan-

dergehen. Für Facilitation in einer Gruppe, die eine begrenzte Zeit miteinander arbeitet, ist dies ebenfalls relevant: zum Beispiel, wenn die Teilnehmenden für den gewünschten Prozess als Repräsentant:innen unterschiedlicher Fachperspektiven eingeladen sind.

105 Achtsamkeit und die Dimensionen des Lassens, wie sie in Kapitel 6.2 beschrieben werden, zählen daher zu den Grundlagen des Ermöglichens.

106 Das, was problematisch an Beratungssituationen ist und was die Hierarchien demonstrieren und verstärken kann, brachte die US-amerikanische Soziologin Rosabeth Moss Kanter so auf den Punkt: „Powerlessness corrupts: absolute powerlessness corrupts absolutely." (Machtlosigkeit korrumpiert: völlige Machtlosigkeit korrumpiert völlig.)

107 Vor allem in Konflikten kann dies eine Herausforderung sein – wenn eine Konfliktpartei voller Gefühle und Emotionen mit sich selbst beschäftigt ist oder auch für eine Person, die sich mitten in einem inneren Konflikt befindet. Splinter & Wüstehube (2020, S. 33) resümieren: „Für die Frage, ob etwas als Dialog zu bezeichnen ist, ist […] entscheidend, […] dass eine Bewegung in Richtung offenes, verständigungsorientiertes Gespräch stattfindet."

108 Sie lässt sich in folgendem Beispiel einer Empfehlung für wesentliche Haltungselemente von Facilitator:innen wiederfinden: „Als hilfreiche innere Qualitäten bzw. Haltungen empfehlen wir [Facilitator:innen] … Bedürfnisfreiheit, Unerschrockenheit, Autonomie und die Liebe ([…] zu den Menschen, zu den Dingen und zum Leben). Was die geteilte Verantwortung betrifft, so weist diese wichtige Grundannahme darauf hin, dass Facilitation nicht ohne Mittun und ohne Kontextg-Gestaltung auskommt. Menschen sollten es wollen (die Energie kommt vom Kunden, nicht an erster Stelle vom Facilitator). Menschen sollten bereit sein, etwas dafür zu geben (nämlich als anspruchsvoll erscheinende Ressourcen und Rahmenbedingungen). Und Menschen sollten darauf vorbereitet werden, überrascht zu werden (nämlich von sich selbst und davon, wie es sich anfüllt, wenn eigene Überzeugungen und Perspektiven durch Andere und Anderes bereichert werden)" (Scholz 2023, o. A.). Die Stichworte Bedürfnisfreiheit und Autonomie verweisen auf Ergebnisoffenheit und Unabhängigkeit, die es Mediierenden und mediativ Kommunizierenden ermöglichen, Schritt für Schritt personzentriert mit dem Prozess der Beteiligten zu gehen. Sie umschreiben auch eine wesentliche Voraussetzung für professionelle Souveränität im Umgang mit Gruppen und der Situation, dass im Facilitation alle gehört, gesehen und beteiligt werden möchten. Unerschrockenheit bezieht sich auf den „Umgang mit Macht, Hierarchie, Beziehungsangeboten und Nichtwissen" (Scholz & Vesper 2022, S. 18). Diesen mediativ zu gestalten und für die Begleitung der Gruppe eine mediative Haltung einzunehmen, begünstigt die Entwicklung eines ressourcenorientierten Prozesses unter Wahrung von Selbstverantwortlichkeit und Expert:innentum der Beteiligten. Der Aspekt der Liebe findet sich bereits in der Personzentrierung bei Carl Rogers und im Ansatz der Gewaltfreien Kommunikation bei Marshall Rosenberg. Kongruenz, bedingungsloser Wertschätzung und Akzeptanz benennt Rogers als Grundlagen dafür, Menschen in ihrem persönlichen Wachstum, in ihrer Entwicklung zu unterstützen. Sie sind zentrale Faktoren von Personzentrierung.

109 Interessant zu recherchieren ist an dieser Stelle auch, inwiefern die Dialogik von Emotionen in der Gruppendynamik kommunikativ berücksichtigt werden kann (Kast 2001).

110 Splinter & Wüstehube 2020, S. 38 ff.

111 Splinter & Wüstehube 2020, S. 33–43.

112 Ebd., S. 38.

113 Ebd., S. 38–39.

114 Hierbei kann beispielsweise das Glaskugelmodell zum Einsatz kommen, wie es in Böhmer und Klappenbach (2012) beschrieben wird.

115 „Könnte es vielleicht doch sein, dass der andere seine Argumente nicht nur taktisch und strategisch einsetzt, sondern einige Punkte auch authentisch/ernst meint?" (Splinter & Wüstehube 2020, S. 40).

116 „Können wir etwas dafür tun, dass wir uns Schritt für Schritt mehr vertrauen – und wenn ja, was genau?“ (ebd., S. 40)

117 Wichtig ist, dass dies non-direktiv und ressourcenorientiert umgesetzt wird: Problemtrance zu erzeugen gehört nicht zu den Interventionen der Prozessbegleitung.

118 Splinter & Wüstehube 2020, S. 33.

119 Vgl. PONS Online-Wörterbuch (2023). *Moderation.* https://de.pons.com/übersetzung/latein-deutsch/moderation

120 Bei einer Bewegung wie der, die hier mithilfe der weißen Linie skizziert ist.

121 Hier ist zu verweisen auf den Grundsatz der Einheit von Inhalt und Form (Kapitel 5).

122 Vertraulichkeit meint, dass über Inhalt und Verlauf keine Informationen weitergegeben werden. Wenn eine Informationspflicht an Kontextverantwortliche bestehen sollte, ist dies bei der Vereinbarung von Vertraulichkeit offenzulegen und abzusprechen, wie damit umgegangen wird. Eine Möglichkeit ist, am Ende des Prozesses gemeinsam ein „Wording“ zu vereinbaren, das nach außen gegeben wird. Über den Verlauf des Prozesses werden keine Angaben weitergegeben, lediglich über die Ergebnisse.

123 Im Prozess wird so begünstigt, dass das professionelle Agieren in dem Anliegen der Verständnissicherung und nicht als Unterbrechung wahrgenommen werden kann.

124 Hier ist zu verweisen auf die in Kapitel 5.3.2 beschriebenen „Klassiker“. Sie sind alle mit Grundannahmen und Prinzipien verbunden. Wenn die Gruppe darüber informiert ist, kann sie Prozessschritte leichter als Liberating Structure erleben, erkennen und aktiv mitgehen.

125 In den letzten Jahren ist zunehmend die Rede von psychologischer Sicherheit. Um eine solche geht es hier – mit Fokus auf die artifiziellen Rahmenbedingungen (Kapitel 3.2), die es zur Ermöglichung des gewünschten Prozesses braucht. Vgl. hierzu beispielsweise: Goller, I. & Laufer, T. (2018). *Psychologische Sicherheit in Unternehmen: Wie Hochleistungsteams wirklich funktionieren.* Heidelberg: Springer; Schumacher, B. (2023). *Psychologische Sicherheit: Das Entwicklungselixier für persönliches Wachstum, Teams und Organisationen.* Göttingen: BusinessVillage; Helbig, K. & Norman, M. (2024). *Playbook Psychologische Sicherheit: Besser führen durch mehr Menschlichkeit am Arbeitsplatz.* München: Vahlen.

126 Erfahrungsgemäß ist es auch hier unterstützend, an Aspekte zu erinnern, die für erwachsene Teilnehmende (eigentlich) selbstverständlich sind: Selbstverantwortlichkeit ausdrücklich zu vereinbaren oder in den Sicheren Rahmen eines Workshops, in dem unterschiedliche Teilnehmende voneinander lernen wollen, aufzunehmen, dass jede:r für die eigene Lernreise selbst verantwortlich ist. Zurückhaltende Teilnehmende kann das dabei unterstützen, anzumelden, wenn es aus ihrer Sicht etwas dazu braucht.

127 Eine Variante, die alternativ aus der Schulentwicklung als Vorlage herangezogen wird, umfasst „Transparenz, Fokus, Offenheit, Ermächtigung und Selbstorganisation, Mut und Vertrauen, fortlaufendes Überprüfen, Lernen und Anpassen, Festlegung von kurzen Zeitfenstern, frühes und regelmäßiges Aufzeigen von Zwischenresultaten, Fokus auf die Zielgruppen“ (Frei & Koch 2021, S. 30).

128 Vgl. hierzu: Cohn 2018; Langmaack 2017; Langmaack & Braune-Krickau 2010.

129 Weisbord und Janoff (2020, S. 15) bringen hierzu auf den Punkt: „Wenn unter schwierigen Bedingungen wichtige Aufgaben erledigt werden sollen, müssen Sie mit den Menschen arbeiten, wie sie sind, nicht wie Sie sie gern hätten. Das gelingt, wenn Sie die Struktur der Veranstaltung im Auge haben, nicht das Verhalten der Teilnehmenden. Sie konzentrieren sich darauf, dass die Gruppe ihre angestrebten Ziele verfolgt, und laden sie ein, Verantwortung gemeinschaftlich wahrzunehmen und selber auf den Gebrauch von Raum und Zeit zu achten. Wenn Sie die Veranstaltung strukturieren, erledigen die Teilnehmenden den Rest“ (ebd.).

130 Dies gibt Raum zur Konkretisierung: In Bezug auf Menschen wird z.B. zwischen dem Sein (und den individuellen Möglichkeiten des Seins) und dem Tun (den Handlungsalternativen) unterschieden. Differenziert werden Sach- und Beziehungsebene, Beobachtung und Bewer-

tung. In den von der Facilitatorin Jutta Weimar beschriebenen Faktoren, die eine „Facilitative Haltung" ausmachen, finden sich Parallelen zu Elementen einer Mediativen Haltung (Klappenbach-Lentz 2024): „Fragen stellen statt Annahmen äußern; sich der eigenen Haltung bewusst sein, Vorannahmen über Menschen und Prozesse erkennen und hinterfragen können; mit der Gruppe arbeiten, nicht gegen sie kämpfen; Unterschiede zwischen Wahrnehmung, Vermutung und Bewertung kennen und spüren können (bei sich selbst und bei anderen); mit Widerständen und Projektionen gelassen umgehen; Uneindeutigkeiten und Konflikte stehen lassen, ohne den Anspruch zu haben, immer alles gleich lösen zu können; ‚Ich'-Botschaften statt ‚man'; nonverbale Signale beachten; Rechtfertigung unterlassen, Provokation und Anklage hinterfragen; Methodendiskussion unterbinden; eine ‚Sowohl-als-auch'- und ‚Je-nachdem'-Haltung einnehmen (flexibel sein); Vertrauen in die Fähigkeiten der Menschen zeigen und Ruhe und Zuversicht ausstrahlen" (Weimar 2021, S. 31).

131 Die ist hier im Sinne von Halt haben und Halt geben, als Grundlage zur Ausrichtung von Handlungsweisen und -impulsen gemeint.

132 Mit dem Gedanken, dass Neutralität menschlich nicht zu leisten ist und der Versuch, neutral zu sein, zu mitmenschlichen Erkältungen führen kann.

133 Statt sich auf die im Konflikt eingenommenen Positionen zur Entwicklung von Optionen und Lösungsmöglichkeiten zu konzentrieren, um Positiv- statt Nullsummenspiele anzuregen.

134 Montesinos (2020) stellt bspw. eine Sammlung von ressourcenorientierten Übungen zum Selbstcoaching zur Verfügung, die die Fähigkeit zur Selbstreflexion und Wahrnehmung von Selbstverantwortung stärken.

135 Lernen am Modell wird unterstützt, indem die Teilnehmenden zum Beispiel erfahren, dass mediatives Zusammenfassen Verständnis sichert oder auch Missverständnissen vorbeugt und sie sich selbst daran beteiligen.

136 „Erst Pacing, dann Leading" bedeutet, dem Gegenüber erst Schritt für Schritt zu folgen, um daran anknüpfend Weiterführendes (z. B. angemessene Fragen) anregen zu können. Die zentrale Frage, was Weiterführendes im Gegensatz zu Richtungsweisendem ist, lässt sich erst auf Basis eines umfassenden Verständnisses klären. Im Wording der TZI ist es so formuliert: „vom Nahen zum Entfernten", „vom Individuellen zum Team" (vgl. Cohn 2018; Langmaack 2017; Langmaack & Braune-Krickau 2010).

137 Vgl. hierzu auch: Klappenbach 2017.

138 Hier wird davon ausgegangen, dass zuvor Gefühle und Bedürfnisse zur Situation abgeholt wurden. Ein solcher Satz kann natürlich auch ein Ausdruck von Mutlosigkeit sein, die gehört werden möchte (Gefühlsebene), bevor es darum geht, sich grundsätzlichen To-dos zuzuwenden (Sachebene).

139 Siehe beispielsweise „The Art of Inquiry": dialogorientiertes Fragen in Oppelt und Nelson (2023, S. 154 ff.).

140 Hinsichtlich der Relevanz des Prozessdesigns lässt sich an dieser Stelle an den Grundsatz erinnern „Der Weg ist das Ziel". Das Design entwirft einen Weg für den Prozess.

141 Für den Kontext dieses Buches eignen sich beispielsweise die hier enthaltenen Phasenmodelle und darüber hinaus der Ansatz der Klärungshilfe und der Theorie U; vgl. hierzu: Thomann, C. & Kramer, B. (2013). *Klärungshilfe konkret.* Hamburg: Rowohlt sowie Scharmer, O. (2022). *Essentials der Theorie U: Grundprinzipien und Anwendungen.* Heidelberg: Carl-Auer. Der bereits erwähnte Double Diamant ist ein weiteres Beispiel aus der fachlichen Perspektive Design Thinking.

142 Auch hier ist die Landkarte nicht die Landschaft, das Programm nicht unbedingt die Wirklichkeit.

143 Vielen Teilnehmenden ist ein solches Vorgehen unter der Überschrift Time Boxing bekannt. Darauf lässt sich verweisen, um den Teilnehmenden zu verdeutlichen: Es geht darum, dass im Gesamtrahmen alles ausreichend Raum bekommt.

144 Nach Henri Lipmanowicz und Keith McCandless (vgl. dies. 2014).

145 1-2-4-All lässt sich auch in Meetings oder in einem Prozessschritt einer anderen Struktur heranziehen, in der nicht viel Zeit zur Verfügung steht, es aber allen möglich sein soll, ihre Ideen und Gedanken einzubringen. Schritt für Schritt wird für den größeren Kreis diskutiert und gemeinsam ausgewählt. Dieses Herangehen greift ein Grundprinzip Themenzentrierter Interaktion auf: Es bewegt im Prozess vom Individuellen zum Gesamten. In der Arbeit mit Gruppen und insbesondere Großgruppen ermöglicht es eine aktive und zeiteffiziente Teilhabe. Erkenntnisse zu dem, was bisher war – etwa ein Prozessschritt, ein Verfahren, die intensive Beschäftigung mit einem Thema –, lassen sich ergebnissichernd aufnehmen. Gedanken zum aktuellen Thema können gesammelt oder Ideen mit Blick auf das Zukünftige entfaltet werden. Unter einer Fragestellung wie „Welche Ergebnisse möchte ich heute mitnehmen?" kann sie auch ein Angebot sein, Erwartungen und Wünsche zu klären. Varianten gibt es viele: Bei Bedarf kann die Vorstellung der Essenz aus den Gruppen in der Runde wiederholt werden. Die Ergebnisse aus den einzelnen Runden können begrenzen werden: „Bitte sammelt zu zweit fünf Ideen" kann eine Aufgabe lauten. Wenn es eine Runde mit Viergruppen gab, können noch einmal Gruppen mit acht Personen zusammengehen, um einen Konsens zu finden. In besonders großen Gruppen können Ideen, die im Plenum nicht geteilt wurden, an einer Pinnwand gesammelt werden – digital oder von einer damit beauftragten Person. Die Vorbereitung und Auswahl von Möglichkeiten in der Umsetzung sind von der folgenden Frage geleitet: Was ermöglicht wozu und wie etwas, das für alle sinnvoll ist?

146 Literatur und Onlinematerialien bieten eine inspirierende Sammlung von aus der Praxis herausgefilterten Ansätzen und (weiter-)entwickelter Tools. Sie schaffen Raum für Inhalte und Beteiligung auf Augenhöhe in Form von für die Zusammenarbeit und Begegnung bereitgestellten Strukturen oder Prozessdesigns. Zu verweisen ist in diesem Zusammenhang auf: Steinhöfer 2021; Holisticon AG 2023; Parker 2018; Weimar 2021. Die bei Holisticon AG (2023) in die Sammlung „Liberating Structures" aufgenommenen Ansätze und Methoden werden in diesem Buch insofern differenzierter betrachtet, als dass hier zwischen Fokus Strukturierungsmodell und Methode/Tool unterschieden wird. Ausgewählt sind Ansätze, die gleichstellungsorientiert und mediativ sind.

147 Die Facilitator:innen Marvin Weisbord und Sandra Janoff beschreiben eine große Chance, die in der Arbeit mit einer Liberating Structure liegt: „Wenn unter schwierigen Bedingungen wichtige Aufgaben erledigt werden sollen, müssen Sie mit den Menschen arbeiten, wie sie sind, nicht wie Sie sie gern hätten. Das gelingt, wenn Sie die Struktur der Veranstaltung im Auge haben, nicht das Verhalten der Teilnehmenden. Sie konzentrieren sich darauf, dass die Gruppe ihre angestrebten Ziele verfolgt, und laden sie ein, Verantwortung gemeinschaftlich wahrzunehmen und selber auf den Gebrauch von Raum und Zeit zu achten. Wenn Sie die Veranstaltung strukturieren, erledigen die Teilnehmenden den Rest" (Weisbord & Janoff 2020, S. 15).

148 Oder es gibt zu den Treffen einen Überblick zu Zielen, Inhalten und Aufgaben (z. B. OARR, vgl. Oppelt & Nelson 2023, S. 210; 214) oder eine Team-Charta, in der festgehalten ist, warum es zu einer Zusammenarbeit kommt, welchem Zweck das Treffen dient oder das gemeinsame Verständnis von Zielen, Werten, Rollen und Vereinbarungen oder Regeln.

149 Ein systemischer Blick auf das, was als Mikro-, Makro- und Mesoebene betrachtet werden kann, und die Frage nach möglichen Zusammenhängen und Auswirkungen auf das, was im Dialog mit allen wie zu ermöglichen ist, sind zentraler Teil der Vorbereitung. Das Bild des Mobiles verdeutlicht, inwiefern es sinnvoll ist, bei der Auswahl einer Struktur für einen Facilitation-Prozess zu bedenken, ob sich aus dem System heraus Anforderungen für den Prozess mit der Gruppe ergeben.

150 An dieser Stelle nutze ich die Gelegenheit, auf die vielfältigen Erfahrungen meiner Kolleg:innen aus den Instituten der Internationalen Akademie Berlin für innovative Pädagogik, Psychologie und Ökonomie (INA) gGmbH (www.inaberlin.org) zu verweisen. Viele ihrer Projekte und

Veröffentlichungen widmen sich der Reflexion von Rahmenbedingungen, die Teilhabe ermöglichen:
Anregungen mit Fokus auf inklusive Bildung finden sich beispielsweise in der Arbeit des Institute for Youth and Community Empowerment (IYCE) in YEPP EUROPE (2019). Guidebook for Inclusive Communities. Lessons learned and best practice from the Welcomeship project. Policy recommendations in relation to inclusion of migrants and refugees and entrepreneurship as a tool for inclusion (verfügbar unter: http://welcomeship.org/advocacy-strategy-2/). An dieser Stelle vielen Dank an Angelika Krüger, der Direktorin des IYCE, für ihr Vorwort zu diesem Buch. Anregungen aus dem ISTA-Institut für den Situationsansatz sind nachzulesen bei Wagner, P. (2020). *Für alle heißt für alle – ohne Diskriminierung! Inklusion in der Kitapraxis mit dem Ansatz der Vorurteilsbewussten Bildung und Erziehung©.* In: Frühe Kindheit, Heft 4/2020, Schwerpunkt Diversität und Inklusion. Stuttgart sowie dies. (2017). *Handbuch Inklusion. Grundlagen vorurteilsbewusster Bildung und Erziehung.* Freiburg: Herder. Ilse Schimpf-Herken (bis zu ihrem Tod 2021) Direktorin des PFI – Paolo Freire Institutes gab mit ihren Kolleg:innen Annette Nana Heidhues und Marianna Schmidt Quintero 2021 (Paolo Freire Gesellschaft/ibidem) heraus: „Begegnung verändert Gesellschaft: Ansätze einer von Paulo Freire inspirierten Bildungspraxis."
Anregungen aus der Perspektive der Kolleg:innen im InUrban – Institut für Internationale Stadtforschung sind beispielsweise enthalten in Braun, G. O., Chu, J. L., Gu, K. K., Yu, S. Kracht, M. & Lin, X. (2013). *Traffic Problems are not problems of cities but within cities – case study on Hefei (China).* Würzburger Geographische Manuskripte, Vol. 80; S. 13–24.
Zudem lässt sich hier auf qualitative Forschungsprojekte im Zusammenhang mit dem IQF-Institut für Qualitative Forschung verweisen, beispielsweise auf Disability Studies, in denen Forschungsperspektiven auf Behinderung und chronische Krankheit beleuchtet werden. In der Unterscheidung zwischen individueller Beeinträchtigung (impairment) und gesellschaftlich ausgrenzender Behinderung (disability) wird deutlich, wie Behinderung nicht durch die Beeinträchtigung, sondern durch die jeweiligen gesellschaftlichen Umstände verursacht verstanden werden kann. In diesem Forschungsverständnis forschen behinderte Menschen selbst bzw. werden, sofern sie Lai:innen sind, partizipativ an Forschung beteiligt; Zander, M. & Mey, G. (2018). Schwerpunktthema: Disability Studies. *Journal für Psychologie,* 26(2). 1–204 (verfügbar unter: https://www.journal-fuer-psychologie.de/index.php/jfp/issue/view/70). Nicht zuletzt ist hier zu verweisen auf die wertvollen Impulse von Christa Preissing (bis zu ihrem Tod 2022 Präsidentin der Akademie und Direktorin des BeKi – Berliner Kita-Institut für Qualitätsentwicklung im Zusammenhang des Situationsansatzes bzw. des Berliner Bildungsprogramms für die Kitas und die Ganztagsgrundschule), die an anderer Stelle weiter ausgeführt werden.

151 Vgl. hierzu: u. a. Böhmer & Klappenbach 2007, S. 74 ff.

152 Online kann dies beispielsweise auch mit einem telefonisches Partner:inneninterview verbunden werden. Hier lässt sich exemplarisch auf die unter Beteiligung von 64 Co-Autor:innen entstandene Energizer-Sammlung von „99+1 Warm-ups für den digitalen Raum" (Tonhauser 2022) verweisen.

153 Besonders in Veränderungsprozessen zeigt sich dies immer wieder als entscheidend für Teilhabe und umsetzungsbezogene Nachhaltigkeit (Kapitel 6). Ergänzende Anregungen in Form von Ergebnissen evaluativer Begleitforschung aus dem Kontext der Hochschullehre geben beispielsweise: Kanter, H., Jürisch, M. & Mey, G. (2019). *Das Spannungsfeld von Lehre und Lernen gestalten. Ergebnisse einer Begleitstudie und Überlegungen zu einer partizipativ-agilen Hochschuldidaktik.* In: die hochschullehre, 5 (verfügbar unter: https://www.researchgate.net/publication/339629504_Das_Spannungsfeld_von_Lehre_und_Lernen_gestalten_Ergebnisse_einer_Begleitstudie_und_Uberlegungen_zu_einer_partizipativ-agilen_Hochschuldidaktik).

154 Das in Kapitel 7 im Fallbeispiel ausgeführte Art of Harvesting lässt hier beispielsweise heranziehen, um Erwartungen und Wünsche in der Gruppe zu explorieren.

155 Zitat nach George Box (Oppelt & Nelson, 2023, S. 53).
156 Unter „Persona“ verstehe ich in diesem Zusammenhang ein Modell potenzieller Nutzer:innen, das mit fiktiven Eigenschaften einer bestimmten Zielgruppe ausgestattet ist, um für diese ein Angebot zu entwickeln.
157 Nach Weisbord (2012).
158 Scholz & Vesper 2022, S. 14; als „die Glorreichen Sieben“ (ebd.) werden dort beschrieben: die Zukunftskonferenz, Open Space, Real Time Strategic Change/Whole Scale Change, Appreciative Inquiry, The Circle Way, das World Café und Dynamic Facilitation (DF). Auch andere Formate, die sich zur Arbeit mit Großgruppen etabliert haben, ließen sich in dieser Liste ergänzen. Die Auswahl in diesem Buch ist so getroffen, dass sie im Gesamtzusammenhang des Buchs ergänzend auf verschiedenartige Herangehensweisen verweist. Wer nach weiteren Formaten sucht, kann beispielsweise zu folgenden Stichworten erweiternd recherchieren: Barcamp (auch „UN-Konferenz“ oder „Ad-Hoc-Nicht-Konferenz“ – eine Alternative zum World Café), Fishbowl (Mitgestalten im Innenkreis und Beobachten im Außenkreis), Warp Conference (Speed-dating-Ansatz) oder Pecha Kucha (Schnellpräsentationen mit anschließender Diskussion).
159 Zur Ergänzung und Vertiefung lässt sich hier für den Kontext Wirtschaft verweisen auf Holman et al. (2007) und für den der politischen Beteiligung auf Kersting (2008).
160 Weisbord & Janoff 2008.
161 Friedrich-Ebert-Stiftung, 2018, S. 2.
162 Vorgeschlagenes Zeitfenster: circa 5 Stunden (vgl. Friedrich-Ebert-Stiftung, 2018, S. 3).
163 Vorgeschlagenes Zeitfenster: circa 4 bis 6 Stunden (vgl. Friedrich-Ebert-Stiftung, 2018, S. 3).
164 Vgl. hierzu: Friedrich-Ebert-Stiftung, 2018, S. 3.
165 Owen, H. (2011). *Open Space Technology: Ein Leitfaden für die Praxis.* Stuttgart: Schäffer-Poeschel.
166 Die Organisationsberaterin Kathleen D. Dannemiller knüpfte, zusammen mit ihren Kolleg:innen Chuck Tysen und Al Davenport, in den 1980er-Jahren an die Arbeit von Ron Lippitt an.
167 Vgl. hierzu: Dannemiller et al., 2000; Dannemiller Tyson Associates, 2000; Bonsen, 2008; Robert W. Jacobs & Frank Mc Keown: Real Time Strategic Change. In: Holman et al., 2007, S. 295–312.
168 Dannemiller et al., 2000, S. 207; siehe auch: Hans-Jürgen Krieg & Werner Pfeifer: Die „verrückte“ Belegschaft. Schneller Wandel mit dem Großgruppen-Ansatz RTSC. In: Königswieser & Keil, 2000, S. 233–245.
169 Diese Formel wurde von Robert Gleicher entwickelt. Richard Beckhard hat sie bekannt gemacht. (Bonsen 2008, S. 51)
170 Einen anschaulichen Überblick zu Wurzeln, Prinzipien und Verfahren gibt Susanne Maria Weber: Real Time Strategic Change (RTSC). Kritik als Motor des Wandels. In: Kersting 2008, S. 236–252.
171 Hier kann auf die Change-Management-Empfehlungen zur Organisationsentwicklung im Modell der 8 Stufen eines Veränderungsprozesses nach John P. Kotter (2011) verwiesen werden.
172 Vgl. hierzu: Jacobs, R. W. (1997). *Real Time Strategic Change: How to Involve an Entire Organization in Fast and Far-Reaching Change.* Oakland: Berrett-Koehler; Bonsen 2008.
173 Cooperrider, D. & Whitney, D. (2012). *Appreciative Inquiry: A Positive Revolution in Change: A Positive Revolution in Change.* Sydney: ReadHowYouWant.
174 Für Mediative Facilitation lohnt es sich, nach diesen Prinzipien außerhalb des dafür zu begrenzten Rahmens dieses Buches zu recherchieren.
175 Hier zeigt sich u. a. die Nähe zu Rogers Personzentrierung mit den entwicklungsförderlichen Grundhaltungen bedingungslose Wertschätzung, Kongruenz und Empathie.
176 Stiftung Mitarbeit, 2023.

177 Baldwin, C. & Linnea, A. (2014). *Circle: Die Kraft des Kreises: Gespräche und Meetings inspirierend, schöpferisch und effektiv gestalten.* Weinheim: Beltz.
178 Nach Baldwin 1998.
179 Wenn diese Fragen vorbereitend geklärt sind, ermöglicht dies eine ertragreiche Begegnung (vgl. hierzu auch Parker 2019).
180 Vgl. hierzu: Baldwin 1998.
181 Ein:e Guardian gibt zum Beispiel ein sanftes akustisches Signal. Alle in der Runde halten eine Minute inne und atmen durch. Sie gibt danach wieder ein Signal und macht transparent, was sie zu der Unterbrechung veranlasst hat. Alle in der Runde können um ein Innehalten bitten (Baldwin 1998).
182 Brown, J. & Isaacs, D. (2007). *Das World Café: Kreative Zukunftsgestaltung in Organisationen und Gesellschaft.* Heidelberg: Carl Auer.
183 Das Bar Camp ist ein Facilitation-Ansatz, der sich ebenfalls etabliert hat. Er ist ähnlich ausgerichtet, wie das World Café und hier nicht differenziert als Klassiker aufgenommen. Es lohnt sich, ihn bedarfsweise zu recherchieren und bei der Auswahl struktureller Ansätze zu berücksichtigen.
184 Vgl. hierzu: Konrad Adenauer Stiftung (2023). *Methodeneinsatz – World Café.* https://www.kas.de/de/web/politische-bildung/world-cafe.
185 Bis heute wurde es in unterschiedliche Richtungen ausdifferenziert und in diversen Zusammenhänge als Herangehen an Konflikte und zur Gestaltung konstruktiver Konfliktlösungen jenseits rechtlich institutionalisierter Verfahrensweisen etabliert (vgl. hierzu u. a. Katie Shonk „Types of Mediation: Choose the Type Best Suited to Your Conflict" im Daily Blog der Harvard Law School, 2023). https://www.pon.harvard.edu/daily/mediation/types-mediation-choose-type-best-suited-conflict/. Mit Erlass des Mediationsgesetzes im Jahr 2011 und der Zertifizierte-Mediatoren-Ausbildungsverordnung (ZMediatAusbV) 2016 sind Standards zur Durchführung von „Mediationsverfahren" durch eine juristische Ausrichtung geprägt.
186 Das durch die juristische Perspektive verstärkt lösungs- und problemorientierte Verfahren wird als „Evaluative Mediation" bezeichnet.
187 Diese Abbildung ist Klappenbach, 2006, S. 35 entnommen.
188 Das Verbraucherschutzbeilegungsgesetz, auf das sich hier als ursächlich für diese engere Definition für Mediation hinweisen lässt, prägt die aktuelle Verwendung des Begriffs Mediation und gibt Anlass, hier den lange Zeit unnötigen und ungebräuchlichen Zusatz „facilitativ" oder „fazilitativ" zu verwenden. Wie in Ausführungen zu den Anknüpfungspunkten bzw. Wurzeln bei Rogers (Kapitel 1) beschrieben, beinhaltet Mediation, wie sie analog der Standards der Fachverbände in Deutschland, Österreich und der Schweiz lange Zeit ausgebildet wurde, den zentralen Faktor des „Facilitativen", des Ermöglichens von allparteilicher Kommunikation und Konfliktlösung.
189 Positivformulierungen bedeutet hier u. a.: Fokus auf „Sagen, was ist, statt was nicht ist", auf Primärgefühle statt Zuschreibungen, auf Ich-Botschaften statt Du-Botschaften.
190 Menschen sind keine Maschinen – daher ist dies hier so offen formuliert.
191 Nacheinander oder gleichzeitig in Untergruppen, deren Ergebnisse dann wieder ins Ganze einfließen.
192 Zur Anregung wird hier auf die Website und die App mit dem Namen „Liberating Structures" und Bücher wie Steinhöfer 2021, Lipmanowicz & McCandless 2014, Ebers & Nieschalk 2022 verwiesen.
193 Leichter fällt ein solches Vorgehen im Gedanken an den sogenannten „Bojen-Effekt": Was wichtig ist, taucht wieder auf. „Was ist wichtig?" lässt sich als Frage auch sinnvoll mit der Gruppe teilen. Mithilfe einer Methode wie „9 Whys" nach Priya Parker (2019) lassen sich Beweg-Gründe als Motor für den Prozess zu Beginn oder auch im weiteren Verlauf in der Gruppe erfragen.

194 Hier wird auf das beliebte Modell grundsätzlicher Interventionsrichtungen im Konflikt von Glasl und Weeks (2008) verwiesen.

195 Diese Tabelle ist mit Offenheit und Flexibilität und im All-Models-Are-Wrong-But-Some-Are-Useful-Prinzip systemisch zu betrachten. Die Zuordnung ist weder geschichtlich oder chronologisch noch ausschließlich zu verstehen. Dazu sind die einzelnen Interventionen, Modelle und Theorien an sich zu komplex. Es geht hier darum, eine mögliche Perspektive auf einen Kontext zu geben, in dem eine Intervention ihre Wirksamkeit entfalten kann. Der damit einhergehende Impuls an die Lesenden ist, sich mit Blick auf den eigenen „Pool zur Auswahl von Tools" (Kapitel 3) entsprechende Gedanken zu machen.

196 Auftragsklärung und Auswahl bzw. Betrachtung von Repräsentant:innen, Klärung von Fragen zum Einbezug weiterer Personen und Ökocheck.

197 Mikro-, Meso- und Makrosysteme differenzieren.

198 Splinter & Wüstehube 2020, S. 33.

199 Splinter & Wüstehube 2020.

200 Die Bedürfnistheorie nach Abraham Harold Maslow (1908–1970) umfasst fünf Grundbedürfnisse: Existenzbedürfnisse, Sicherheit, Sozialbedürfnisse, Anerkennung und Wertschätzung, Selbstaktualisierung; vgl. Maslow (1943). A Theory of Human Motivation – originally published in: *Psychological Review,* 50, S. 370–396. In Maslows Weiterentwicklung dieser Theorie (1954, 1971) werden letztlich acht Grundbedürfnisse kategorisiert: physiologische Bedürfnisse, Sicherheitsbedürfnisse, soziale Bedürfnisse, Individualbedürfnisse, kognitive Bedürfnisse, ästhetische Bedürfnisse, Selbstverwirklichung, Transzendenz. Mit Selbsttranszendenz beschreibt Maslow das menschliche Bedürfnis nach einem Sinn jenseits der individuellen Entwicklung, das menschliche Potenzial, die Grenzen der eigenen biografischen, kulturellen Prägung (Urteile, Bewertungen, Kategorisierungen) zu überwinden (vgl. Venter 2016). Viele Jahre wurde davon ausgegangen, dass Maslow „seine Bedürfnispyramide" zwischen 1943 und 1954 entwickelte. Bridgeman, Cummings und Ballard 2019 veröffentlichten in ihrem Artikel „Who Build Maslow's Pyramid?": Die Pyramide wurde Maslow zugeschrieben und verbreitet. Die Erkenntnis, dass das als Maslowsche Bedürfnispyramide bekannte Modell eine Interpretation von anderen und nicht von Maslow selbst ist, passt an sich zu Maslows Ansatz der Humanistischen Psychologie, zu dem eher existenzielle und phänomenologische Betrachtungen gehören als kategorische Abstraktion in Form von Diagrammen oder geometrischen Darstellungen (Pyramide). Als ein Tool, das an wesentliche Bedürfnisebenen erinnert und diese anschaulich visualisiert, eignet sich die Bedürfnispyramide auf Basis einer mediativen Haltung, die zu dessen differenziertem Einsatz anleitet.

201 Der M.O.O.N.-Guide lässt sich als wegweisend beim Intervenieren im Hinterkopf behalten, in der Gruppe als kommunikative Anregung visualisieren oder auch beispielsweise als Strukturmodell einer Verhandlungssituation nutzen: im ersten Schritt Mensch und Problem getrennt betrachten, im zweiten orientieren auf Interessen hinter den Positionen, im dritten Optionen zum allseitigen Vorteil sammeln und im vierten Schritt neutrale Kriterien zur Auswahl und Vereinbarung von Verhandlungsergebnissen heranziehen.

202 Diversity-kompetent im Umgang mit Menschen und Themen.

203 Wertschätzend statt bewertend, kongruent im Sinne des Prozesses, allparteilich empathisch im Umgang mit Menschen und Themen.

204 Konflikt = Sache + Gefühl als Intervention anzuwenden, kann so aussehen, dass die Formel im Gespräch über Konflikte oder Konfliktpotenziale visualisiert wird und die Beteiligten in der Gruppe sich in ihren Ausführungen jeweils auf Sach- und Gefühlsebene beziehen. Die Mediationsformel kann ebenso als Tools im Hinterkopf dazu anleiten, umfänglich aktiv zuhörend im Prozess zu intervenieren.

205 Danke an Anne Grohn für ihre ursprüngliche Vorlage zu dieser Tabelle.

206 Das Wir in der Teamuhr oder im Lewin'schen Drei-Phasen-Modell eignet sich beispielsweise als Bild für den Hinterkopf. Je nach Phase in der Gruppe brauche ich eine andere Gestaltung, andere Methoden.
207 Pfläging &Hermann 2015, S. 9.
208 Wie nachfolgend beispielhaft ausgeführt wird, ist die Methode „9 Whys" nach Parker (2019) eine Möglichkeit, statt in die Breite in die Tiefe zu explorieren.
209 Im Zusammenhang mit dem Arbeitsbündnis in der Gruppe (Kapitel 4) wurde bereits beschrieben, inwiefern die Vereinbarung eines Sicheren Rahmens die Kommunikationskultur für den weiteren Prozess begünstigen kann.
210 Das Vorgehen erinnert an Varianten von „Kollegialer Beratung" (vgl. hierzu bspw. Meißner et al., 2019, und Kleiner-Wuttke, 2017), an die Arbeit mit einem „Reflecting Team" und an Improvisationsübungen nach Keith Johnstone; vgl. hierzu: Johnstone (2018). *Theaterspiele*. Berlin: Alexander.
211 Nach Chris Corrigan: „The Art of Harvesting"; vgl. hierzu u. a. die Ausführungen zum Ernten (Evaluieren) in Pogatschnigg, I. M. & Altmann, M. O. (2021). *The Art of Hosting: Wie gute Gespräche Führung und Zusammenarbeit verbessern*. München: Vahlen.
212 Nachzulesen in Glasl (2020). Während es in Glasls Eskalationsstufenmodell Stufe für Stufe abwärts geht, ist in dieser Abbildung die Eskalation in einem stetigen Anstieg veranschaulicht, die sich im gemeinsamen Absturz auf Stufe 9 dann als besonders verheerend erweist.
213 Mit Entscheider:innen beziehungsweise zur Kommunikation von Entscheidungen; vgl. hierzu bspw. „Facilitator's Guide to Participatory Decision-Making" (Kaner et al. 2014).
214 Ein anschauliches Beispiel dafür: Konflikte auf der Elternebene können im Sinne des Kindeswohls im Rahmen einer Mediation gelöst werden, auch wenn die Konflikte auf der Paarebene mit einer Scheidung in einem Gerichtsverfahren geregelt worden sind.
215 Klappenbach 2009, S. 143–144.
216 Mediatives Konfliktmanagement wird hier herangezogen, weil es als Konfliktlösungsansatz den Konfliktprozess umfangreich betrachtet. Wenn für die Bearbeitung der Konfliktsituation nicht nur die Identifikation des Anlasses einbezogen wird, sondern auch das ursächliche Konfliktpotenzial und die Konsequenzen, die sich aus dem Gesamtkonflikt ergeben können, verspricht dies eine Nachhaltigkeit, die die Hoffnung auf (erneute) Annäherung an den postulierten Idealzustand schürt.
217 In der mediativen Konfliktbearbeitung können symbolische Aspekte erfragt werden. Das System wird analytisch und synthetisch betrachtet, um bei der Bearbeitung eines Konflikts seine jeweilige Funktion zu erkennen und sie zu integrieren. Beim Einbezug des mediativen Konfliktmanagements wird, über die genannten Aspekte hinaus, hier die Ressourcenorientierung als angemessene Herangehensweise im Hinblick auf die internen Ziele im Umgang mit Konflikten benannt.
218 Konfliktmanagement bekommt auf Basis dieser Einschätzung die Aufgabe, die Notwendigkeit im Auftreten des Konflikts zu beleuchten und die Interessen aller Beteiligten einzubeziehen. Der Grundsatz mediativen Konfliktmanagements, den Fokus von den anfänglich eingenommenen Positionen der Beteiligten allparteilich auf zugrunde liegende Gefühle, Bedürfnisse und Interessen zu lenken, ist hier ein Argument für dessen Einsatz.
219 Konfliktstile sind persönliche Muster, sich im Konflikt zu verhalten. Menschen reagieren situationsabhängig auf einen Konflikt. Ihr Verhalten kann dabei eine grundsätzliche Tendenz zeigen, sich durchzusetzen oder den Konflikt vermeiden zu wollen, nach Kompromissen oder Kooperation zu suchen, oder zugunsten der Beziehungsebene auf eigene Wünsche und Interessen zu verzichten.
220 Glasl 2017, S. 31.

221 „Die ersten Interventionen werden berücksichtigen müssen, dass die Konfliktparteien ‚an der richtigen Stelle abgeholt werden', so dass sie sich überhaupt auf eine konstruktive Konfliktbearbeitung einlassen" (Glasl & Weeks 2008, S. 74). Nicht die Lösung des Konflikts, sondern die durch den Konflikt belastete Beziehung der Konfliktparteien sowie die Erhellung der Konflikthintergründe stehen im Zentrum der Aufmerksamkeit. Dabei geht es in der Regel um die Reduzierung des subjektiven Leidensdrucks. Sinkt dieser, folgt eine Erweiterung von Denk- und Wahrnehmungsperspektiven, wodurch sich wechselseitige Belastungen der Beziehung erkennen lassen. Wenn die eskalationsfördernden Schuldzuweisungen in den Hintergrund treten, führt dies zunehmend vom Gegeneinander zum Miteinander. So eröffnet sich den Konfliktparteien ein entspannterer Umgang mit ihrem Konflikt. Die damit verbundenen neuen Erfahrungen beeinflussen den aktuellen und zukünftigen Umgang mit Konflikten und tragen damit zur Entwicklung der Konfliktkompetenz bei. Wenn zwei sich streiten und dabei selbstgesteuert und selbst verantwortet zu Lösungen kommen, dann verfügen sie über Konfliktkompetenz. Das sind Bereitschaften und Fähigkeiten (=Dispositionen) zu selbstorganisiertem Denken, Entscheiden und Handeln in Konflikten.

222 Vgl. hierzu: Berking 2017.

223 Aggression von „ad gredi" = an etwas herangehen.

224 Nachlesen lässt sich dies beispielsweise bei Glasl 2018. Ergänzend dazu finden sich bei Glasl (2020, S. 44–45) anschauliche Darstellungen zu seelischen Funktionen im Konflikt. Neben der Handlungsebene (Möglichkeiten wie Kampf, Flucht, Totstellen, Vermeidung, Angriff) und der physiologischen Ebene (wie geistige Aktivierung, erhöhte Muskelanspannung, schnelles, flaches Atmen), der emotionalen Ebene (wie Ärger oder Angst) wirkt sich Stress auch kognitiv aus. Akut ist die Aufmerksamkeit eher auf weitere bestätigende Reize ausgerichtet. Und die Informationsverarbeitung gleicht die eintreffenden Reize mit bestehenden Erfahrungen ab. Das kann zu einer inneren Eskalation beitragen. Auch Gedankenrasen, Grübeln und Sorgen können Hinweise sein, dass das Gehirn versucht, an einer Lösung zu arbeiten. Anders als Nachdenken führen aber diese Bemühungen nicht zu einer Lösung. Zwar sind diese Reaktionen für die Lösung sehr vieler Konflikte nicht hilfreich und eher eskalierend, aber aus neurobiologischer Sicht sind sie nachvollziehbar.

225 Dieses Zitat wird Franz Kafka zugeschrieben. Naheliegend erscheint auch, dass es auf ein Gedicht („Der Wanderer") von Antonio Machado (1912) zurückgeht: „caminante, no hay camino, se hace camino al andar ..." (ders., Campos de Castilla) – „Wanderer, du hast keinen Weg. Der Weg entsteht im Gehen."

226 Vgl. hierzu auch: Klappenbach 2017.

227 Mit „Bodenankern" sind hier Moderationskarten oder andere Dinge gemeint, die als Symbole auf dem Boden im Raum ausgelegt werden und im Prozess wesentliche Positionen visualisieren.

228 Dies ist nicht wirklich plötzlich, aber es kann sich in der Prozessbegleitung dann so anfühlen.

229 Manchmal zeigt sich an diesem Punkt, dass einzelne Beteiligte sich nicht ausreichend verstanden oder abgeholt fühlen. Im Prozess einen Schritt zurückzugehen und gemeinsam auf die Sammlung von Anliegen, Bedürfnissen, Ideen und Lösungsstrategien zu sehen, kann helfen. Es braucht womöglich etwas Zeit, um miteinander herauszufinden, was noch offen ist, und ein allseitiges Verständnis der Situation für einen runden Abschluss zugunsten von tragfähigen und umsetzbaren Ergebnissen zu ermöglichen.

230 Dieses Fallbeispiel ist inspiriert durch die Beschreibung eines Projekts in Stein Greenberg & Stanford d.school (2021).

231 Es ist nicht klar, von wem das folgende Zitat ist; es wird unter anderem Konrad Lorenz und Paul Watzlawick zugeschrieben.

232 Ein anschauliches Beispiel dafür ist Watzlawicks Geschichte mit dem Hammer; vgl. Watzlawick, P. (2021). *Anleitung zum Unglücklichsein*. München: Piper.

233 In diesem Zusammenhang wird zur Erweiterung und Ergänzung auf das alternative Modell von Krüger verwiesen, das sich ebenfalls als Grundlage für eine Liberating Structure heranziehen lässt. Vgl. hierzu: Krüger, W. (2006). *Excellence in Change. Wege zur strategischen Erneuerung*. Wiesbaden: Gabler, S. 67.

234 Bertagnolli et al., S. 3.

235 Hier lässt sich auf die Trauerphasen nach Elisabeth Kübler-Ross (1969) verweisen: Nicht-Wahrhaben-Wollen, Zorn, Verhandeln, Depression, Akzeptanz; vgl. Kübler-Ross, E. (2018). *Interviews mit Sterbenden*. Freiburg: Herder.

236 Bildlich gesprochen rotiert das TZI-Dreieck in dieser Phase: Erst ist das Ich oben, dann das Wir. Ein Weiterdrehen zum Es (= das, worum es im Dialog eigentlich gehen soll) wird möglich durch umfassendes Bezugnehmen auf Wesentliches in den tieferen Schichten des Eisbergs, wie es im Zusammenhang mit Abbildung 22 bereits beschrieben ist. Die Aufmerksamkeitsebenen (Abbildung 12) erinnern daran, dass beim Herausfiltern von Aspekten aus tieferen Schichten jeweils Verknüpfungen herzustellen sind zwischen Es und Ich und dann zwischen Es und Wir: Was hat das Thema mit mir zu tun? Was brauchen wir als Gruppe, um uns dem Thema zuzuwenden? Usw.

237 Für den Hinterkopf kann man sich gut daran erinnern, wovon sich der Begriff „Aggression" ableitet, nämlich von „ad gredi": „an etwas herangehen".

238 Hier ist zu verweisen auf die Dimensionen des Lassens: Zulassen – Sein-Lassen – Loslassen (Kapitel 6.2).

239 Zum Beispiel durch einen Rückbezug auf Leitbilder, wie sie auf vielen Websites veröffentlicht sind.

240 Das 4Mat-Modell ist eine Adaption des „4Mat Learning System" nach Bernice McCarthy (vgl. McCarthy & McCarthy, 2005).

241 Je nach Praxisrahmen kann dies eine Anleitung, einen Überblick über Möglichkeiten oder Ansprechpersonen beinhalten. Es kann auch ein Fragebogen sein, in dem Erfahrungen festgehalten werden.

242 Die Integration der Veränderung (Phase 4) obliegt dann den Beteiligten im Rahmen der Organisation.

243 „Positivformulierungen" bedeutet hier u. a.: Fokus auf „Sagen, was ist, statt was nicht ist", auf Primärgefühle statt auf Zuschreibungen, auf Ich-Botschaften statt auf Du-Botschaften.

244 Menschen sind keine Maschinen – daher ist dies hier so offen formuliert.

245 Das Neue lockt schon. Das Alte hält noch fest, als wäre ein Gummiband daran geknüpft. Es geht dann darum, Möglichkeiten zu finden, das Gummiband „umzuknüpfen".

246 Dies ist zum Beispiel meist der Fall, wenn der Veränderungsprozess mit Digitalisierung verbunden ist.

247 Nacheinander oder gleichzeitig in Untergruppen, deren Ergebnisse dann wieder ins Ganze einfließen.

248 Routine auf Ebene des Es können zum Beispiel neu etablierte Standards oder Prozesse sein.

249 McCarthy & McCarthy 2005.

250 Die Lerntypen nach Bernice McCarthy werden hier gleichgesetzt mit Individuen in der Gruppe, die Fragen haben. Hier wird in einem humanistischen Menschenbild davon ausgegangen, dass diese Fragen nicht Typen sind, sondern in Entwicklungsprozessen (z. B. bei der Entwicklung von Kohärenzempfinden bezüglich geplanter Veränderungen) relevant werden.

251 Das Modell wurde von Bernice McCarthy (vgl. hierzu: McCathy & McCarthy, 2005) auf Basis der Lernstile nach David A. Kolb entwickelt und von Michael Grinder in die Pädagogik integriert. Es geht grundsätzlich auf Carl Gustav Jungs Typologie zurück. Vgl. hierzu: Peterson, K. & Kolb, D. A. (2017). *How You Learn Is How You Live*. Oakland: Berrett-Koehler Publishers, und Grinder, M. (2023). *A Healthy Classroom*. https://michaelgrinder.com/wp-content/uploads/woocommerce_uploads/2018/01/A-Healthy-Classroom_ebook_2ndEd-5j3snz.pdf, sowie Jung, C. G. (2019). *Typologie*. Ostfildern: Patmos.

252 Vor allem dann, wenn es um Konfliktbearbeitung geht, kann es hilfreich sein, die Methode klar und zeitlich begrenzt als eine solche vorzustellen und dann die Beteiligten zu fragen, ob sie dies einmal miteinander probieren wollen.

253 Ein MiniLab bezeichnet ein kleines Labor und steht hier sinnbildlich für eine Kleingruppe, in der experimentiert, etwas ausprobiert oder entwickelt wird.

254 Holisticon AG 2023, k. A.

255 Jacob Levy Moreno, der Begründer des Psychodramas, beschrieb für die Verwendung des Begriffes „Rolle“ in Gruppen vier soziologische und sozialpsychologische Aspekte bzw. Funktionen: Als kollektive soziokulturelle Stereotypen drücken Rollen Erwartungsmuster einer Gesellschaft oder Kultur aus. Rollen können vorgegebene individuelle Handlungsmuster ausdrücken. Oder sie können individuell gestaltete, abrufbare Handlungsmuster verkörpern. Und Rollen können tatsächliches Handeln in einer aktuellen Situation umfassen; vgl. Moreno, J. L. (1961). Das Rollenkonzept, eine Brücke zwischen Psychiatrie und Soziologie. In: H. Petzold & U. Mathias (Hrsg.) (1982). *Rollenentwicklung und Identität. Von den Anfängen der Rollentheorie zum sozialpsychiatrischen Rollenkonzept Morenos* (S. 270–273). Paderborn: Junfermann.
Auf der Basis empirischer Studien an Teams von Kursteilnehmenden entwickelte Dr. Meredith Belbin in den 1970er-Jahren am Henley Management College eine Methode, die bei der Reflexion von Teamzusammenarbeit helfen kann. Belbin ordnet Verhaltensweisen von Teammitgliedern acht verschiedenen Rollen zu: Perfektionist:in, Macher:in, Erfinder:in, Spezialist:in, Beobachter:in, Koordinator:in, Teamarbeiter:in, Wegbereiter:in, Umsetzer:in; vgl. Belbin, R. M. (1993). *Team Roles at Work.* Oxford: Butterworth-Heinemann.
Der österreichische Psychiater und Psychoanalytiker Raoul Schindler entwickelte ein 1957 veröffentlichtes Modell zu soziodynamischen Positionen in Gruppen (vgl. ebd.). Auf der Basis soziometrischer Untersuchungen kategorisierte er vier Positionen, die Menschen in Gruppen einnehmen: die Alphaposition als dominante Position, die Betaposition als beratende Position, die Gammaposition als Position einer:eines Mitläufer:in, die Omegaposition als Außenseiter:innenposition bzw. als Position des Sündenbocks. Auch das Modell von Schindler wird oft herangezogen, wenn es um die Frage nach Rollen in Teams und Gruppen geht; vgl. Budziat, R. & Kuhn, H. K. (2021). *Gruppen und Teams professionell beraten und leiten. Handbuch Gruppendynamik für die systemische Praxis.* Göttingen: Vandenhoeck & Ruprecht, S. 92.

256 Vertiefen lässt sich dieses Thema beispielsweise mithilfe von Böhmer und Klappenbach (2007, S. 47 ff.) zum „Beratungsanlass System“.

257 Gemeint sind hier zum einen Erwartungen, die von anderen an mich herangetragen werden – individuell oder gesellschaftlich. Zum anderen geht es um eigene Erwartungshaltungen sich selbst gegenüber aufgrund von mit der Rolle direkt oder indirekt, bewusst oder unbewusst verbundenen Glaubenssätzen, Prägungen oder Werten.

258 Z. B. in der Timeline: Ein auf dem Boden liegendes Seil kann einen Zeitstrahl von der Gründung des Teams bis zu einem Zeitpunkt in zehn Jahren markieren. Die Teammitglieder können sich positionieren, um zu zeigen, wer wann dazugekommen ist.

259 „Positivformulierungen“ bedeutet hier u. a.: Fokus auf „Sagen, was ist, statt was nicht ist“, auf Primärgefühle statt Zuschreibungen, auf Ich-Botschaften statt Du-Botschaften.

260 Z. B. mit Fokus auf Interventionen, die Beobachtung und Bewertung trennen helfen.

261 Nacheinander oder gleichzeitig in Untergruppen, deren Ergebnisse dann wieder ins Ganze einfließen.

262 In einer Gruppe, die für den Prozess weniger Zeit zur Verfügung hat, kann dies auch als Vorbereitungsaufgabe zum Einstieg in den Prozess vorausgesetzt werden. Wenn mehr Zeit zur Verfügung steht, eignet sich auch eine ausführliche Variante, in der mehr Werte zur Verfügung stehen. Stehen 30 Minuten zur Verfügung, können die Werte in mehreren Schritten so lange gegenüberstellt und abgewogen werden, bis drei zentrale Werte herausgefiltert werden.

263 In einer größeren Gruppe lassen sich die Werte zudem weiter fokussieren, indem in weiteren Gruppenarbeiten wiederum auf die wesentlichen drei gemeinsamen reduziert wird. Es lassen sich auch Gruppen mit ähnlichen Werten bilden oder ein Plenumsprozess durchführen, in dem geclustert wird. Es ist eine Frage der Teilnehmendenanzahl und des Auftrags, welches Vorgehen hier am geeignetsten ist. Oft hat die Gruppe selbst ein Gespür dafür und kann Rückmeldung geben, ob noch eine Auswahlrunde hilfreich ist oder ob sie an dieser Stelle lieber mit allen gewählten Werten weiterarbeiten will.

264 Wenn nicht, werden sie einfach neben den Werten notiert.

265 Vgl. hierzu: Berse-Schaks et al. (2012).

266 Die Variante einer „Was-brauchst-du?"-Reflexion hätte von den individuellen Bedürfnissen ausgehend den Fokus auf das Ich in seinem Im-Team-Sein und In-der-Agentur-Arbeiten gelegt. Natürlich prägen die Ichs das Team und auch die Arbeitsergebnisse in dieser Agentur. Dennoch treffen sich die Mitarbeitenden mit dem Auftrag, eine Zukunftsentwicklung der Agentur durch Zusammenarbeit der Einzelnen zu ermöglichen. Einer Einheit von Inhalt und Form entspricht es also, diese Reihenfolge abzubilden: Die Organisation (Agentur) kann in dieser Verknüpfung gleichwertig als Es neben Wir und Ich betrachtet werden: Was braucht die Organisation, um zukunftsfähig zu sein? Was braucht es für eine Sicht von außen auf die Agentur, damit diese als zukunftsfähig wahrgenommen wird? Was braucht es in der Teamarbeit dazu? Was brauchen die Einzelnen, um miteinander ein solches Team bilden zu können?

267 Weisbord & Janoff 2011.

268 Die Kräftefeldanalyse ist eine Methode, die in ihren verschiedenen Varianten auf Kurt Lewin zurückgeht. In den 1940er-Jahren entwickelte er sie als Entscheidungsfindungsinstrument anhand von Faktoren, die eine Veränderungsinitiative antreiben oder ablehnen.

269 Andere Methoden sind zum Beispiel das Problemdreieck/Konfliktdreieck (Oboth & Seils 2005) und die Sternanalyse (Schäffer 2014; Klappenbach-Lentz 2024).

270 Vgl. hierzu: Klappenbach-Lentz 2024.